**지오지브라와 함께하는
기초미적분학**

초판인쇄 2017년 11월 20일
초판발행 2017년 11월 20일

지 은 이 최경식

발 행 처 (주)이모션티피에스 TEL : 02-2263-6414 / 홈페이지 : www.emotiontps.com
펴 낸 곳 지오북스
주   소 서울시 중구 퇴계로41길 39, 3층 302호(정암프라자)
등   록 2016년 3월 7일 제395-2016-000014호
전   화 02)2263-6414 | 팩스 02)2268-9481
이 메 일 emotion-books@naver.com
홈페이지 www.emotionbooks.co.kr

ISBN 979-11-87541-21-9
값 19,000원

이 도서의 국립중앙도서관 출판예정도서목록(CIP)은 서지정보유통지원시스템 홈페이지(http://seoji.nl.go.kr)와 국가자료공동목록시스템(http://www.nl.go.kr/kolisnet)에서 이용하실 수 있습니다. (CIP제어번호 : CIPCIP2017028685)

이 책은 저작권법으로 보호받는 저작물입니다.
이 책의 내용을 전부 또는 일부를 무단으로 전재하거나 복제할 수 없습니다.
파본이나 잘못된 책은 바꿔드립니다.

머리말

2001년에 마르쿠스 호헨바터 교수[1]에 의해 지오지브라가 개발되고 유럽과 미국을 중심으로 지오지브라의 사용자가 늘어나게 되었으나 2008년까지 지오지브라는 우리말로 번역되지 않은 채 남아 있었다. 필자는 2008년 가을 우연한 기회로 지오지브라를 알게 되었고 이 프로그램에 매력을 느껴 그 때부터 지금까지 지오지브라의 한글화를 담당하고 있다. 사실 지오지브라의 사용자 인터페이스와 공식 문서에 대한 한글화를 시작한 동기는 단순한 호기심 때문이었지만 지금은 2008년 당시와는 달리 많은 책임감을 느끼고 있다. 이는 지오지브라가 우리나라의 많은 수학 교육자에게 관심을 받기 시작했기 때문이다.

지오지브라의 가장 큰 특징을 한 단어로 말하면 Free라고 할 수 있다. 영어로 Free는 형용사로 '자유로운'이라는 뜻과 '무료의'라는 뜻을 갖고 있는데 이 단어의 뜻과 같이 지오지브라는 수학을 탐구하기 위해 누구나 자유롭게 사용할 수 있으며 이를 위해 무료로 제공된다. 그러한 의미에서 마르쿠스 호헨바터 교수는 지오지브라의 라이선스를 오픈소스 자유소프트웨어로 하였다.[2]

지오지브라의 또 하나의 특징으로 Easy-to-use를 들 수 있다. 지오지브라는 인터페이스가 간결하고 수학에서의 수식을 그대로 입력할 수 있으며 모든 명령어가 우리말로 되어 있어[3] 지오지브라를 처음 접한 사용자도 사용법을 쉽게 배울 수 있다. 또한 지오지브라에는 다양한 수학 영역[4]을 탐구할 수 있는 기능[5]이 내장되어 있어 이 소프트웨어 하나를 익히면 다양한 수학 과제를 탐구할 수 있다.

이 책은 이와 같은 장점을 지닌 지오지브라를 활용하여 기초미적분학 과정을 수강하는 학생들에게 미적분학의 아이디어를 좀 더 이해하기 쉽게 제시하는 것을 목적으로 하고 있다. 1장은 지오지브라에 대한 전반적인 소개를 하고 있으며 실행화면의 각 부분에 대하여 소개하였다. 2장은 미적분학을 시작하기 위한 기초로 다양한 함수와 함수 사이의 연산, 그래프에 대한 내용을 소개하였다. 3장은 미적분학을 다루는 중요한 개념인 극한을 소개하였다. 4장은 미분과 이에 대한 지오지브라 예제를 다양하게 소개하였다. 5장은 적분과 이에 대한 지오지브라 예제를 다양하게 소개하였다. 부록에서는 지오지브라의 단축키를 소개하였다.

---

[1] 당시 대학원생이었던 마르쿠스 호헨바터 교수는 석사 논문을 위해 지오지브라를 개발하였다.

[2] 지오지브라를 비영리 목적에 이용하는 것은 자유이지만 영리와 연관이 된 경우에는 국제 지오지브라 연구소의 인가를 얻어야 한다.

[3] 필자가 지오지브라의 한글화를 시작할 때 지오지브라의 명령을 한글화 할 것인가에 대해 많은 시간을 두고 고민하였다. 이 때 필자는 지오지브라의 핵심적인 정신인 Easy-to-use를 따라 모든 명령을 한글화해야 한다고 생각하게 되었다. 지오지브라 4.2부터는 영어 명령어도 우리말 명령어와 함께 사용할 수 있게 되어 영어 명령어를 선호하는 사용자를 배려하였다.

[4] 기하, 대수, 미적분, 통계, 이산수학, 3차원 기하 등

[5] 동적 기하 소프트웨어, 컴퓨터 대수 시스템, 자료 분석 소프트웨어, 이산수학 명령, 스크립트 등

이 책은 공학적 도구인 지오지브라를 기초미적분학 과정에서 어떻게 다루어야 학생들에게 교육적으로 효과가 있을 것인가라는 질문에 대한 하나의 답변이라고 볼 수 있다. 이 책에서 수학적인 내용을 다루는 장은 정의, 정리, 예제로 구성되어 있고, 각 예제마다 개념의 원리 탐구를 목적으로 하는 지오지브라 실습(원리 탐구)와 연산 결과를 목적으로 하는 지오지브라 실습(연산 결과)라는 부분이 증명이나 풀이 아래에 제시되어 있다. 기초미적분학을 수강하는 학생들은 제시된 정의, 정리, 예제를 해결하는 과정에서 함수의 그래프나 연산 결과를 얻기 위해 지오지브라 실습(연산 결과)를 따라 지오지브라 실습을 수행해 볼 수 있다. 기초미적분학을 강의하는 교수님은 학생들과 함께 미적분학의 원리를 탐구하거나 설명하기 위해 지오지브라 실습(원리 탐구)를 따라 학생들의 지오지브라 실습을 지도할 수 있다.

　이 책을 통해서 독자 여러분이 지오지브라와 함께 수학을 즐기는 데 많은 도움이 되기를 바란다.

2017년 11월 1일
지오지브라 연구소장
최 경 식

감사의 글

이 책이 나오기까지 많은 분들이 도움을 주셨다. 우선 지오지브라를 개발하고 필자에게 지오지브라의 한글화를 맡겨주신 마르쿠스 호헨바터(Markus Hohenwarter) 교수님께 감사드린다. 필자가 우리나라에서 지오지브라를 보급할 수 있도록 계기를 만들어 주신 졸트 라빅자(Zsolt Lavicza) 교수님께 감사드린다. 지오지브라에 대한 필자의 건의사항을 흔쾌히 받아들여 우리나라 교육현장에 적합한 기능을 개발해 주고 계시는 지오지브라 개발 총책임자 마이클 볼셔즈(Micheal Borcherds)님과 3차원 개발 책임자 마티유 블라서(Mathieu Blosser)님께 감사드린다. 특별히 마티유 블라서님은 3차원 기하창의 Red/Cyan 안경모드를 만들어 달라는 필자의 요청에 따라 Red/Cyan 안경모드를 개발해 주셨다. 지오지브라를 각국에서 발전시켜가고 있는 타츠요시 하마다(Tatsuyoshi Hamada) 교수님, 톨가 카바카(Tolga Kabaca) 교수님께 감사드린다.

우리나라의 전 지역에서 뛰어난 능력으로 지오지브라를 위해 봉사해 주시는 김동석 부소장님, 전수경 대구지오지브라팀장님, 김경용 광주지오지브라팀장님 외 한국지오지브라연구소 웹사이트 회원, 지오지브라, 배우고 가르치고 공유하라! 밴드 회원 여러분께 진심으로 감사드린다. 지오지브라에 많은 관심을 가져주시는 백성혜 교수님, 김남희 교수님, 김성숙 교수님께 진심으로 감사드린다.

필자가 지오지브라에 대한 활동을 하는데 도움을 주신 권기준 교장선생님, 윤재철 교장선생님, 양운택 장학관님, 박진호 선생님, 김혜영 선생님께 감사드린다.

이 책을 출판할 수 있도록 많은 도움을 주신 김남우 대표님과 임직원 여러분께 감사드린다.

마지막으로 부족한 필자를 위해서 기도해 주시고 평생을 헌신하여 주신 부모님, 언제나 필자를 선한 길로 인도하시어 어려움 가운데에서도 다른 사람들에게 작은 도움을 줄 수 있게 하신 하나님께 진심으로 감사드린다. ^_^ *^^*

차 례

차 례		vii
제 1 장 　지오지브라		3
1.1 　지오지브라		3
1.2 　지오지브라의 역사		4
1.3 　지오지브라의 설치		5
1.4 　지오지브라의 실행화면		12
1.5 　자료		16
제 2 장 　함수		23
2.1 　수의 체계		23
2.2 　도형의 이동		25
2.3 　함수		30
2.4 　참고: 지오지브라 관련 기능(그래프)		62
제 3 장 　극한		75
3.1 　함수의 극한		75
3.2 　함수의 연속		90
3.3 　참고: 지오지브라 관련 기능(극한, 슬라이더)		97
제 4 장 　미분		103
4.1 　미분계수와 도함수		103
4.2 　미분법		113
4.3 　평균값의 정리		142
4.4 　부정형의 극한값		146
4.5 　함수의 극대, 극소		150
4.6 　속도와 가속도		158
4.7 　참고 : 지오지브라 관련 기능(CAS, 미분)		161
제 5 장 　적분		175
5.1 　부정적분		175

5.2 치환적분법 180
5.3 부분적분법 187
5.4 분수함수의 적분법 190
5.5 정적분의 정의와 성질 195
5.6 정적분의 계산 224
5.7 이상적분 232
5.8 정적분의 응용 236
5.9 참고 : 지오지브라 관련 기능(적분, 수열, 3차원) 262

제 6 장 참고자료   275
6.1 한국지오지브라연구소 275
6.2 단축키 277
6.3 연습문제 해답 287

찾아보기   297

(제2판) 지오지브라와 함께하는 기초 미적분학

CHAPTER 1

지오지브라

1.1 지오지브라

지오지브라(GeoGebra)는 기하, 대수, 미적분, 통계, 이산수학, 3차원 기하를 다룰 수 있으며 비영리적인 목적[1]을 위해 무료로 사용할 수 있는 오픈소스 자유 소프트웨어이다.

지오지브라의 이름은 지오(Geometry; 기하)와 지브라(Algebra; 대수)의 합성어로 **동적 기하 소프트웨어**(DGS; Dynamic Geometry Software)와 **컴퓨터 대수 시스템**(CAS; Computer Algebra System)을 결합한 소프트웨어라는 의미를 담고 있다. 따라서 지오지브라는 다양한 수학 영역의 대상을 다룰 수 있는 **동적 수학 소프트웨어**(DMS; Dynamic Mathematics Software)라고 볼 수 있다.

그림 1.1: 전 세계의 지오지브라 연구소

---

[1] 지오지브라와 연관되어 영리가 발생하는 경우에는 국제지오지브라연구소 (IGI; International GeoGebra Institute) 의 허가가 필요하다. [office@geogebra.org(영어), kyeong@geogebra.or.kr(한국어)]

1.2 지오지브라의 역사

지오지브라는 오스트리아의 마르쿠스 호헨바터(Markus Hohenwarter)가 대학원생이었던 2001년도에 개발되었다. 마르쿠스 호헨바터는 수학교육과 컴퓨터 공학을 전공하였으며 **동적 기하 소프트웨어**와 **컴퓨터 대수 시스템**을 결합한 소프트웨어를 개발하고자 하였다. 이러한 작업의 결실로 2002년에 지오지브라는 인터넷을 통하여 소프트웨어의 초기 버전이 공개되었고 오스트리아와 독일의 교사들에게 폭발적인 인기를 얻게 되었다. 같은 해 마르쿠스 호헨바터는 지오지브라의 개발로 EASA(European Academic Software Award) 상을 수상하였으며 현재는 오스트리아를 중심으로 전 세계의 프로그래머들과 지오지브라를 개발하고 있다.

2008년에 최경식[2]은 지오지브라의 인터페이스 및 관련 문서를 한글화하였으며 한국지오지브라연구소[3]를 통해 지오지브라의 보급, 출판, 연수, 관련 연구 프로젝트를 담당하고 있다.

그림 1.2: 지오지브라 개발자인 마르쿠스 호헨바터 교수

---

[2] kyeong@geogebra.or.kr
[3] http://www.geogebra.or.kr

1.3 지오지브라의 설치

지오지브라는 다양한 방법으로 사용할 수 있다. 인터넷에 접속하여 지오지브라를 사용할 수도 있고 설치 프로그램을 다운로드 받아 설치할 수도 있다. 태블릿이나 스마트폰에 앱을 다운로드 받을 수도 있다.

　　이 책에서는 **지오지브라 클래식**을 기준으로 설명할 것이다. **지오지브라 클래식**은 다양한 지오지브라의 기능 가운데 가장 풍부한 기능을 포함하고 있는 버전이다.

설치파일 다운로드

① 다운로드를 클릭🖱한다.

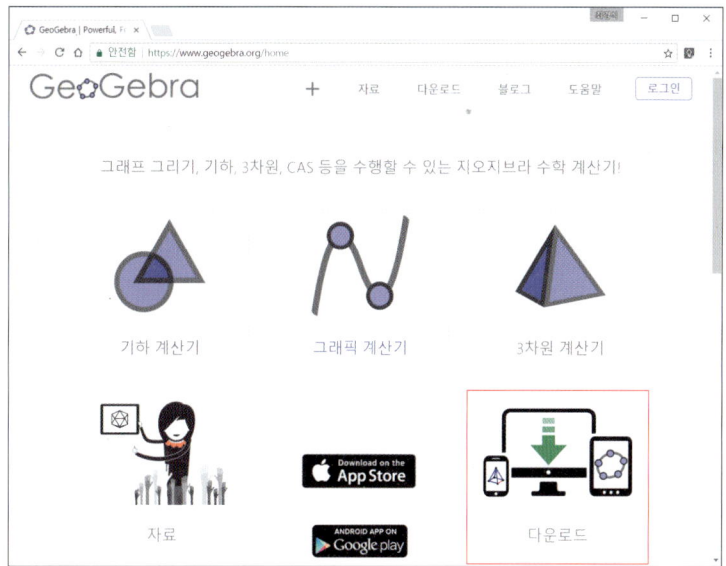

② 지오지브라 클래식(GeoGebra Classic)의 Windows를 클릭🖱하면 설치파일을 다운로드 받을 수 있다.

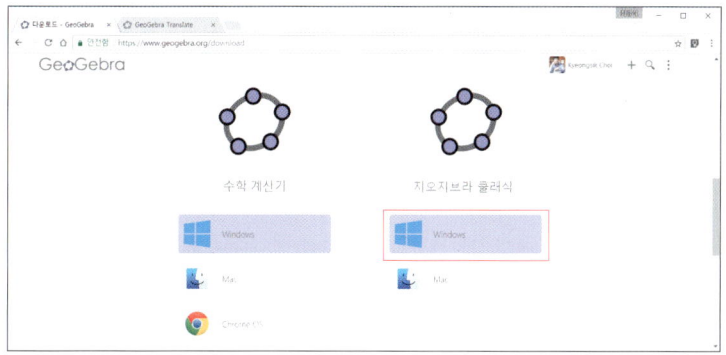

인터넷 상에서 사용

① 지오지브라의 공식 홈페이지인 http://www.geogebra.org 에 접속하여 그래픽 계산기를 클릭한다.

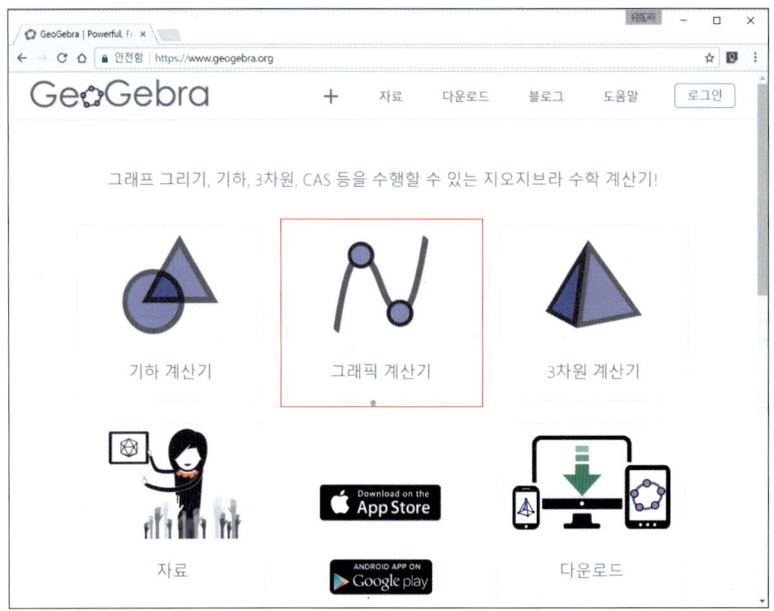

② 인터넷 웹브라우저에서 지오지브라를 사용할 수 있다.

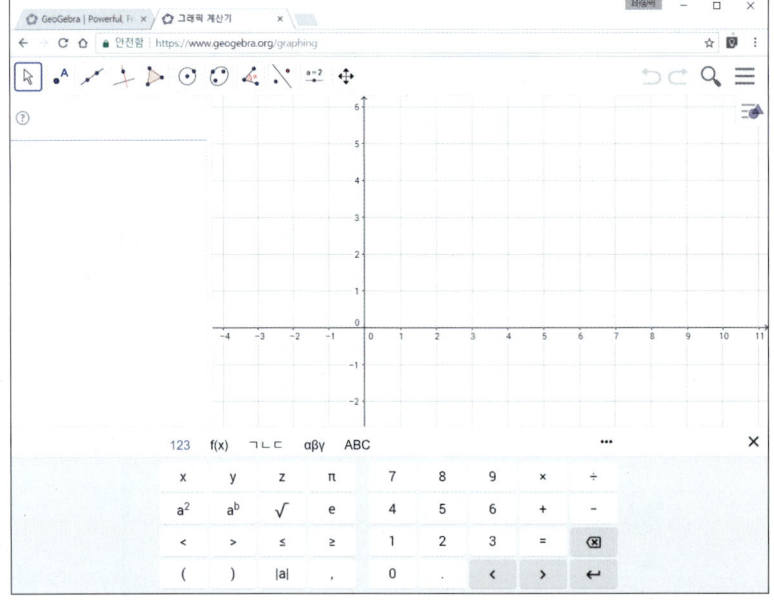

1.3 지오지브라의 설치

윈도우즈 앱 설치

① Windows 10에서 스토어를 클릭🖱한 후 검색창에 지오지브라(geogebra)를 입력한다.

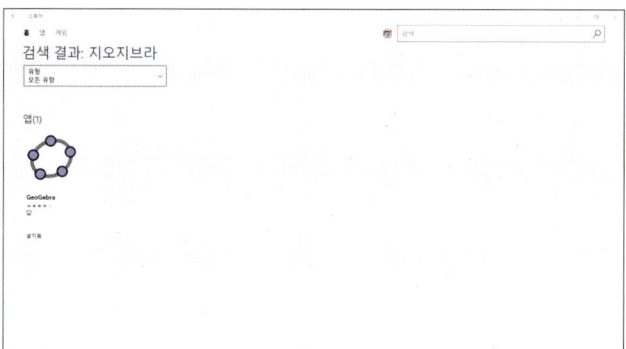

② 검색 결과에서 GeoGebra를 클릭🖱하면 지오지브라(GeoGebra) 앱에 대한 소개자료가 나타난다. 설치 를 클릭🖱한다.

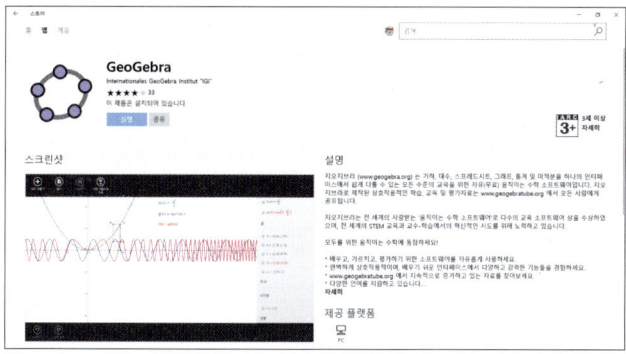

③ 온라인 지오지브라와 동일한 인터페이스의 지오지브라 앱이 나타난다.

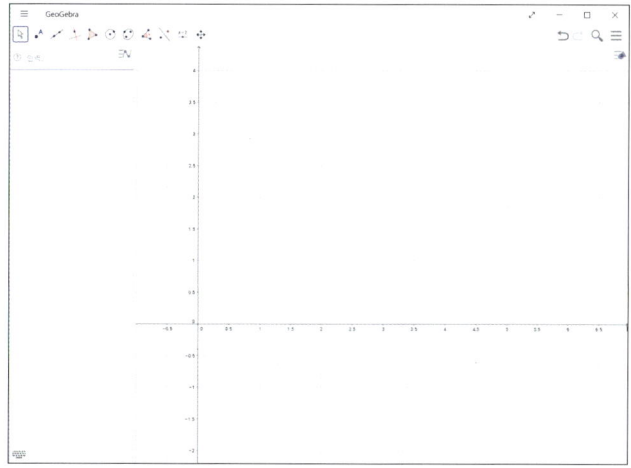

제 1 장 지오지브라

안드로이드 앱 설치

① 안드로이드 기기의 Play 스토어에서 지오지브라(geogebra)를 검색하면 지오지브라 앱을 찾을 수 있다.

② 지오지브라 안드로이드 앱은 지오지브라 그래픽 계산기, 지오지브라 3차원 계산기, 지오지브라 기하 계산기로 되어 있으며 서로 연동된다.

③ 설치가 완료되면 그림과 같은 화면이 나타나 지오지브라의 기능을 사용할 수 있다.

설치오류 해결방법

지오지브라 설치파일을 다운로드 받은 후 실행하였으나 설치가 되지 않는 경우가 있다. 이런 경우에는 다음 과정을 따라 실행한 다음 설치파일을 실행하면 지오지브라를 설치할 수 있다.[4]

① 제어판을 클릭 한다.

② 시계, 언어 및 국가별 옵션 – 키보드 또는 기타 입력 방법 변경을 클릭 한다.

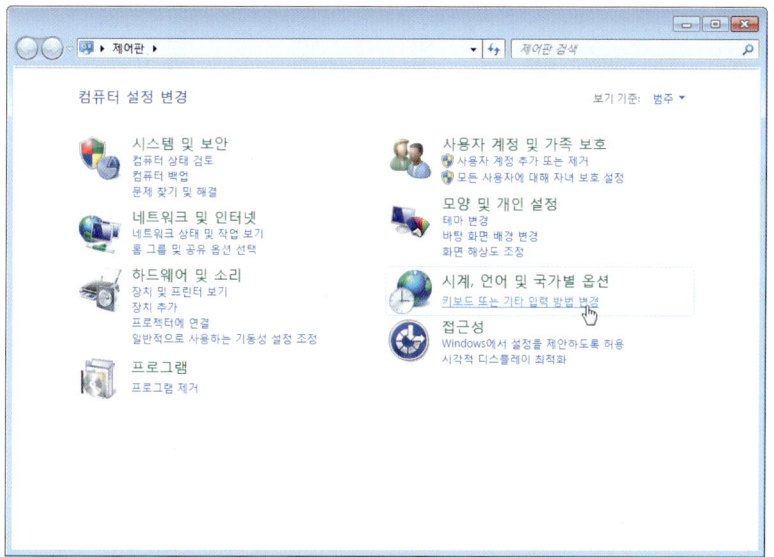

---

[4]Windows 7에서 이와 같은 설치오류가 종종 발생한다.

③ 키보드 변경(C)... 을 클릭 한다.

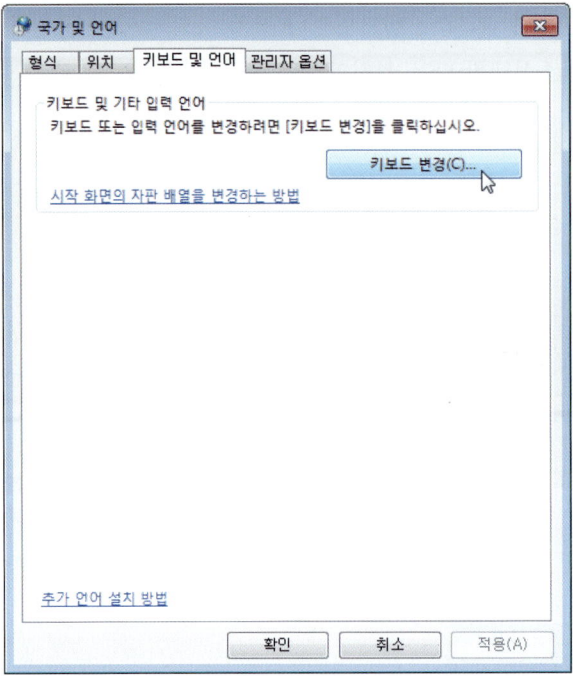

④ 추가(D)... 를 클릭 한다.

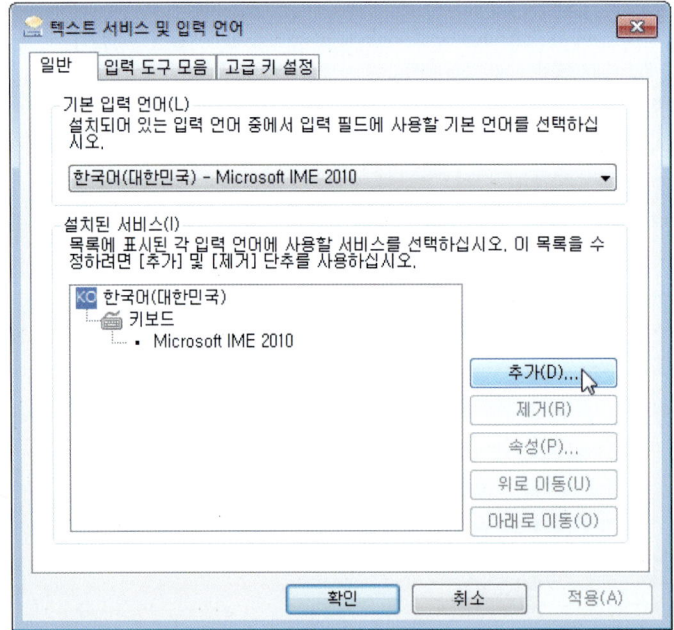

5 한국어(대한민국) 아래의 Microsoft 입력기를 클릭한 후 확인 을 클릭한다.

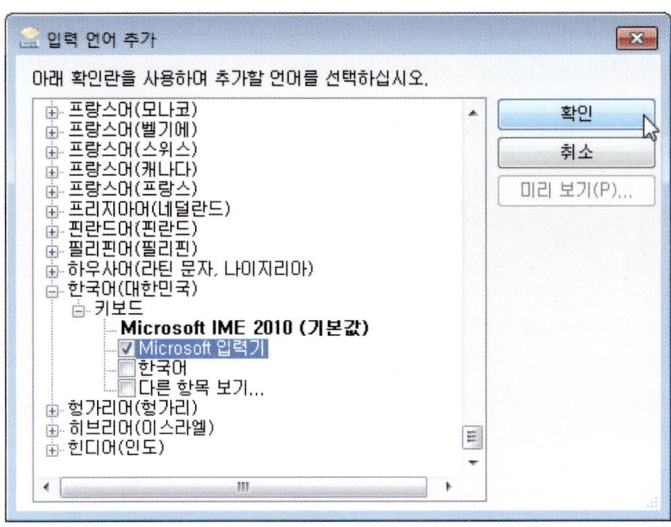

6 콤보상자에서 한국어(대한민국) - Microsoft 입력기를 선택한 후 확인 을 클릭한다.

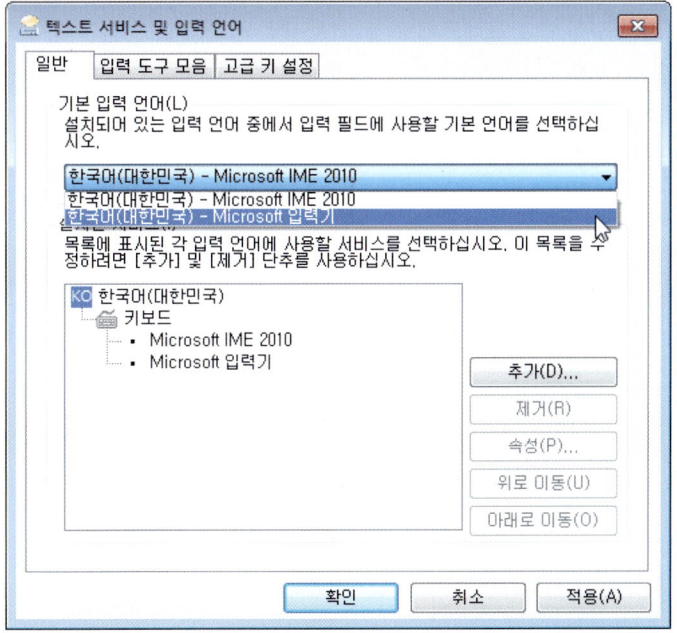

1.4 지오지브라의 실행화면

실행화면

① 지오지브라의 실행화면은 기본적으로 대수창, 기하창, 입력창으로 구성되어 있다.

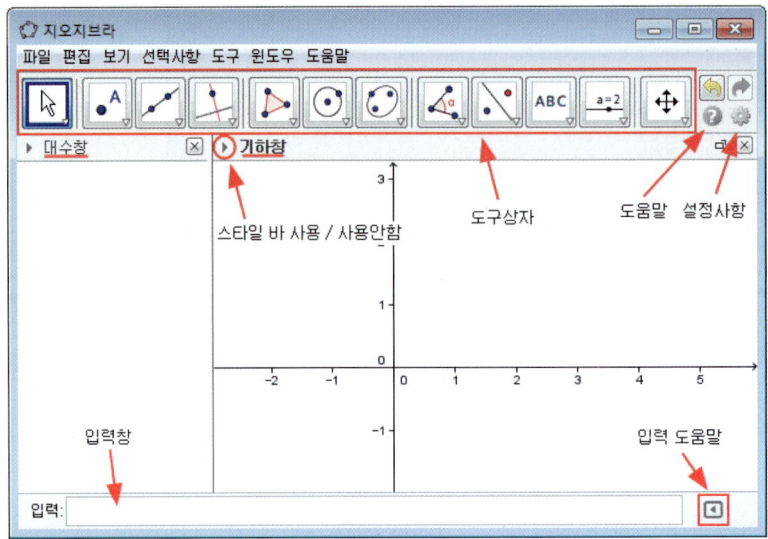

② 메뉴의 보기를 클릭하면 스프레드시트 창, CAS 창, 기하창 2, 구성단계, 화면배치 등이 나타나게 할 수 있다.

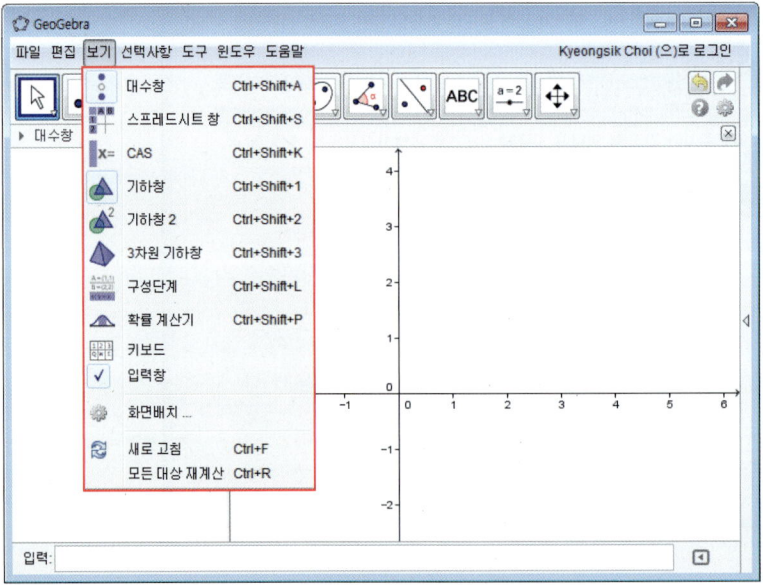

대수창에서는 기하창에 나타나는 수학적 대상들의 정보를 보여준다. 예를 들어 기하창의 점, 직선, 함수 그래프 등의 대수적 표현(수식)은 대수창에 나타나게 된다. 또한 지오지브라는 대수적 표현과 기하적 대상을 서로 연결하여 보여준다. 예를 들어 기하창에서 마우스로 점을 움직이면 대수창에서 점의 좌표가 동시에 변화하며 대수창에서 점의 좌표를 수정하면 기하창에서 점이 이동한다.

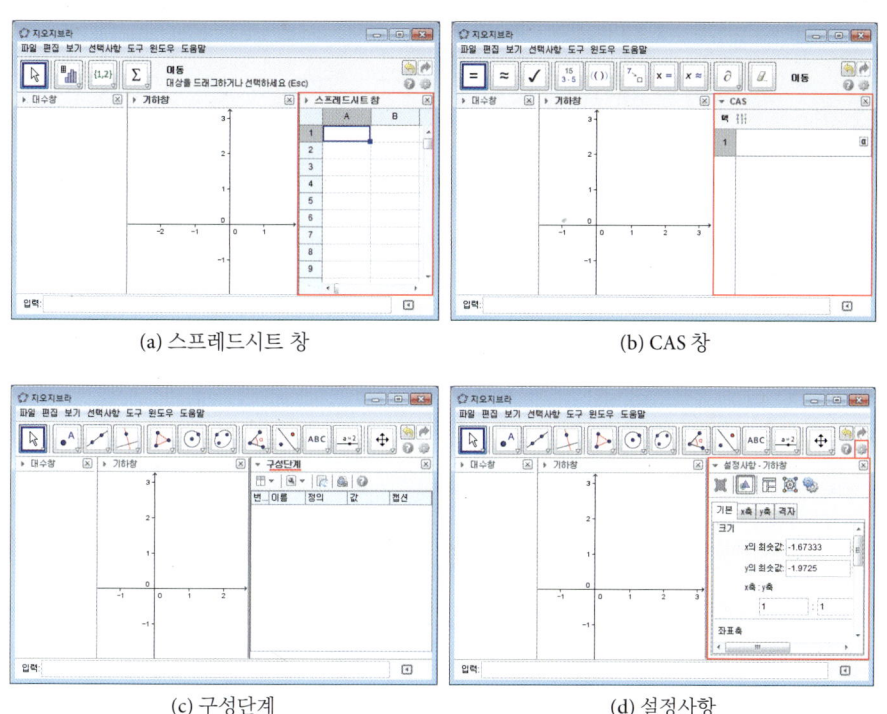

(a) 스프레드시트 창 (b) CAS 창

(c) 구성단계 (d) 설정사항

그림 1.3: 지오지브라의 실행화면

제1장 지오지브라

도구상자

① 마우스를 **도구상자** 아래에 있는 역삼각형(▼)에 올려놓으면 빨간색으로 바뀌고 도구의 이름과 사용법이 나타난다.[5]

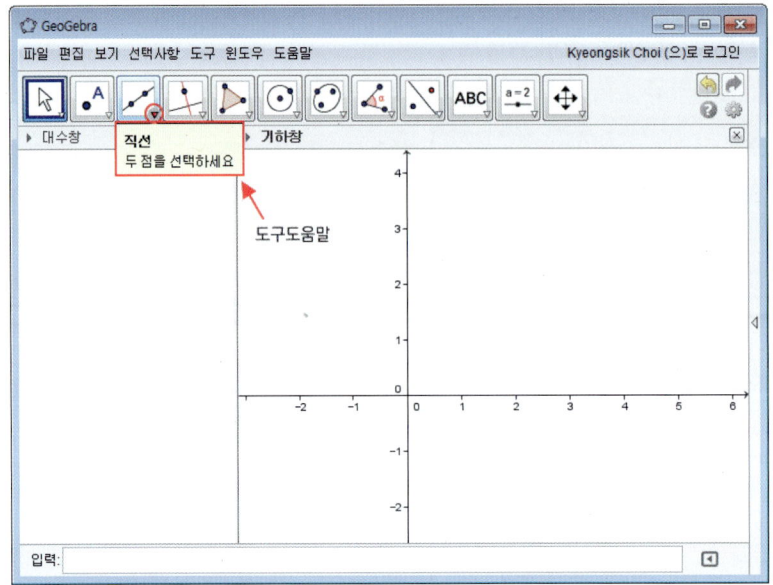

② 마우스로 역삼각형(▼)을 클릭 하면 도구상자가 열린다. 도구상자에는 비슷한 종류의 도구들이 모여있다.

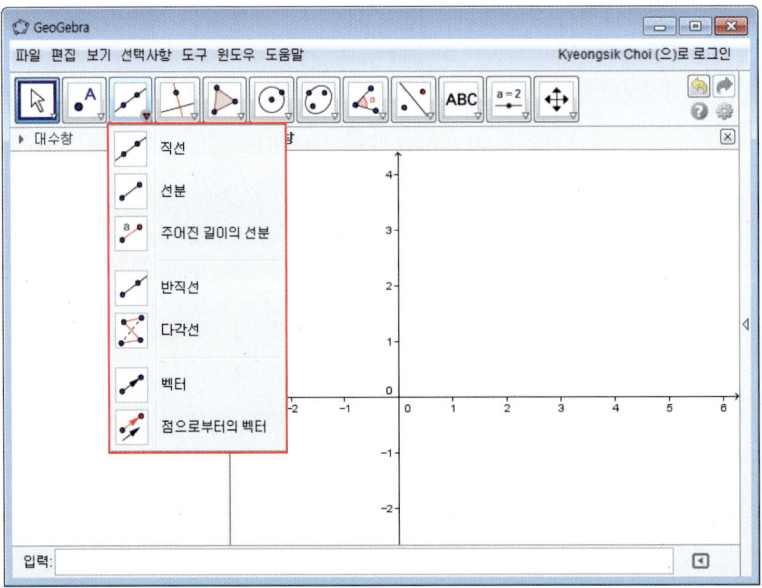

---

[5]도구 도움말은 도구의 사용순서를 반영하고 있다.

입력창과 입력 도움말

① 입력창 오른편의 **입력 도움말** ▶ 을 클릭 하면 지오지브라의 **내장 명령어**를 볼 수 있다.

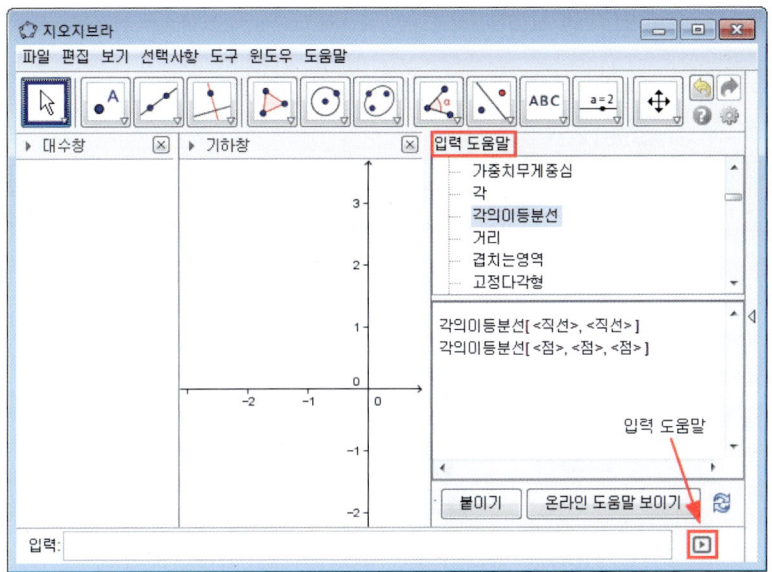

② 사용할 명령어를 클릭 한 후 붙이기 를 클릭 하면 해당 명령어가 입력창에 입력된다.

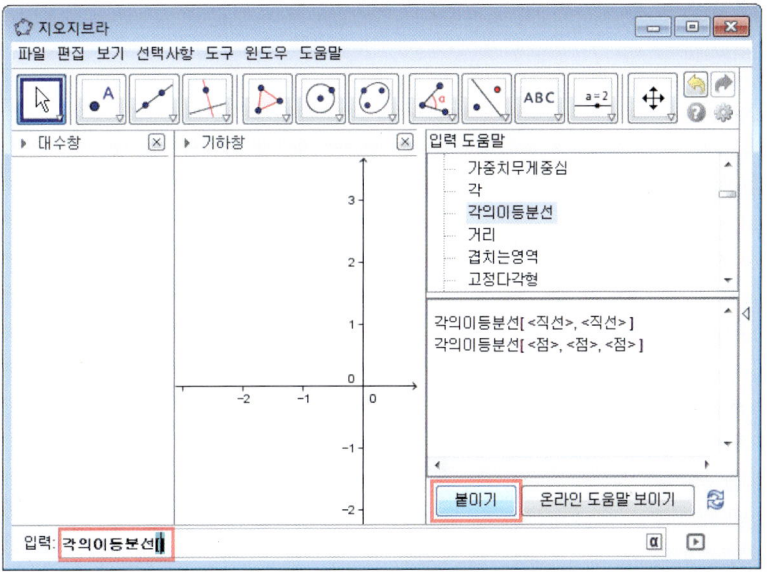

1.5 자료

자료는 지오지브라 자료를 저장하고 공유할 수 있는 인터넷 공간이다. 지오지브라 공식 웹사이트에 가입하면 용량이 무제한인 자료 저장 클라우드를 제공받으며 전 세계의 지오지브라 자료를 검색하여 활용할 수 있다.

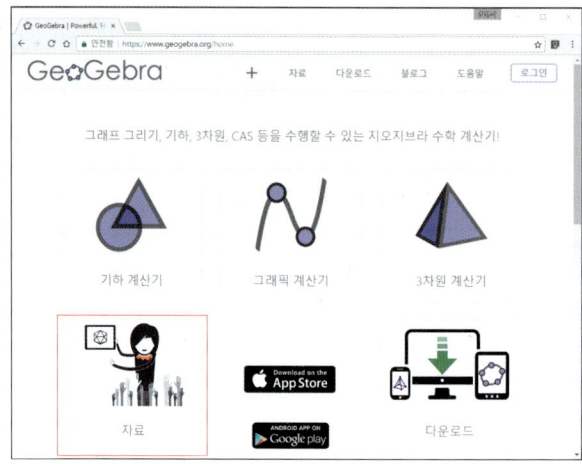

그림 1.4: 지오지브라 공식 웹사이트의 '자료'

로그인

- 지오지브라 공식 웹사이트 우측 상단의 로그인 을 클릭하여 로그인한다.

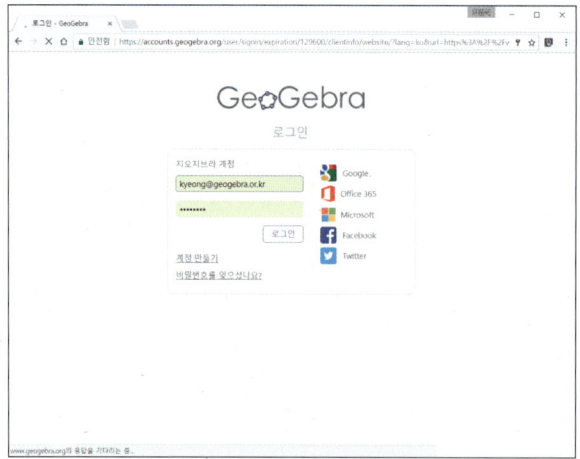

새로 만들기

화면 우측 상단의 ➕ 를 클릭하면 지오지브라 자료를 만들기 위한 다양한 메뉴가 제시된다.

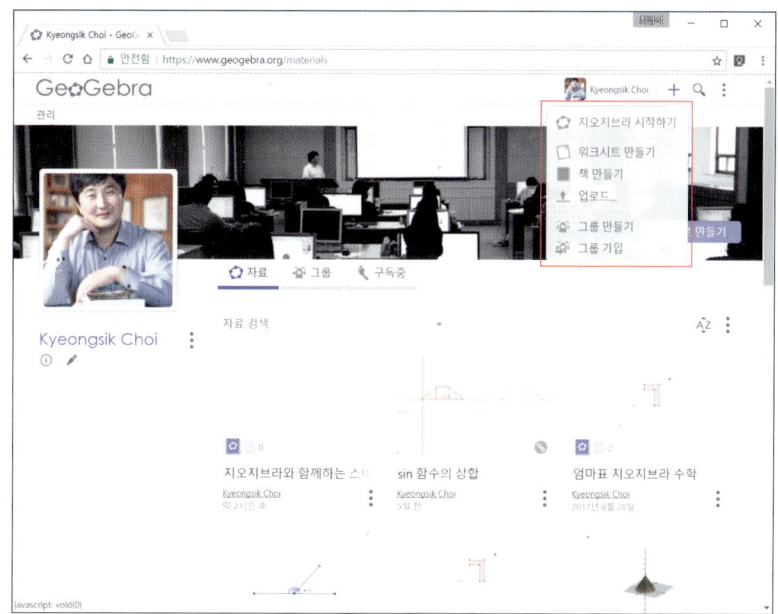

그림 1.5: ➕ 새로 만들기

워크시트 만들기

워크시트는 학교에서 사용하는 수학, 과학 학습지라고 생각하면 된다. 학생들이 다양하게 생각할 수 있는 문제를 지오지브라 환경과 함께 제시하는 것이다. 워크시트 안에는 텍스트, 비디오, 지오지브라, 웹, pdf 자료 등 다양한 자료를 포함할 수 있도록 되어 있다(그림 1.6).

책 만들기

교사의 학습지를 묶어 정리하면 책으로 만들 수 있다. 지오지브라에서는 이와 같은 경험을 온라인 환경에 적용하였다. 교사 자신이 직접 만든 자료나 다른 사람이 만든 자료를 묶어 하나의 책으로 만드는 것이다(그림 1.7).

그룹 만들기

자료 저장의 공간을 무제한으로 제공하는 지오지브라 클라우드와 함께 '그룹'이라는 서비스를 눈여겨 보아야 한다. **그룹**은 과목 담당 선생님과 학생이 함께 소통할 수 있는

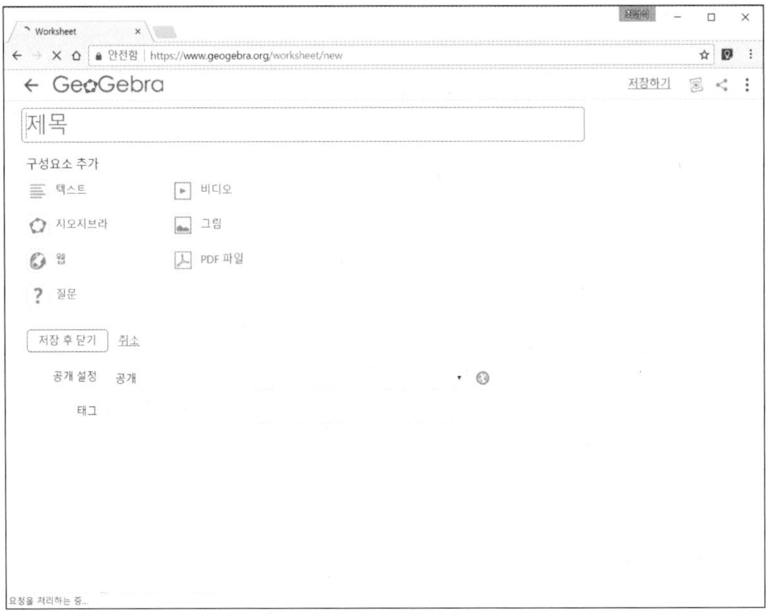

그림 1.6: 워크시트 만들기 환경

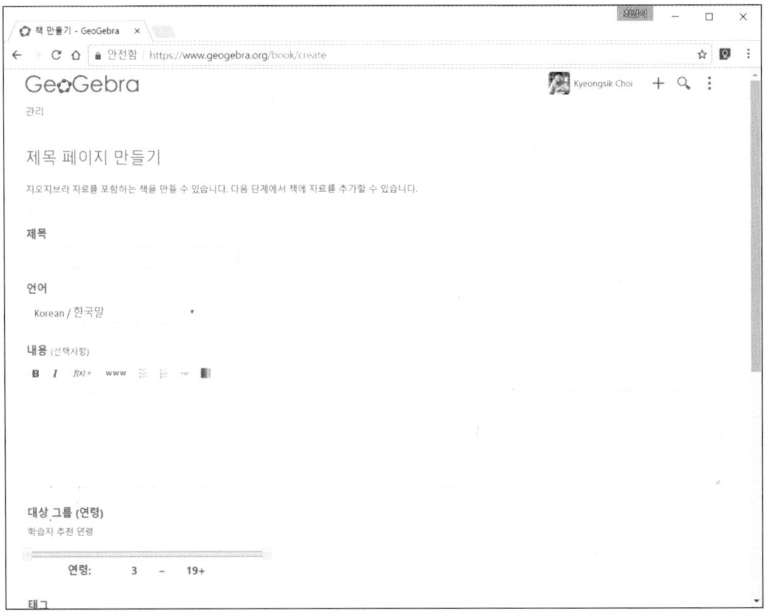

그림 1.7: 책 만들기 환경

온라인 공간이다. 교사가 **그룹**을 만들고 코드를 공유하면 학생은 그 코드를 입력하고 해당 그룹에 가입할 수 있다(그림 1.8, 1.9). 이 공간에서 학습 내용 공유 및 학생에 대한 피드백, 평가까지도 수행할 수 있다.

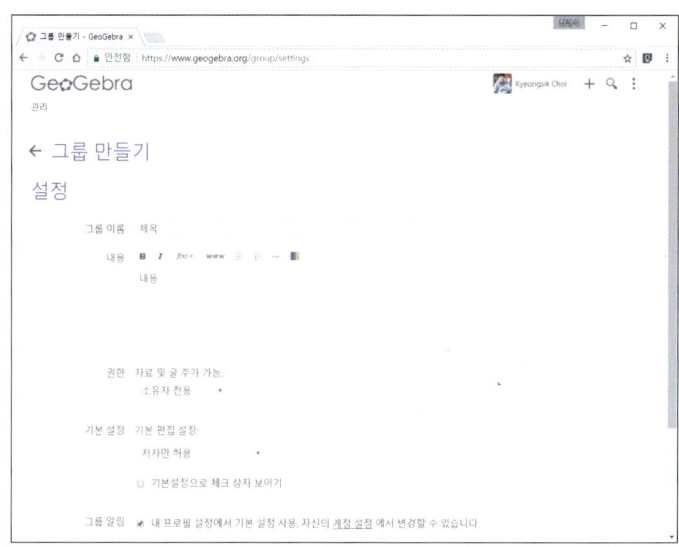

그림 1.8: 그룹 만들기 환경

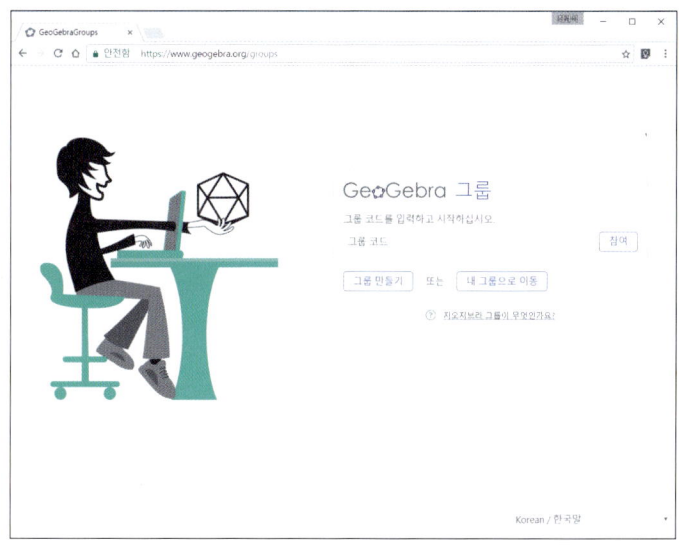

그림 1.9: 그룹 가입하기

자료 공유

지오지브라 자료를 검색하다가 정말 좋은 자료를 만날 때가 있다. 이 자료를 나만 알 수 있도록 숨겨야 할까? 필자는 내 것을 다른 사람에게 나누어주면 더 큰 보답을 받게 된다는 것을 배웠다. 특히 교육에 있어서 이는 진리라고 할 수 있다.

좋은 자료가 있다면 '공유' 버튼을 누르고 자료를 공유하자.

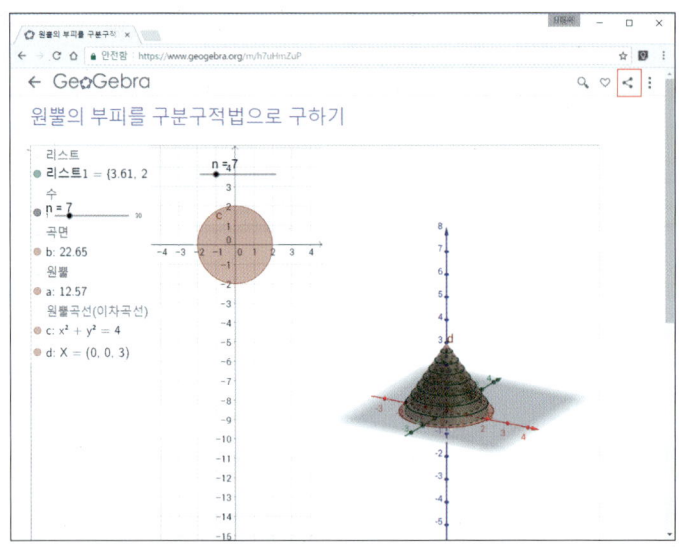

그림 1.10: 공유 버튼 누르기

그림 1.11: 공유 관련 메뉴

(제2판) 지오지브라와 함께하는 기초 미적분학

CHAPTER 2

함수

2.1 수의 체계

> **정의 2.1**
>
> **자연수**(Natural number)의 집합 N은 $N = \{1, 2, 3, \cdots\}$으로 양의 정수의 집합이라고도 한다.
>
> **정수**(Integer)의 집합 Z는 $Z = \{\cdots, -3, -2, -1, 0, 1, 2, 3, \cdots\}$으로 덧셈, 곱셈, 뺄셈에 관하여 닫혀있다.
>
> **유리수**(Rational Number)의 집합 Q는 $Q = \{\frac{n}{m} \mid m \in Z, n \in Z, m \neq 0\}$으로 소수로 나타낼 경우에는 유한소수 또는 순환소수가 된다.
>
> **무리수**(Irrational number)의 집합 Q^c는 $Q^c = \{x \mid x \notin Q\}$으로 π, $\sqrt{2}$, $\sqrt{3}$ 등과 같은 수가 이에 해당되며 소수로 나타낼 경우 순환하지 않는 무한소수가 된다.
>
> 유리수와 무리수의 합집합을 **실수**(Real Number)라 하고 실수 전체의 집합을 R로 나타낸다. R은 사칙연산에 대하여 닫혀있고, 두 수의 대소를 판별할 수 있으며 제곱하면 언제나 0 이상이 된다.
>
> **복소수**(Complex number)의 집합 C는 $C = \{a + bi \mid a \in R, b \in R\}$이며 실수부($a$)와 허수부($b$)로 이루어지며 두 수의 대소를 판별할 수 없다. 이 때 $i = \sqrt{-1}$는 허수단위라고 한다.

제2장 함수

> **정의 2.2**
>
> R의 부분집합 $\{x|a \leq x \leq b\}$를 **닫힌구간**(Closed interval)이라 하고 $[a,b]$로 나타내며, $\{x|a < x < b\}$를 **열린구간**(Open interval)이라 하고 (a,b)로 나타낸다. 집합 $\{x|a \leq x < b\}$와 $\{x|a < x \leq b\}$를 **반열린구간**(Half-open interval)이라 하고 각각 $[a,b)$, $(a,b]$로 나타낸다.

연습문제 2.1

① 집합 N, Z, Q, R, C 사이의 포함관계를 나타내어라.

② 다음을 계산하여라.
    (1) $R - Q$ (2) $Q \cap Q^c$
    (3) $Q \cup Q^c$ (4) $R - Q^c$

2.2 도형의 이동

> **정리 2.3**
>
> 좌표평면 위의 도형 $f(x,y) = 0$을 평행이동
>
> $$T : (x,y) \to (x+a, y+b)$$
>
> 에 의하여 이동한 도형의 방정식은
>
> $$f(x-a, y-b) = 0$$
>
> 이다.

[참고] 앞에서 제시된 사상 $T : (x,y) \to (x+a, y+b)$는 점 (x,y)를 점 $(x+a, y+b)$로 평행이동시킨다. 즉 사상 T는 점 (x,y)를 x축 방향으로 a만큼, y축 방향으로 b만큼 평행이동하도록 하는 것이다. 이 때, 도형의 방정식 $f(x,y) = 0$위의 모든 점을 평행이동시키려면 x대신 $x-a$, y대신 $y-b$를 대입한다. 예제 1의 지오지브라 실습(원리 탐구)에서 각 x, y 대신 $x-a$, $y-b$를 대입하면서 나타나는 변화를 관찰해보자.

[예제 1] 직선 $3x + 4y + 1 = 0$을 x축 방향으로는 -2만큼, y축 방향으로는 3만큼 평행이동한 직선의 방정식을 구하여라.

[풀이] x대신 $x - (-2)$를, y대신 $y - 3$을 직선의 식에 대입하면

$$3(x+2) + 4(y-3) + 1 = 0$$
$$\therefore 3x + 4y - 5 = 0$$

이다.

제2장 함수

[지오지브라 실습(원리 탐구)] 위 예제를 지오지브라에서 실습하려면 입력창에 다음과 같이 차례로 입력한다.

```
[지오지브라 명령]
3 x + 4 y + 1 = 0
3 ( x + 2 ) + 4 y + 1 = 0
3 x + 4 ( y - 3 ) + 1 = 0
3 ( x + 2 ) + 4 ( y - 3 ) + 1 = 0
```

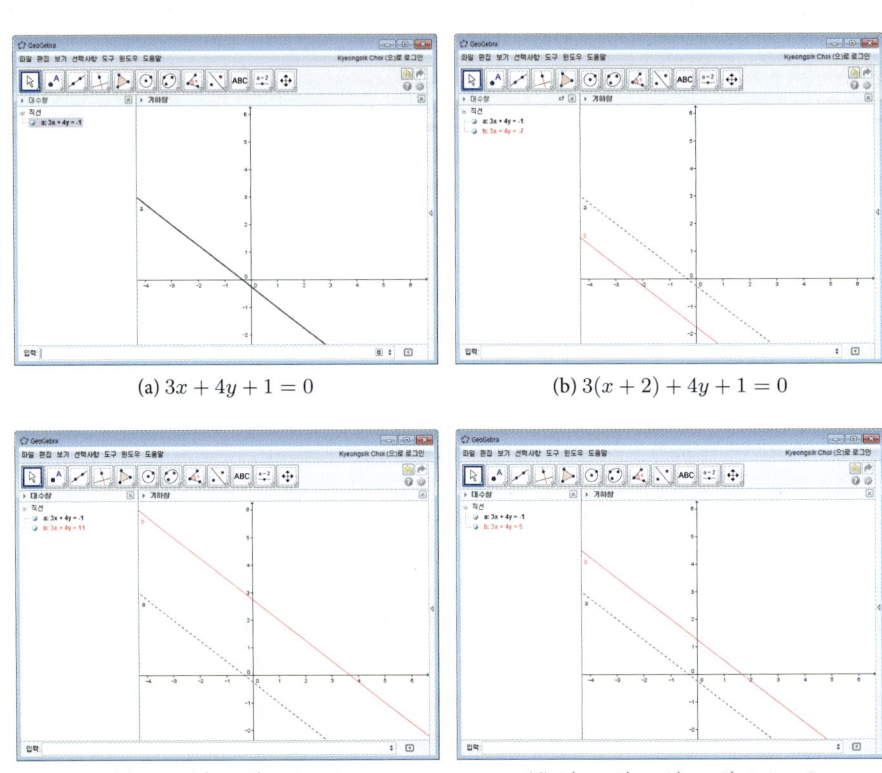

(a) $3x + 4y + 1 = 0$ (b) $3(x+2) + 4y + 1 = 0$

(c) $3x + 4(y-3) + 1 = 0$ (d) $3(x+2) + 4(y-3) + 1 = 0$

> **정리 2.4 도형의 대칭이동**
>
> 좌표평면 위의 도형 $f(x, y) = 0$을 대칭이동하여 얻은 도형의 방정식은 다음과 같다.
> (1) x축에 대하여 대칭이동한 직선의 방정식: $f(x, -y) = 0$
> (2) y축에 대하여 대칭이동한 직선의 방정식: $f(-x, y) = 0$
> (3) 원점에 대하여 대칭이동한 직선의 방정식: $f(-x, -y) = 0$
> (4) $y = x$에 대하여 대칭이동한 직선의 방정식: $f(y, x) = 0$

[예제 2] 직선 $4x + 3y - 5 = 0$을 제시된 직선 또는 점에 대하여 대칭이동한 직선의 방정식을 구하여라.

    (1) x축   (2) y축   (3) 원점   (4) $y = x$

[풀이]
(1) y 대신 $-y$를 대입하면

$$4x + 3(-y) - 5 = 0$$
$$\therefore 4x - 3y - 5 = 0$$

이다.
(2) x 대신 $-x$를 대입하면

$$4(-x) + 3y - 5 = 0$$
$$\therefore 4x - 3y + 5 = 0$$

이다.
(3) x 대신 $-x$를, y 대신 $-y$를 대입하면

$$4(-x) + 3(-y) - 5 = 0$$
$$\therefore 4x + 3y + 5 = 0$$

이다.

(4) x 대신 y를, y 대신 x를 대입하면

$$4y + 3x - 5 = 0$$
$$\therefore 3x + 4y - 5 = 0$$

이다.

지오지브라 실습(연산 결과) 위 예제를 지오지브라에서 실습하려면 입력창에 다음과 같이 차례로 입력한다.

```
[지오지브라 명령]
4 x + 3 y - 5 = 0
4 x + 3 ( - y ) - 5 = 0
4 ( - x ) + 3 y - 5 = 0
4 y + 3 x - 5 = 0
```

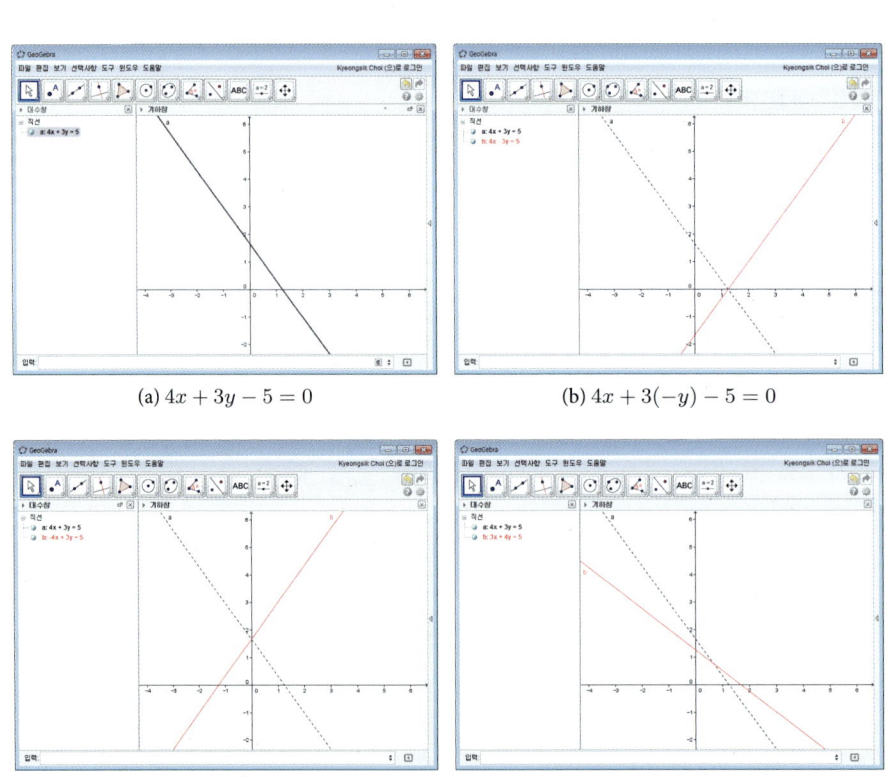

(a) $4x + 3y - 5 = 0$
(b) $4x + 3(-y) - 5 = 0$
(c) $4(-x) + 3y - 5 = 0$
(d) $4y + 3x - 5 = 0$

연습문제 2.2

① 원 $x^2 + y^2 + 4x - 6y + 3 = 0$을 평행이동

$$T : (x, y) \to (x+3, y-5)$$

에 의하여 옮길 때, 옮겨진 원의 중심과 반지름을 구하여라.

② $y = f(x)$의 그래프가 그림과 같을 때 다음 각 그래프를 그려라.

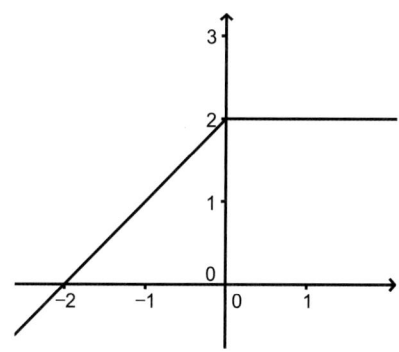

(1) $y = f(x+2) + 1$ (2) $y = 2f(x)$
(3) $y = f(-x)$ (4) $y = -f(x)$
(5) $y = -f(-x)$ (6) $x = f(y)$

[참고] 주어진 그래프는 함수 $f(x) = \begin{cases} x+2 & x < 0 \\ 2 & x \geq 0 \end{cases}$ 의 그래프이다. 이 함수의 그래프를 지오지브라에서 나타내려면 입력창에 다음과 같이 입력한다.

[지오지브라 명령]
```
f( x ) = 조건[ x < 0 , x + 2 , x >= 0 , 2 ]
```

2.3 함수

> **정의 2.5**
>
> 두 집합 X와 Y에 대하여 X의 각 원소에 Y의 원소를 하나씩 대응시킬 때 이와 같은 대응규칙을 **함수**(function)라 하고
>
> $$f : X \to Y \quad \text{또는} \quad y = f(x)$$
>
> 로 나타낸다.
>   이 때 집합 X를 함수 f의 **정의역**(Domain), Y를 f의 **공역**(Codomain)이라 하고, $x \in X$에 대응하는 Y의 원소를 x의 **상**(Image) 또는 x의 **함숫값**이라 하며 $f(x)$로 나타낸다. $f(x) = \{y | y = f(x), x \in X\}$를 f의 **치역**(Range)이라 하고 일반적으로 $f(X) \subset Y$의 관계가 있다.

[예제 3] 다음에서 X에서 Y로의 함수인 것을 고르시오.

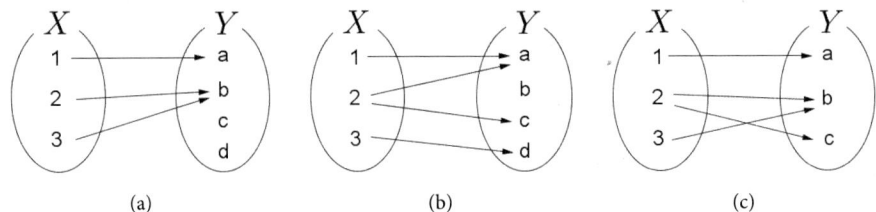

(a)   (b)   (c)

[풀이]
(a), (c) X의 각 원소에 Y의 원소가 하나씩 대응되므로 X에서 Y로의 함수이다.
(b) X의 원소 2에 Y의 원소가 2개 (a와 c) 대응되므로 X에서 Y로의 함수가 아니다.

[예제 4] 다음 각 함수의 정의역과 치역을 구하여라.
    (1) $f(x) = x^2 + 2$ (2) $y = \sqrt{x-1}$
    (3) $f(x) = \frac{|x|}{x}$ (4) $f(x) = |x| - 2$

풀이

(1) 정의역: $\{x|x \text{는 실수}\} = R$, 치역: $\{y|y \geq 2\}$

(2) 정의역: $\{x|x \geq 1\}$, 치역: $\{y|y \geq 0\}$

(3) 정의역: $\{x|x \neq 0\}$, 치역: $\{-1, 1\}$

(4) 정의역: R, 치역: $\{y \geq -2\}$

지오지브라 실습(연산 결과) 위 예제를 지오지브라에서 실습하려면 입력창에 다음과 같이 차례로 입력한다.

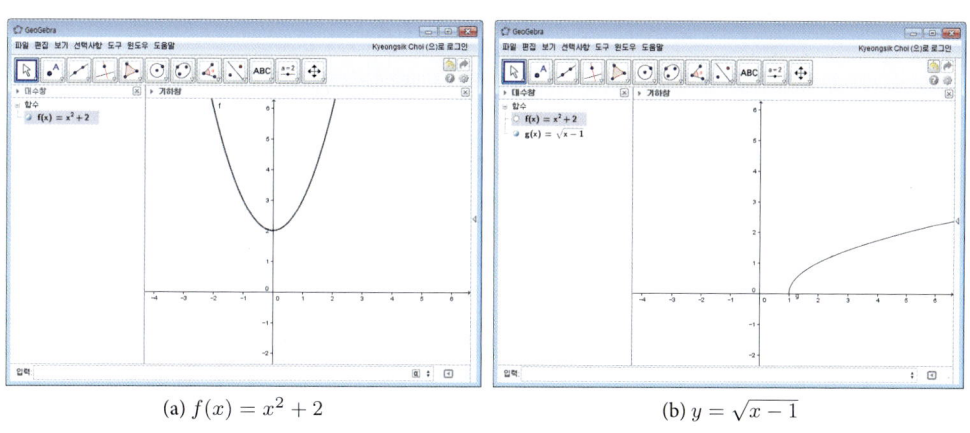

(a) $f(x) = x^2 + 2$ (b) $y = \sqrt{x-1}$

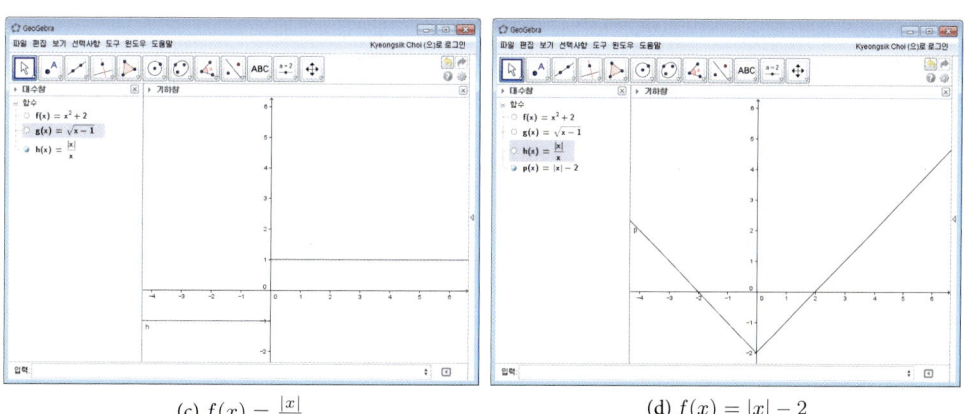

(c) $f(x) = \frac{|x|}{x}$ (d) $f(x) = |x| - 2$

그림 2.1: 예제 4의 함수의 그래프

제2장 함수

예제 5 가우스 함수 $f(x) = [x]$ (단, $[x]$는 x를 넘지않는 최대 정수)에서 $f(2.5)$, $f(-0.4)$를 구하여라.

풀이 $f(2.5) = [2.5] = 2, f(-0.4) = [-0.4] = -1$

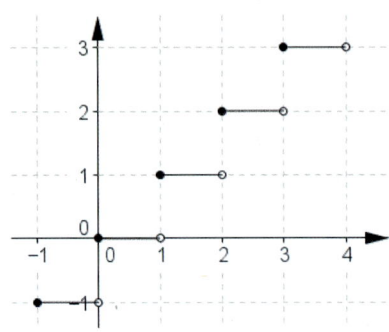

지오지브라 실습(연산 결과) 위 예제를 지오지브라에서 실습하려면 입력창에 다음과 같이 차례로 입력한다.

```
[지오지브라 명령]
floor( 2.5 )
floor( -0.4 )
```

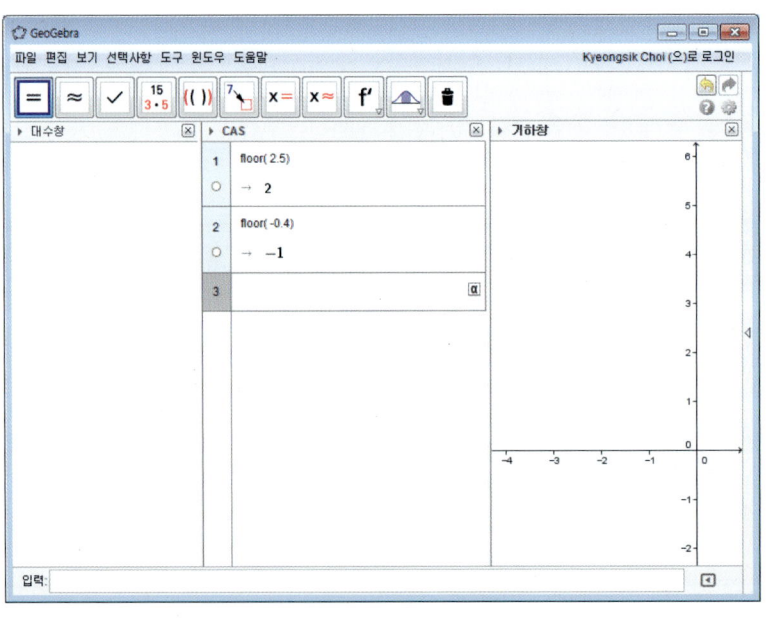

그림 2.2: CAS 연산 결과

정의 2.6

함수 $f: X \to Y$, $y = f(x)$가 주어지면 이 함수에 대응하여

$$G = \{(x, f(x)) | x \in X\}$$

가 결정된다. 이 때 집합 G를 함수 $y = f(x)$의 **그래프(Graph)** 라고 하며, G의 원소들을 좌표평면 위에 점으로 표시한 것을 함수 $y = f(x)$의 **그래프의 기하학적 표시**라고 한다.

또한 G는 곱집합 $X \times Y$의 부분집합이며, 특히 $X \subset R$, $Y \subset R$이면 이 함수의 그래프 G는 좌표평면 $R \times R$의 부분집합이다.

[참고] $R \times R$을 R^2으로 나타내기도 한다.

[예제 6] 다음 그래프 중 함수의 그래프인 것은 어느 것인가?

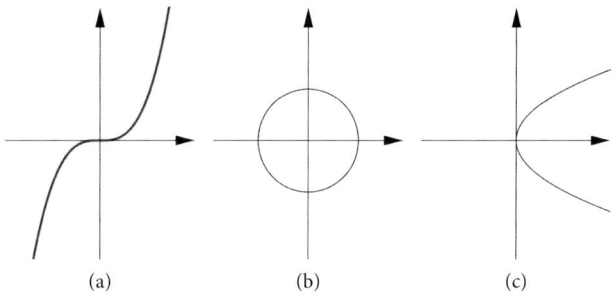

(a)　　　(b)　　　(c)

[풀이] 함수의 정의에 따라 그래프는 정의역 내의 임의의 x의 값에 대응하는 y의 값을 오직 하나만 가져야 한다.

따라서 정의역의 각 원소 a에 대하여 직선 $x = a$를 그을 때, 그래프와 한 점에서 만나면 함수이고, 두 점 이상에서 만나면 함수가 아니므로, 함수의 그래프인 것은 (a)이다.

[예제 7] 함수 $f(x) = |x^2 - 1|$의 그래프를 그려라.

[풀이]
i) $x^2 - 1 \geq 0$일 때, 즉 $x \leq -1$, $x \geq 1$이면 $f(x) = x^2 - 1$이다.
ii) $x^2 - 1 < 0$일 때, 즉 $-1 < x < 1$이면 $f(x) = -(x^2 - 1) = -x^2 + 1$이다.

> [참고] $y = |f(x)|$꼴의 그래프를 그리는 방법
> 첫째, 절댓값 기호가 없다고 생각하고 $y = f(x)$의 그래프를 그린다.
> 둘째, 위의 $y = f(x)$의 그래프에서 x축 윗부분의 그래프는 그대로 두고, x축 아랫부분의 그래프만 x축을 대칭축으로 하여 위로 꺾어 올린다.

[지오지브라 실습(연산 결과)] 위 예제를 지오지브라에서 실습하려면 입력창에 다음과 같이 입력한다.

[지오지브라 명령]
```
f(x) = abs( x^2 - 1 )
```

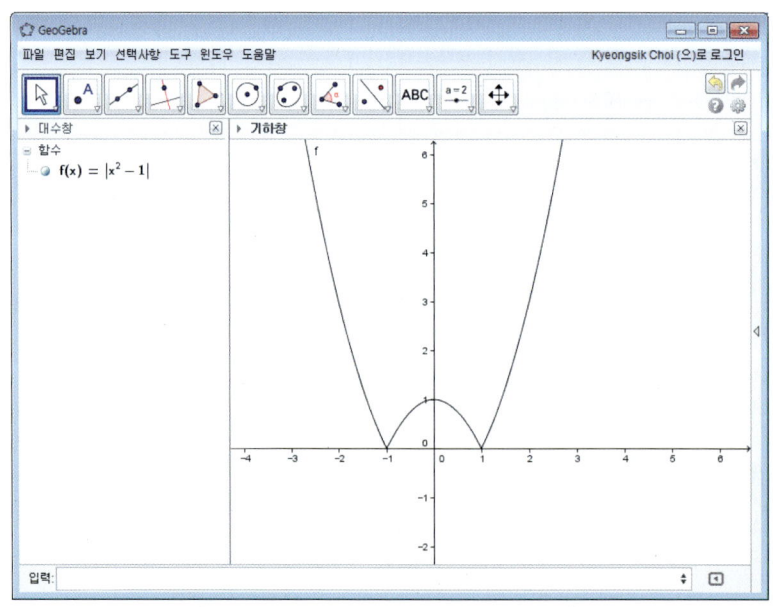

그림 2.3: $f(x) = |x^2 - 1|$

[예제 8] 함수 $y = |x - 1|$의 그래프를 그려라.

[풀이] 먼저 $y = x - 1$의 그래프를 그리고 이 그래프에서 x축 윗부분은 그대로 둔 다음 x축의 아랫부분만 x축을 대칭축으로 하여 위로 꺾어 올리면 된다.

[지오지브라 실습(연산 결과)] 위 예제를 지오지브라에서 실습하려면 입력창에 다음과 같이 입력한다.

[지오지브라 명령]
```
y = abs( x - 1 )
```

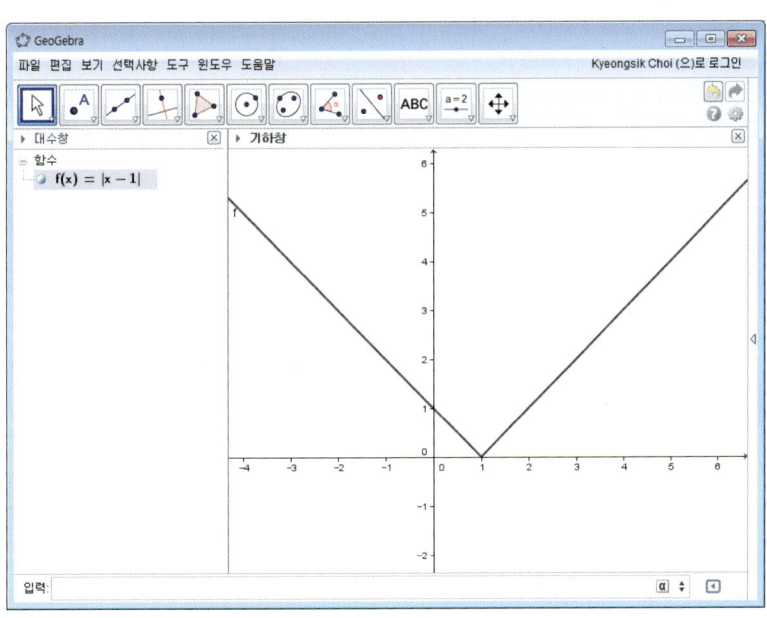

그림 2.4: $f(x) = |x - 1|$

[예제 9] 식 $|x| + |y| = 1$의 그래프를 그려라.

[풀이] $x \geq 0, y \geq 0$일 때 $x + y = 1$을 그리고 다른 사분면의 그래프는 위에서 얻은 그래프를 x축, y축, 원점에 대하여 대칭이동하여 그리면 된다.

> [참고] $|y| = f(|x|)$꼴의 그래프를 그리는 방법
> 첫째, $x \geq 0, y \geq 0$(제 1 사분면)일 때의 그래프를 그린다.
> 둘째, 다른 사분면에서의 그래프는 위에서 얻은 그래프를 x축, y축, 원점에 대하여 대칭이동한다.

[지오지브라 실습(연산 결과)] 위 예제를 지오지브라에서 실습하려면 입력창에 다음과 같이 차례로 입력한다.

> [지오지브라 명령]
> f(x) = 조건[0 < x < 1 , - x + 1]
> 대칭[f , x축]
> 대칭[f , y축]
> 대칭[f , (0 , 0)]

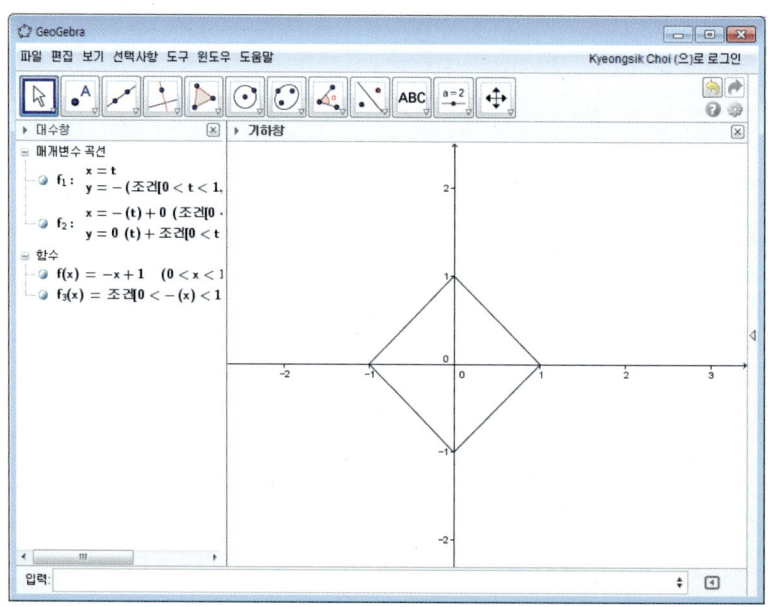

그림 2.5: $|x| + |y| = 1$

정의 2.7

두 함수 $f : X \to Y$, $g : U \to V$에 대하여,
(i) $X = U$
(ii) X의 각 원소 x에 대하여 $f(x) = g(x)$
일 때, 두 함수 f와 g는 **상등**(Equality)이라고 하며 $f = g$로 나타낸다.

[예제 10] $f(x) = x$와 $g(x) = x^3$의 정의역이 $\{-1, 0, 1\}$일 때 $f = g$임을 보여라.

[풀이] $f(-1) = -1 = g(-1), f(0) = 0 = g(0), f(1) = 1 = g(1)$이므로 $f = g$이다.

정의 2.8

함수 $f : X \to Y$에 대하여,
(1) $x_1 \neq x_2$일 때 $f(x_1) \neq f(x_2)$이면 f를 **일대일 함수**(One to one function) 또는 **단사함수**(Injective function)라고 한다.
(2) f의 치역과 공역이 같을 때 f를 **위로의 함수**(Onto function) 또는 **전사함수**(Surjective function)라고 한다.
(3) 만일 (1), (2)가 동시에 성립하면 f를 **일대일 대응**(One to one correspondence) 또는 **전단사 함수**(Bijective function)라고 한다.

[예제 11] 다음 함수 중 일대일 함수인 것은?
  (1) $f(x) = 2x + 1$ (2) $g(x) = x^2$
  (3) $h(x) = x^3$

[풀이]
(1) $x_1 \neq x_2$ 이면

$$f(x_1) = 2x_1 + 1, \qquad f(x_2) = 2x_2 + 1$$

이므로 $f(x_1) \neq f(x_2)$ 이다. 따라서 f 는 일대일 함수이다.

(2) $g(x) = x^2$ 에서 $x = -x_1$ 을 대입하면

$$g(-x_1) = (-x_1)^2 = x_1^2 = g(x_1)$$

이므로 $g(-x_1) = g(x_1)$ 이 된다. 따라서 $g(x)$ 는 일대일 함수가 아니다.

(3) $x_1 \neq x_2$ 이면

$$h(x_1) = x_1^3, \qquad h(x_2) = x_2^3$$

이므로 $h(x_1) \neq h(x_2)$ 이다. 따라서 $h(x)$ 는 일대일 함수이다.

[예제 12] 함수 $y = x^3$ 은 위로의 함수(Onto fuction)이고, 함수 $y = \sqrt{x}$ 는 위로의 함수(Onto function)가 아님을 보여라.

[풀이] $y = x^3$ 의 치역과 공역은 모두 R 이므로 위로의 함수이다. 그러나 $y = \sqrt{x}$ 의 공역은 R 이지만 치역은 $y \geq 0$ 이므로 위로의 함수가 아니다.

[참고] $f(x) = 2x + 1$ 과 $y = x^3$ 은 치역과 공역이 R 이므로 위로의 함수라고 볼 수 있다. 따라서 이 두 함수는 일대일 대응이다.

> **정의 2.9**
>
> 함수 $y = f(x)$가 일대일 대응이면 식 $y = f(x)$에 의하여 Y의 각 원소에 X의 원소가 단 하나씩 대응되므로 이 대응관계는 Y에서 X로의 함수이다. 이를 함수 $f(x)$의 **역함수**(Inverse function)라 하며
>
> $$f^{-1} : Y \to X \quad \text{또는} \quad y = f^{-1}(x)$$
>
> 로 나타낸다.

[참고] 함수 $f(x)$와 그 역함수 $f^{-1}(x)$ 사이에는

$$y = f^{-1}(x) \iff x = f(y)$$

의 관계가 있으며, 이들 두 함수의 그래프는 직선 $y = x$에 대하여 대칭이다.

[예제 13] $y = 2x + 1$의 역함수를 구하여라.

[풀이] 이 함수는 일대일 대응이기 때문에 역함수가 존재하며, $y = 2x + 1$에 대하여 x 대신 y를, y 대신 x를 대입하면

$$x = 2y + 1$$
$$\therefore y = \frac{1}{2}(x - 1)$$

과 같이 역함수를 구할 수 있다.

[지오지브라 실습(연산 결과)] 위 예제를 지오지브라에서 실습하려면 입력창에 다음과 같이 입력한다.

```
[지오지브라 명령]
f(x) = 2 x + 1
역연산[ f ]
```

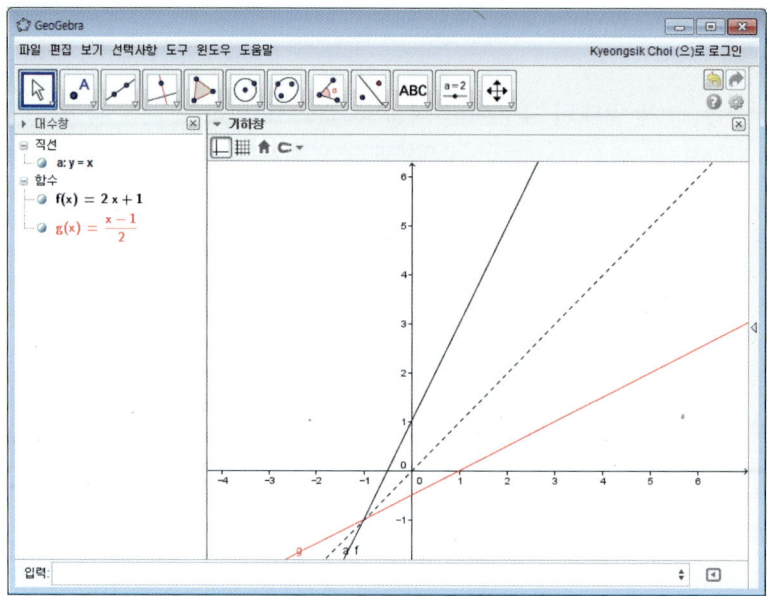

그림 2.6: 함수 f의 역함수

참고 함수 $y = x^2$의 정의역은 $(-\infty, \infty)$이고 치역은 $[0, \infty)$이다. 이 때 이 함수는 일대일 함수, 위로의 함수가 아니므로 역함수를 갖지 않는다.

만일 이 함수에 대하여 정의역을 적절히 조절하면 이 함수는 일대일 대응이 되어 이 함수에 대한 역함수를 구할 수 있게 된다. 예를 들어 정의역을 $(0, \infty)$로 제한하면 치역은 $(0, \infty)$로 제한되어 일대일 대응이 되므로 역함수를 구할 수 있다.

$y = x^2 \quad (x > 0)$에 대하여 x 대신 y를, y 대신 x를 대입하면

$$x = y^2$$
$$\therefore y = \sqrt{x} \quad (x > 0)$$

이다. 이 때 $y = x^2$의 치역이 $y > 0$이므로 역함수에서 $x > 0$이 된 것이다.

> **정의 2.10**
>
> 두 함수 $f : X \to Y$와 $g : Y \to Z$에 대하여 f에 의해 각 원소 $x \in X$에 $f(x) \in Y$가 대응되고, g에 의해 $f(x) \in Y$가 $g(f(x)) \in Z$에 대응될 때, 함수 f와 g에 의해 X의 각 원소 x에 Z의 원소 $g(f(x))$가 꼭 하나씩 대응된다. 이 대응관계 $z = g(f(x))$를 f와 g에 의한 X에서 Z로의 **합성함수**(Composite function)라 하고,
>
> $$g \circ f : X \to Z, \quad z = g(f(x))$$
>
> 로 나타낸다.

[예제 14] $h(x) = \sqrt{x^2+1}$은 합성함수임을 보여라.

[풀이] $f(x) = x^2 + 1, g(x) = \sqrt{x}$라 두면, $h(x) = g(f(x))$이기 때문에 합성함수이다.

[예제 15] $f(x) = x^2$, $g(x) = x+1$일 때, 합성함수 $f \circ g$와 $g \circ f$를 구하여라.

[풀이] $(f \circ g)(x) = f(g(x)) = (x+1)^2 = x^2 + 2x + 1$, $(g \circ f)(x) = g(f(x)) = x^2 + 1$

[참고] 일반적으로 $f \circ g \neq g \circ f$이다.

[지오지브라 실습(연산 결과)] 위 예제를 지오지브라에서 실습하려면 입력창에 다음과 같이 입력한다.

[지오지브라 명령]
```
f( x ) = x^2
g( x ) = x + 1
f( g( x ) )
g( f( x ) )
```

정의 2.11

x에 관한 y의 식이

$$x = f(t),\ y = g(t)$$

꼴로 표시될 때, 이 식을 t를 매개변수(Parameter)로 하는 곡선의 **매개변수방정식(Parameter equation)**이라고 한다.

[참고] 매개변수방정식 $x = 3\cos\theta,\ y = 3\sin\theta\ (0 \leq \theta \leq 2\pi)$에서 매개변수 θ를 소거하면 원의 방정식 $x^2 + y^2 = 9$를 얻는다. 곡선의 방정식이 매개변수방정식으로 주어진 경우 매개변수를 소거하면 그 곡선의 x, y로 이루어진 방정식을 얻는다.

[예제 16] 곡선의 매개변수방정식 $x = 3\cos\theta,\ y = \sin\theta\ (0 \leq \theta \leq 2\pi)$를 x, y의 방정식으로 나타내어라.

[풀이]
$$\cos\theta = \frac{x}{3},\quad \sin\theta = y$$

이며, $\sin^2\theta + \cos^2\theta = 1$이므로 구하는 x, y의 방정식은

$$\frac{x^2}{9} + y^2 = 1 \quad \text{(타원)}$$

이다.

[지오지브라 실습(연산 결과)] 위 예제를 지오지브라에서 실습하려면 CAS셀에 다음과 같이 입력한다.

[지오지브라 CAS 명령]
곡선[3 cos(t) , sin(t) , t , 0 , 2 pi]

[실행결과]
$x^2 + 9\,y^2 - 9 = 0$

[참고] CAS 셀의 결과인 $x^2 + 9\,y^2 - 9 = 0$를 확인하고 이 방정식의 곡선을 보려면 CAS 셀 앞의 보이기 버튼◉을 클릭한다.

2.3 함수

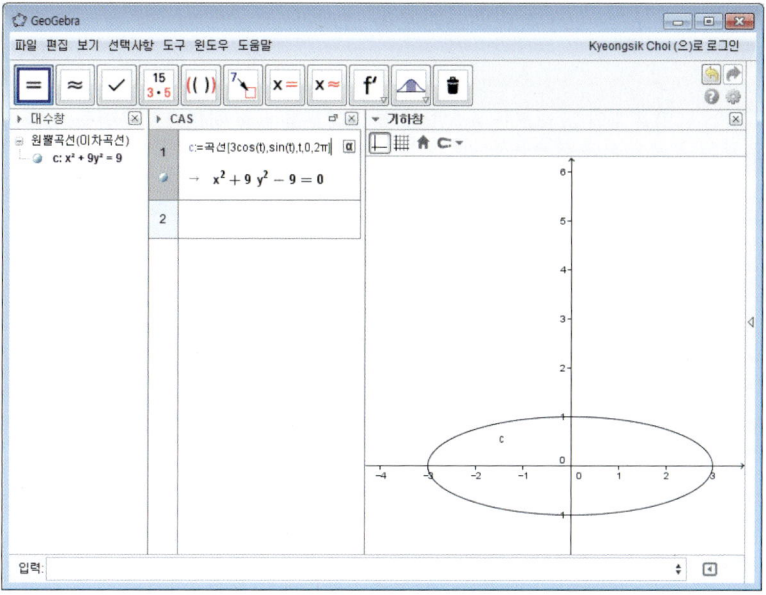

그림 2.7: 매개변수방정식을 x, y의 방정식으로 표현

정의 2.12

함수 $f(x) = \log_a x$ $(a > 0, a \neq 1)$를 밑이 a인 x의 **로그함수**(Logarithmic function) 라고 한다. 이 때 $f(x)$의 정의역은 $\{x | x > 0\}$, 치역은 $\{y | y \in R\}$이다.
(i) 그 그래프는 x축과 $(1, 0)$에서 만나고,
(ii) y축 $(x = 0)$을 점근선으로 가지며,
(iii) $a > 1$이면 $f(x)$는 증가함수이고, $0 < a < 1$이면 $f(x)$는 감소함수이다.

[참고]
(1) 밑 a가 e(무리수 $e = 2.7182\cdots$)인 $\log$를 **자연로그**(Natural Logarithm)라 하고 $\ln x$로 나타낸다.
(2) $y = \log_a x$ $(a > 1, a \neq 1)$는 $x = a^y$와 동치이다.

예제 17 함수 $y = \ln(x-2) + 1$의 그래프를 그려라.

풀이 $y = \ln(x-2) + 1$의 그래프는 $y = \ln x$의 그래프를 x축 방향으로 2만큼, y축 방향으로 1만큼 평행이동한 것이다.

지오지브라 실습(연산 결과) 위 예제를 지오지브라에서 실습하려면 입력창에 다음과 같이 입력한다.

```
[지오지브라 명령] ln( x )
ln( x - 2 ) + 1
```

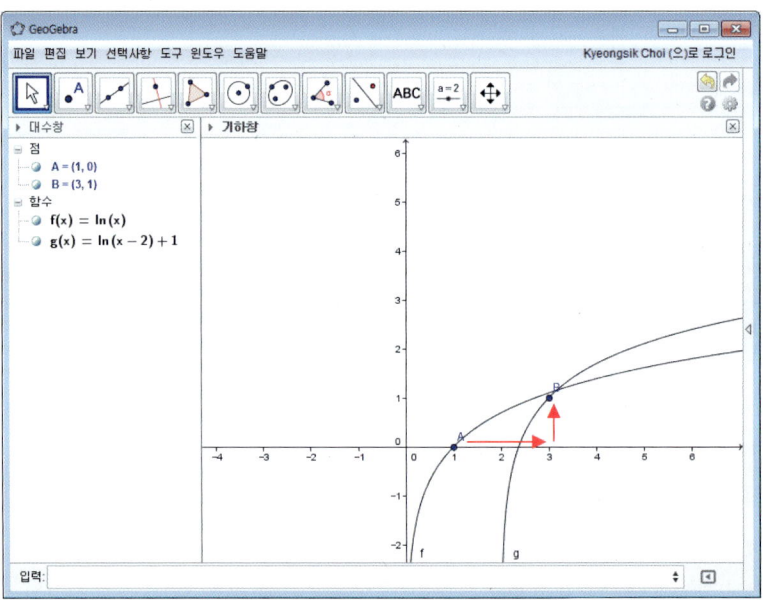

그림 2.8: $y = \ln x, y = \ln(x-2) + 1$

정의 2.13

함수 $y = \log_a x \ (a > 0, \ a \neq 1)$의 역함수는 $x = a^y$로부터

$$y = a^x$$

이다. 이 때 y를 밑이 a인 x의 **지수함수(Exponential function)**라고 한다.

함수 $y = a^x$의 정의역은 $\{x | x \in R\}$, 치역은 $\{y | y > 0\}$이고, 그래프는 함수 $y = \log_a x$를 직선 $y = x$에 관하여 대칭이므로
(i) y축과 $(0, 1)$에서 만나고,
(ii) x축$(y = 0)$을 점근선으로 가지며,
(iii) $a > 1$이면 y는 증가함수이고, $0 < a < 1$이면 y는 감소함수이다.

[예제 18] $y = 2^x$와 $y = \left(\frac{1}{2}\right)^x$의 그래프를 그려라.

[지오지브라 실습(연산 결과)] 위 예제를 지오지브라에서 실습하려면 입력창에 다음과 같이 차례로 입력한다.

[지오지브라 명령]
```
2^x
( 1 / 2 )^x
```

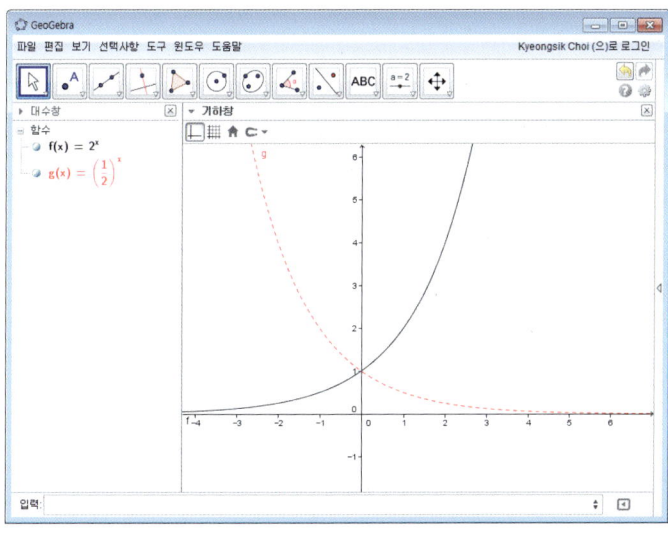

그림 2.9: $y = 2^x, y = \left(\frac{1}{2}\right)^x$

제 2 장 함수

> **정의 2.14**
>
> 원에서 반지름의 길이와 같은 호의 길이에 대응하는 중심각의 크기를 1 라디안(Radian)이라 한다. 따라서
>
> $$1 \text{ 라디안(rad)} = \frac{180°}{\pi}$$
>
> 이다.

[지오지브라 실습(원리 탐구)] 제시된 라디안(Radian)의 정의를 이해하기 위해 다음 지오지브라 예제를 살펴보자.

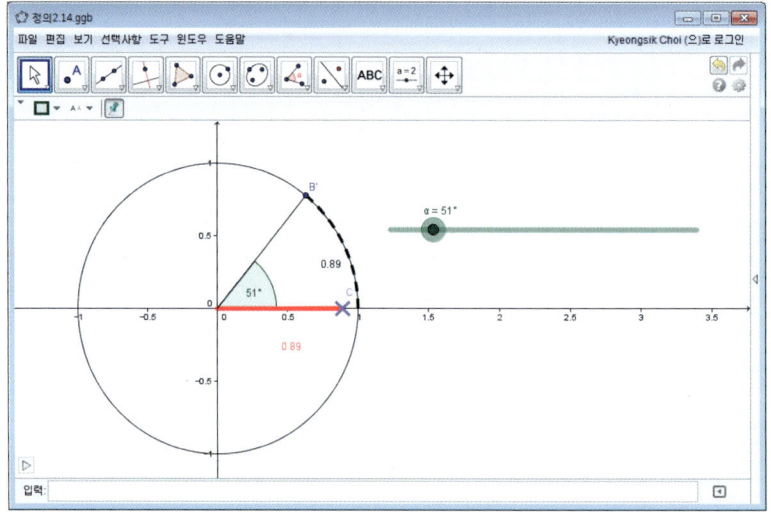

1. 주어진 예제는 반지름이 1인 원에서의 부채꼴을 제시하고 있다. 부채꼴의 중심각은 슬라이더 α로 조절할 수 있다.
2. 슬라이더 α를 마우스로 드래그하면 그에 따라 호의 길이가 변화한다. 그 호의 길이는 x축에 빨강색 선분으로 나타나며 호의 길이가 변화할 때마다 그 길이가 변화한다.
3. 반지름이 1인 부채꼴의 호의 길이가 라디안(Radian)이다.

[참고]

rad	0	$\frac{\pi}{6}$	$\frac{\pi}{4}$	$\frac{\pi}{3}$	$\frac{\pi}{2}$	π	2π
θ	0°	30°	45°	60°	90°	180°	360°

정의 2.15

직각삼각형에서 한 각에 대한 변의 길이의 비를 삼각비라고 하며 다음과 같이 정의한다.

$$\sin\theta = \frac{a}{c}, \qquad \csc\theta = \frac{c}{a}\left(=\frac{1}{\sin\theta}\right)$$

$$\cos\theta = \frac{b}{c}, \qquad \sec\theta = \frac{c}{b}\left(=\frac{1}{\cos\theta}\right)$$

$$\tan\theta = \frac{a}{b}, \qquad \cot\theta = \frac{b}{a}\left(=\frac{1}{\tan\theta}\right)$$

[지오지브라 실습(원리 탐구)] 제시된 삼각비의 정의를 이해하기 위해 다음 지오지브라 예제를 살펴보자.

1. 기하창 2의 체크상자를 클릭 하면 $\sin\theta$, $\cos\theta$, $\tan\theta$의 정의를 볼 수 있다. 기하창 1의 점 P를 마우스로 드래그하면서 삼각비의 값을 예상해보자.

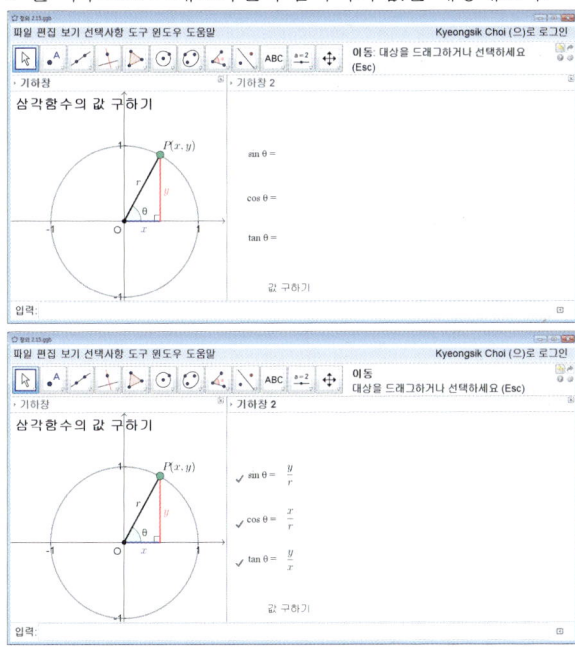

제2장 함수

② 기하창 2의 아랫부분에 있는 값 구하기 체크상자를 클릭 하면 삼각비의 값을 확인할 수 있다.

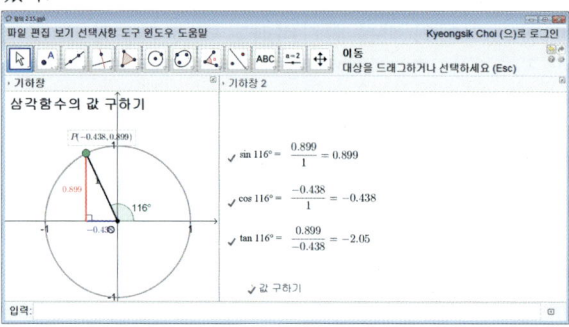

정의 2.16

삼각함수 $y = \sin x$, $y = \cos x$, $y = \tan x$의 그래프를 지오지브라에서 확인해 볼 수 있다.

지오지브라 실습(연산 결과) 위 예제를 지오지브라에서 실습하려면 입력창에 다음과 같이 차례로 입력한다.

```
[지오지브라 명령]
sin( x )
cos( x )
tan( x )
```

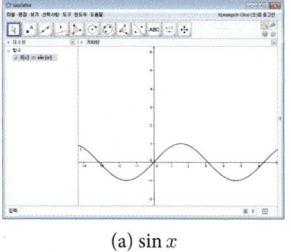
(a) $\sin x$

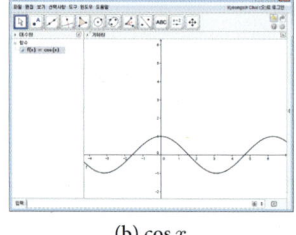
(b) $\cos x$

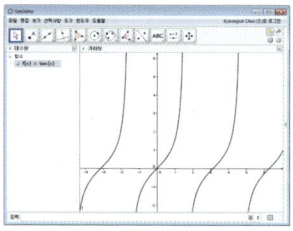
(c) $\tan x$

2.3 함수

> [참고]
> (1) $y = \sin x$는 주기가 2π인 주기함수이고 원점에 관하여 대칭인 기함수,
> (2) $y = \cos x$는 주기가 2π인 주기함수이고 y축에 관하여 대칭인 우함수,
> (3) $y = \tan x$는 주기가 π인 주기함수이고 원점에 관하여 대칭인 기함수임을 알 수 있다.
>
> 그리고 $y = \sin x$와 $y = \cos x$의 정의역은 실수 전체의 집합, 치역은 $\{y|-1 \leq y \leq 1\}$이며, $y = \tan x$의 정의역은 $x = \frac{\pi}{2} + n\pi \ (n = 0, \pm 1, \pm 2, \cdots)$을 제외한 실수전체의 집합이고, 치역은 실수 전체의 집합이다.

[예제 19] 다음 각 함수의 그래프를 그리고 최댓값, 최솟값, 주기를 말하여라.

(1) $y = \sin\left(x - \frac{\pi}{3}\right)$ (2) $y = 2\sin x$

(3) $y = \sin 2x$ (4) $y = \sin x + 1$

[풀이]

(1) $y = \sin\left(x - \frac{\pi}{3}\right)$의 그래프는 $y = \sin x$의 그래프를 x축의 방향으로 $\frac{\pi}{3}$만큼 평행이동한 것이다.
∴ 최댓값: 1, 최솟값: -1, 주기: 2π

(2) $y = 2\sin x$의 그래프는 $y = \sin x$의 그래프는 y축 방향으로 2배 확대한 것이다.
∴ 최댓값: 2, 최솟값: -2, 주기: 2π

(3) $y = \sin 2x$의 그래프는 $y = \sin x$의 그래프를 y축 방향으로 $\frac{1}{2}$배 축소한 것이다.
∴ 최댓값: 1, 최솟값: -1, 주기: π

(4) $y = \sin x + 1$의 그래프는 y축 방향으로 1만큼 평행이동한 것이다.
∴ 최댓값: 2, 최솟값: 0, 주기: 2π

[지오지브라 실습(연산 결과)] 위 예제를 지오지브라에서 실습하려면 입력창에 다음과 같이 차례로 입력한다.

[지오지브라 명령]
```
sin( x - pi / 3 )
2 sin( x )
sin( 2 x )
sin( x ) + 1
```

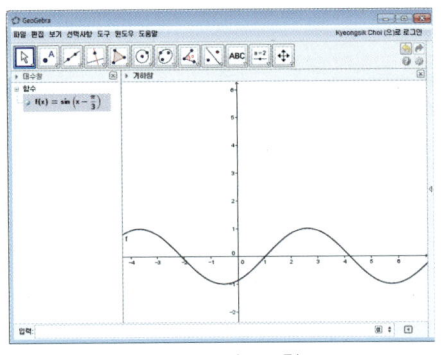
(a) $y = \sin(x - \frac{\pi}{3})$

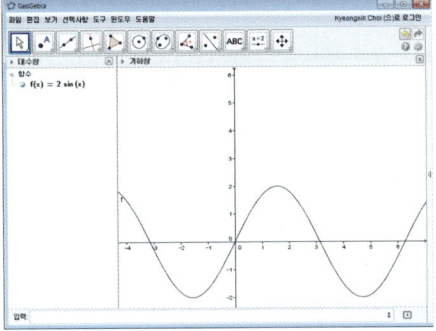
(b) $y = \sin x$

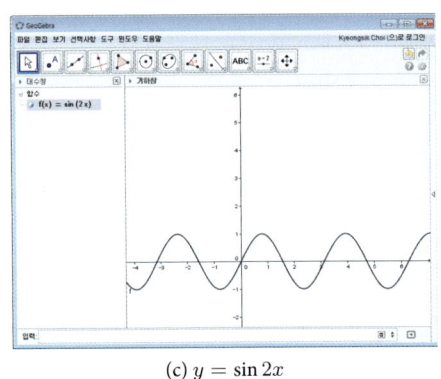
(c) $y = \sin 2x$

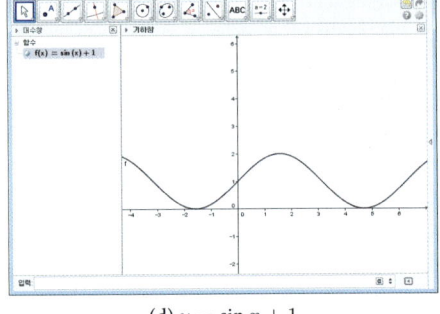
(d) $y = \sin x + 1$

참고 $y = r\sin(\omega x + \alpha) + \beta$의 성질

(i) r의 값이 변함에 따라 최댓값, 최솟값이 변한다.

$$\text{최댓값: } |r| + \beta, \text{ 최솟값: } -|r| + \beta$$

그러나 r의 값이 변하더라도 주기는 변하지 않는다.

(ii) ω의 값이 변함에 따라 주기가 변한다.

$$\text{주기: } \frac{2\pi}{|\omega|}$$

그러나 ω의 값이 변하더라도 최댓값, 최솟값에는 관계가 없다.

$y = r\cos(\omega x + \alpha) + \beta$의 성질은 위와 유사하며, $y = r\tan(\omega x + \alpha) + \beta$의 경우에는 최댓값과 최솟값은 없고 주기는 $\frac{\pi}{|\omega|}$이다.

[예제 20] 다음 각 함수의 최댓값, 최솟값, 및 주기를 구하여라.
(1) $y = \sin\left(2x - \frac{2}{3}\pi\right)$
(2) $y = 3\cos 2x - 2$
(3) $y = \tan 3x + 1$

[풀이]
(1) $y = \sin\left(2x - \frac{2}{3}\pi\right) = \sin 2\left(x - \frac{\pi}{3}\right)$ 이므로 $y = \sin 2x$의 그래프를 x축 방향으로 $\frac{\pi}{3}$ 만큼 평행이동한 것이다.
∴ 최댓값: 1, 최솟값: -1, 주기: $\frac{2\pi}{2} = \pi$
(2) 최댓값: $3 - 2 = 1$, 최솟값: $-3 - 2 = -5$, 주기: $\frac{2\pi}{2} = \pi$
(3) 최댓값, 최솟값은 없으며 주기는 $\frac{\pi}{3}$ 이다.

[지오지브라 실습(연산 결과)] 위 예제를 지오지브라에서 실습하려면 입력창에 다음과 같이 차례로 입력한다.

[지오지브라 명령]
sin(2 x - 2 pi / 3)
3 cos(2 x) - 2
tan(3 x) + 1

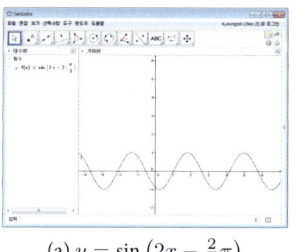
(a) $y = \sin\left(2x - \frac{2}{3}\pi\right)$

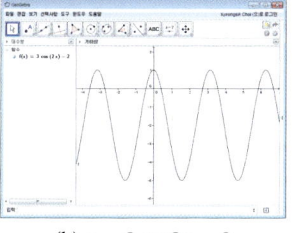
(b) $y = 3\cos 2x - 2$

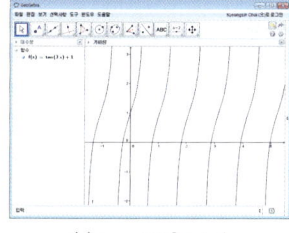
(c) $y = \tan 3x + 1$

제2장 함수

> **정리 2.17 삼각함수의 기본성질**
>
> (i) $\sin(-\theta) = -\sin\theta$, $\cos(-\theta) = \cos\theta$, $\tan(-\theta) = -\tan\theta$
>
> (ii) $\sin^2\theta + \cos^2\theta = 1$, $1 + \tan^2\theta = \sec^2\theta$, $1 + \cot^2\theta = \csc^2\theta$
>
> (iii) $\sin(\pi + \theta) = -\sin\theta$, $\cos(\pi + \theta) = -\cos\theta$, $\tan(\pi + \theta) = \tan\theta$
> $\sin(\pi - \theta) = \sin\theta$, $\cos(\pi - \theta) = -\cos\theta$, $\tan(\pi - \theta) = -\tan\theta$
> $\sin(\frac{\pi}{2} + \theta) = \cos\theta$, $\cos(\frac{\pi}{2} + \theta) = -\sin\theta$, $\tan(\frac{\pi}{2} + \theta) = -\cot\theta$
> $\sin(\frac{\pi}{2} - \theta) = \cos\theta$, $\cos(\frac{\pi}{2} - \theta) = \sin\theta$, $\tan(\frac{\pi}{2} - \theta) = \cot\theta$
> $\sin(\frac{3}{2}\pi + \theta) = -\cos\theta$, $\cos(\frac{3}{2}\pi + \theta) = \sin\theta$, $\tan(\frac{3}{2}\pi + \theta) = -\cot\theta$
> $\sin(\frac{3}{2}\pi - \theta) = -\cos\theta$, $\cos(\frac{3}{2}\pi - \theta) = -\sin\theta$, $\tan(\frac{3}{2}\pi - \theta) = \cot\theta$
>
> (iv) $\sin(\alpha \pm \beta) = \sin\alpha\cos\beta \pm \cos\alpha\sin\beta$
> $\cos(\alpha \pm \beta) = \cos\alpha\cos\beta \mp \sin\alpha\sin\beta$ (복호동순)
> $\tan(\alpha \pm \beta) = \frac{\tan\alpha \pm \tan\beta}{1 \mp \tan\alpha\tan\beta}$
>
> (v) $\sin 2\alpha = 2\sin\alpha\cos\alpha$
> $\cos 2\alpha = \cos^2\alpha - \sin^2\alpha = 2\cos^2\alpha - 1 = 1 - 2\sin^2\alpha$ (2배각 공식)
> $\tan 2\alpha = \frac{2\tan\alpha}{1 - \tan^2\alpha}$
>
> (vi) $\cos^2\alpha = \frac{1}{2}(1 + \cos 2\alpha)$, $\sin^2\alpha = \frac{1}{2}(1 - \cos 2\alpha)$ (반각 공식)

[참고]

(iii)의 많은 공식들을 모두 암기하여 활용하는 것은 쉽지 않다. 다음에 제시할 (1)과 (2)를 활용하면 (iii)의 공식을 모두 기억하지 않더라도 활용할 수 있다.

(1) $\frac{n}{2}\pi \pm \theta$의 삼각함수 공식의 암기 방법

첫째, n이 짝수이면 sin은 sin, cos은 cos, tan는 tan로 두고,
  n이 홀수이면 sin은 cos, cos은 sin, tan는 cot $(= \frac{1}{\tan})$로 바꾼다.
둘째, θ는 항상 예각(예각이 아닌 경우라도 예각으로 간주)으로 생각하고, $\frac{n}{2}\pi \pm \theta$가 나타나는 동경을 그린다.
이 때 그 동경이 몇 사분면에 존재하는가를 따져서 그 사분면에서 원래 삼각함수의 부호가 양이면 $+$, 음이면 $-$를 앞에 붙인다.

(2) **사분면에서의 삼각함수 부호 파악 방법**

제1사분면에서는 sin, cos, tan가 모두 양이며, 제2사분면에서는 sin만, 제3사분면에서는 tan만, 제4사분면에서는 cos만 양이다. 이를 쉽게 기억하기 위해서 all(모두) $\Longrightarrow$ sin $\Longrightarrow$ tan $\Longrightarrow$ cos, 즉, **올, 사, 탄, 코** $\Longrightarrow$ **얼싸안고**라고 하여 쉽게 암기할 수 있다.

정의 2.18

(i) $y = \sin x \ \left(-\frac{\pi}{2} \leq x \leq \frac{\pi}{2}, -1 \leq y \leq 1\right)$ 의 역함수는

$$y = \sin^{-1} x = \arcsin x \quad \left(-\frac{\pi}{2} \leq y \leq \frac{\pi}{2}, -1 \leq x \leq 1\right)$$

이다.

(ii) $y = \cos x \ (0 \leq x \leq \pi, -1 \leq y \leq 1)$ 의 역함수는

$$y = \cos^{-1} x = \arccos x \quad (0 \leq y \leq \pi, -1 \leq x \leq 1)$$

이다.

(iii) $y = \tan x \ \left(-\frac{\pi}{2} \leq x \leq \frac{\pi}{2}, -\infty \leq y \leq \infty\right)$ 의 역함수는

$$y = \tan^{-1} x = \arctan x \quad \left(-\frac{\pi}{2} \leq y \leq \frac{\pi}{2}, -\infty \leq x \leq \infty\right)$$

이다.

같은 방법으로 다른 삼각함수들의 역함수를 정의하고 이들을 **역삼각함수**(Inverse trigonometric function)라고 한다. 역삼각함수들의 그래프는 다음과 같다.

[예제 21] 다음 값을 구하여라.

(1) $\sin^{-1} \frac{1}{2}$ (2) $\cos^{-1}\left(-\frac{\sqrt{3}}{2}\right)$ (3) $\tan^{-1} \sqrt{3}$

[풀이]

(1) $\sin^{-1} \frac{1}{2} = y$ 라 하면 $\sin y = \frac{1}{2}$ 이다. 따라서 $y = \frac{\pi}{6}$ $\left(\because -\frac{\pi}{2} \leq y \leq \frac{\pi}{2}\right)$

(2) $\cos^{-1}\left(-\frac{\sqrt{3}}{2}\right) = y$ 라 하면 $\cos y = -\frac{\sqrt{3}}{2}$ 이다. 따라서 $y = \frac{5}{6}\pi$ $(\because 0 \leq y \leq \pi)$

(3) $\tan^{-1} \sqrt{3} = y$ 라 하면 $\tan y = \sqrt{3}$ 이다. $\left(\because -\frac{\pi}{2} < y < \frac{\pi}{2}\right)$

[지오지브라 실습(연산 결과)] 위 예제를 지오지브라에서 실습하려면 CAS셀에 다음과 같이 차례로 입력한다.

[지오지브라 CAS 명령]
```
arcsin( 1 / 2 )
arccos( - sqrt( 3 ) / 2 )
arctan( sqrt( 3 ) )
```

제 2 장 함수

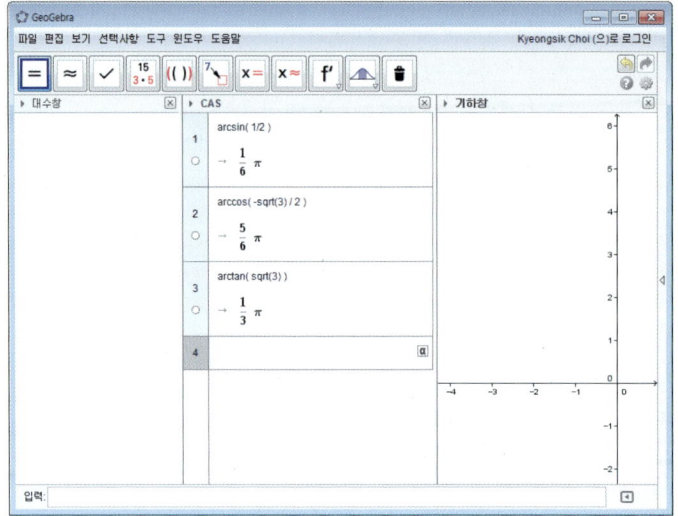

정의 2.19

쌍곡선(Hyperbolic) 함수는 다음과 같이 정의한다.

(1) $\sinh x = \frac{e^x - e^{-x}}{2}$

(2) $\cosh x = \frac{e^x + e^{-x}}{2}$

(3) $\tanh x = \frac{\sinh x}{\cosh x}$

(4) $\coth x = \frac{\cosh x}{\sinh x}$

(5) $\operatorname{sech} x = \frac{1}{\cosh x}$

(6) $\operatorname{csch} x = \frac{1}{\sinh x}$

[참고] $\sinh x$를 하이퍼볼릭 사인 x(Hyperbolic sine x)로 읽는다.

[지오지브라 실습(연산 결과)] 위 예제를 지오지브라에서 실습하려면 입력창에 다음과 같이 차례로 입력한다.

[지오지브라 명령]
```
sinh( x )
cosh( x )
tanh( x )
csch( x )
sech( x )
coth( x )
```

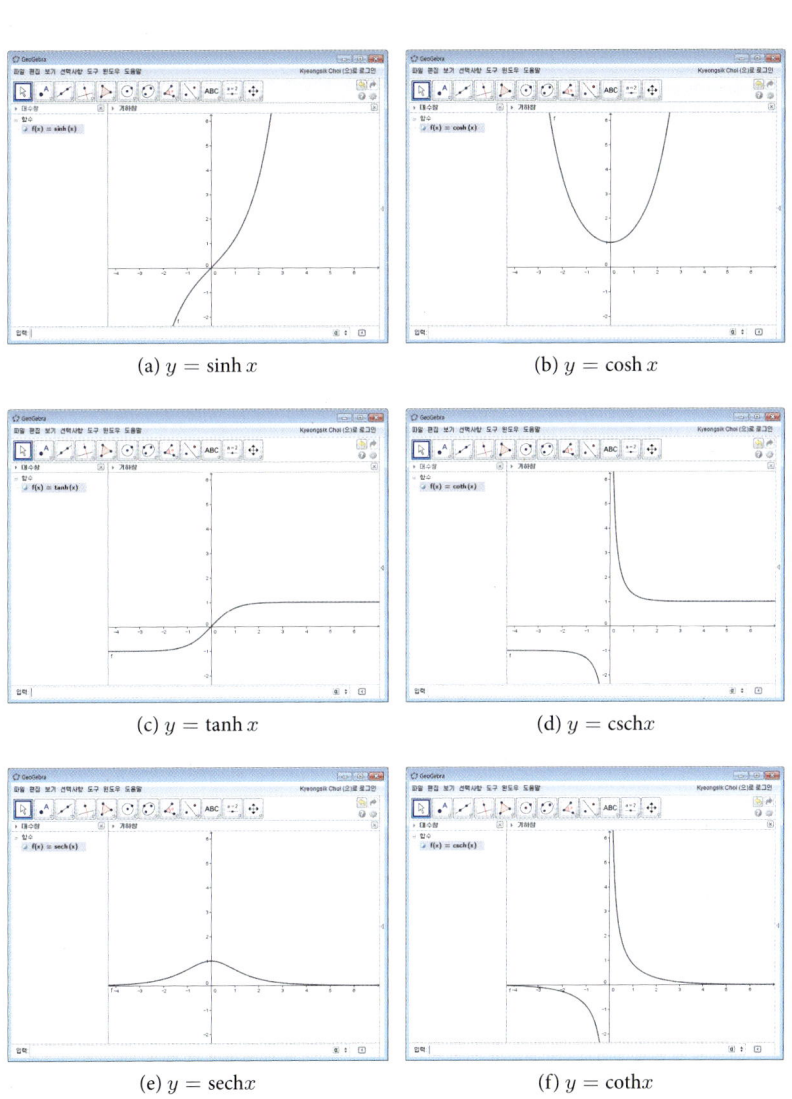

(a) $y = \sinh x$ (b) $y = \cosh x$
(c) $y = \tanh x$ (d) $y = \text{csch} x$
(e) $y = \text{sech} x$ (f) $y = \coth x$

제2장 함수

> **정의 2.20 쌍곡함수의 기본성질**
>
> (1) $\cosh^2 x - \sinh^2 x = 1$, $\quad 1 - \tanh^2 x = \text{sech}^2 x$, $\quad \coth^2 x - 1 = \text{csch}^2 x$
> (2) $\sinh(x \pm y) = \sinh x \cosh y \pm \cosh x \sinh y$ (복호동순)
> $\quad \cosh(x \pm y) = \cosh x \cosh y \pm \sinh x \sinh y$ (복호동순)
> (3) $\sinh 2x = 2\sinh x \cosh x$
> (4) $\cosh 2x = \cosh^2 x + \sinh^2 x = 2\cosh^2 x - 1 = 2\sinh^2 x - 1$
> (5) $\cosh(-x) = \cosh x$, $\quad \sinh(-x) = -\sinh x$

> **정의 2.21**
>
> 역쌍곡함수는 다음과 같이 정의된다.
> (1) $\sinh^{-1} x = \ln(x + \sqrt{x^2 + 1})$, $\quad (-\infty < x < \infty)$
> (2) $\cosh^{-1} x = \ln(x \pm \sqrt{x^2 - 1})$, $\quad (x > 1)$
> (3) $\tanh^{-1} x = \frac{1}{2} \ln \frac{1+x}{1-x}$, $\quad (|x| < 1)$
> (4) $\text{csch}^{-1} x = \ln \left(\frac{1}{x} + \sqrt{\frac{1}{x^2} + 1} \right)$, $\quad (x \neq 0)$
> (5) $\text{sech}^{-1} x = \ln \left(\frac{1}{x} \pm \sqrt{\frac{1}{x^2} - 1} \right)$, $\quad (0 < |x| \leq 1)$
> (6) $\coth^{-1} x = \frac{1}{2} \ln \frac{x+1}{x-1}$, $\quad (|x| > 1)$

> [참고]
>
> (1) $y = \sinh x$의 역함수 $y = \sinh^{-1} x$에서
> $y = \sinh^{-1} = \frac{e^y - e^{-y}}{2} x \iff x = \sinh y$
> $e^{2y} - 2xe^y - 1 = 0$
> $e^y = x + \sqrt{x^2+1} \quad (\because e^y > 0)$
> $\therefore y = \ln(x + \sqrt{x^2+1})$
> 따라서 $y = \sinh x$의 역함수는 $y = \ln(x + \sqrt{x^2+1})$이다.
>
> (2) $\operatorname{csch}^{-1} x = \sinh^{-1} \frac{1}{x}$임을 아래와 같이 증명할 수 있다.
> $\because y = \operatorname{csch}^{-1} x$
> $\operatorname{csch} y = x$
> $\frac{1}{\sinh y} = x$
> $\sinh y = \frac{1}{x}$
> $\therefore y = \sinh^{-1}\left(\frac{1}{x}\right)$
> 이와 유사한 방법으로 다음의 내용에 대해서도 증명할 수 있다.
>
> $$\operatorname{sech}^{-1} x = \cosh^{-1}\left(\frac{1}{x}\right),\ \coth^{-1} x = \tanh^{-1}\left(\frac{1}{x}\right)$$

[지오지브라 실습(연산 결과)] 위 예제를 지오지브라에서 실습하려면 입력창에 다음과 같이 차례로 입력한다.

[지오지브라 명령]

arcsinh(x)

arccosh(x)

arctanh(x)

arcsinh(1 / x)

arccosh(1 / x)

arctanh(1 / x)

제2장 함수

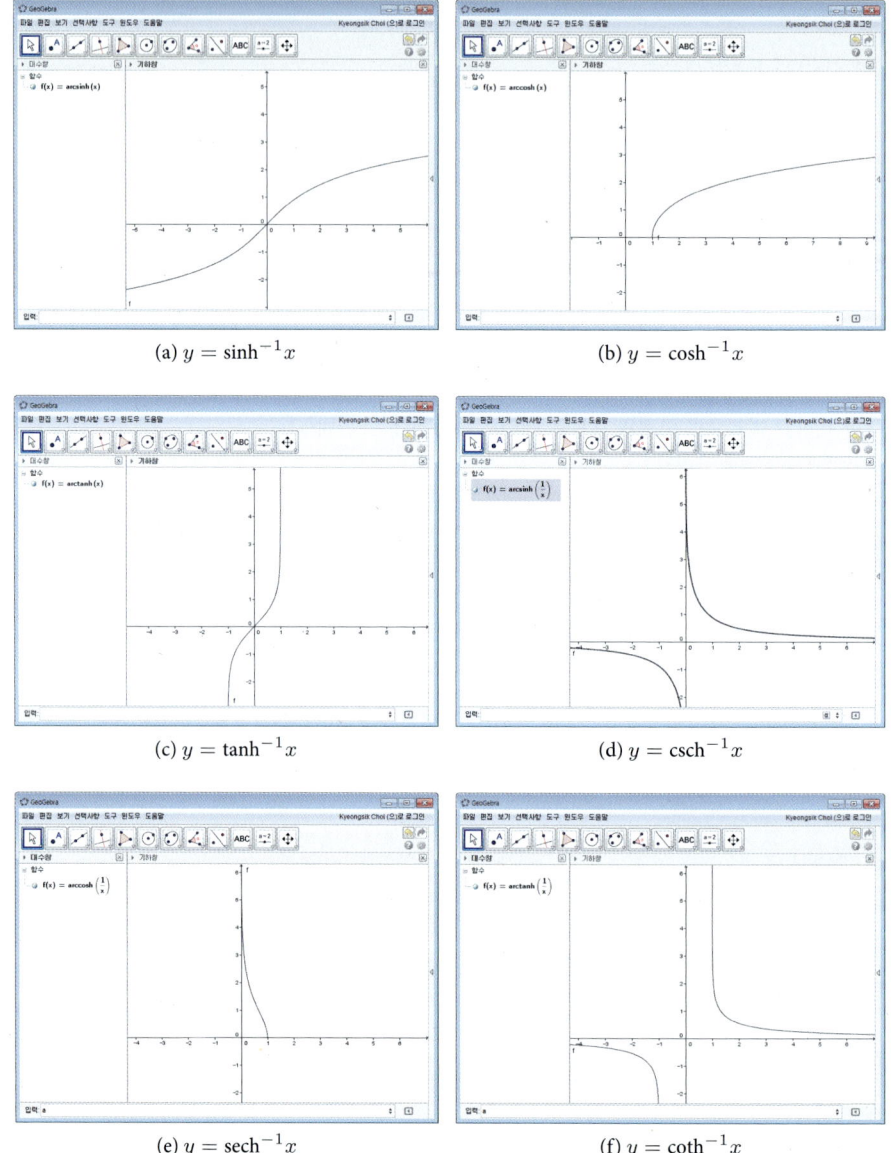

(a) $y = \sinh^{-1} x$
(b) $y = \cosh^{-1} x$
(c) $y = \tanh^{-1} x$
(d) $y = \operatorname{csch}^{-1} x$
(e) $y = \operatorname{sech}^{-1} x$
(f) $y = \coth^{-1} x$

[예제 22] $\cosh^{-1} x = \ln(x \pm \sqrt{x^2-1})$, $(x > 1)$ 임을 보여라.

[풀이] $\cosh^{-1} x = y$ 라 하면 $x = \cosh y = \frac{e^y + e^{-y}}{2}$ 이다. 양변에 $2e^y$을 곱하면 $e^{2y} - 2xe^y + 1 = 0$ 이고 e^y에 대하여 풀면

$$e^y = x \pm \sqrt{x^2-1}$$
$$\therefore y = \ln(x \pm \sqrt{x^2-1}), \quad (x > 1 \Leftarrow 진수 > 0)$$

연습문제 2.3

1. 다음 각 함수의 정의역을 구하여라.

   (1) $f(x) = \frac{1}{x-2}$
   (2) $f(x) = \sqrt{1-x^2}$
   (3) $f(x) = \frac{1}{\sqrt{x-1}}$
   (4) $f(x) = \ln(x-2)$
   (5) $y = \ln|x+1|$
   (6) $f(x) = \frac{1}{\sqrt{1-x^2}-1}$
   (7) $f(x) = \sqrt{\frac{x-2}{x+1}}$
   (8) $f(x) = \sqrt{x} - \sqrt{x^2-9}$

2. 다음 각 식의 그래프를 그려라.

   (1) $xy = |x|$
   (2) $|x| - |y| = 1$
   (3) $|x| + 2|y| = 4$

3. $f(x) = x^2 + x + 1$에 대하여 다음을 구하여라.

   (1) $f(x+1)$
   (2) $(f \circ f)(x)$

4. 다음 식에서 y를 x의 함수로 나타낼 수 있는 것을 찾아라.

   (1) $xy + x = 1$
   (2) $x = \frac{y}{1+y}$
   (3) $x^2 + y^2 = 1$
   (4) $y^2 + 2xy + x^2 = 0$
   (5) $y^2 = 4x$

5. 두 함수 $f(x) = \tan x$, $g(x) = |x|$에 대하여 합성함수 $f \circ g$와 $g \circ f$를 각각 구하고 그래프를 그려라.(단, f의 정의역은 $(-\pi, \pi)$이다.)

6 다음 함수들 중 역함수를 가지는 것은?

   (1) $f(x) = x^3 - 1$ (2) $f(x) = x^2 + 2x + 1$
   (3) $f(x) = \sqrt[3]{x-1}$ (4) $f(x) = x^2 + 1 \quad (x \geq 0)$
   (5) $f(x) = \sqrt{1-x^2} \quad (x \leq 0)$ (6) $y = \ln(x-1) \quad (x > 1)$

7 다음 각 함수의 그래프를 그리고 그 주기를 말하여라.

   (1) $y = |\cos x|$ (2) $y = |\tan x|$

8 함수 $f(x) = a\sin bx + c \quad (a > 0, b > 0)$의 최댓값은 5, 최솟값은 -1이며, 주기가 π일 때 상수 a, b, c의 값을 구하여라.

9 $\sin^{-1} x + \cos^{-1} x = \frac{\pi}{2}$ 임을 증명하여라.

10 정리 2.17을 증명하여라.

11 두 함수 $f(x) = x+1$과 $g(x) = \frac{x^2-1}{x-1}$ 이 서로 다른 점을 서술하여라.

2.4 참고: 지오지브라 관련 기능(그래프)

점과 좌표

지오지브라에서 기하창에 점 (1 , 2) 가 나타나도록 하려면, 입력창에 다음과 같이 입력한다.

```
( 1 , 2 )
```

만일, 기하창에 복소수점 $1+2i$ 가 나타나도록 하려면, 입력창에 다음과 같이 입력한다.[1]

```
1 + 2 i
```

함수의 그래프

지오지브라에서 $y=f(x)$ 형태의 함수의 그래프를 그리려면, 입력창에 수식을 입력한다. 예를 들어, 함수 $y=2x^2+2x+1$ 의 그래프를 그리려면, 입력창에 다음과 같이 입력한다.[2]

```
2 x^2 + 2x + 1
```

앞의 제시한 함수는 **다항함수**이며, 그 외의 함수는 표 2.1, 2.2, 2.3을 참고하면 된다. 표 2.1은 초등 내장함수를 나타내고 있으며, 표 2.2와 표 2.3은 고급 내장함수를 나타내고 있다.

함수의 이름을 f(x) 로 지정하려면, 입력창에 다음과 같이 입력한다.

```
f(x) = 2 x^2 + 2x + 1
```

---

[1] 복소수 $a+bi$ 를 좌표평면에 (a , b) 로 표시하는 것을 말한다.

[2] ^ 기호는 거듭제곱을 나타낸다. 키보드에서 Shift + 6 을 누르면 나타난다.

2.4 참고: 지오지브라 관련 기능(그래프)

종류	수식	지오지브라 명령어
다항함수	$2x^2 + 2x + 1$	2x^2 + 2x + 1
분수지수	$x^{\frac{b}{a}}$	x^(b/a)
제곱근	$\sqrt{x}$	sqrt(x)
세제곱근	$\sqrt[3]{x}$	cbrt(x)
n제곱근	$\sqrt[n]{x}$	n제곱근(x, n)
로그함수	$\log_b x$	log(b,x)
자연로그	$\ln x$	ln(x)
상용로그	$\log_{10} x$	lg(x)
사인함수	$\sin x$	sin(x)
코사인함수	$\cos x$	cos(x)
탄젠트함수	$\tan x$	tan(x)
절댓값	$\lvert x \rvert$	abs(x)
가우스함수	$[x](\lfloor x \rfloor)$	floor(x)

표 2.1: 지오지브라 초급 내장함수

종류	수식	지오지브라 명령어
지수함수	$\exp(x)$	`exp(x)`
밑이 2인 로그	$\log_2 x$	`ld(x)`
올림	$\lceil x \rceil$	`ceil(x)`
반올림		`round(x)`
소수부분		`소수부분(x)`
시컨트	$\sec x$	`sec(x)`
코시컨트	$\operatorname{cosec} x$	`cosec(x)`
코탄젠트	$\cot x$	`cot(x)`
쌍곡사인	$\sinh x$	`sinh(x)`
쌍곡코사인	$\cosh x$	`cosh(x)`
쌍곡탄젠트	$\tanh x$	`tanh(x)`
쌍곡시컨트	$\operatorname{sech} x$	`sech(x)`
쌍곡코시컨트	$\operatorname{cosech} x$	`cosech(x)`
쌍곡코탄젠트	$\coth x$	`coth(x)`
아크사인	$\arcsin x$	`arcsin(x)`
아크코사인	$\arccos x$	`arccos(x)`
아크탄젠트	$\arctan x$	`arctan(x)`
아크탄젠트2		`atan2(y, x)`
아크쌍곡사인	$\operatorname{arcsinh} x$	`arcsinh(x)`
아크쌍곡코사인	$\operatorname{arccosh} x$	`arccosh(x)`
아크쌍곡탄젠트	$\operatorname{arctanh} x$	`arctanh(x)`

표 2.2: 지오지브라 고급 내장함수(1)

2.4 참고: 지오지브라 관련 기능(그래프)

종류	수식	지오지브라 명령어
실수부분		실수부(x)
허수부분		허수부(x)
켤레복소수		conjugate(x)
편각		arg(x)
부호함수		sgn(x)
난수		random()
가우스오차함수	$\text{erf}(x)$	erf(x)
감마함수	$\Gamma(x)$	gamma(x)
불완전감마함수	$\Gamma(a,x)$	gamma(a, x)
정규감마함수	$P(a,x)$	gammaRegularized(a, x)
디감마함수	$\Psi(x)$	psi(x)
폴리감마함수	$\Psi^{(m)}(x)$	polyGamma(m, x)
베타함수	$B(a,b)$	beta(a, b)
불완전베타함수	$B(x;a,b)$	beta(a, b, x)
정규베타함수	$I(x;a,b)$	betaRegularized(a, b, x)
사인적분	$\text{Si}(x)$	sinIntegral(x)
코사인적분	$\text{Ci}(x)$	cosIntegral(x)
지수적분	$\text{Ei}(x)$	expIntegral(x)
제타함수	$\zeta(x)$	zeta(x)

표 2.3: 지오지브라 고급 내장함수(2)

합성함수의 그래프

지오지브라는 **합성함수**를 다룰 수 있다. 예를 들어, $f(x) = \frac{1}{x^2}$ 와 $g(x) = \sin x$ 를 정의하고, $g \circ f = g(f(x)) = \sin\left(\frac{1}{x^2}\right)$ 의 그래프를 그리려면, 입력창에 다음과 같이 차례로 입력한다 (그림 2.10).

```
f( x ) = 1/x^2
g( x ) = sin( x )
g( f( x ) )
```

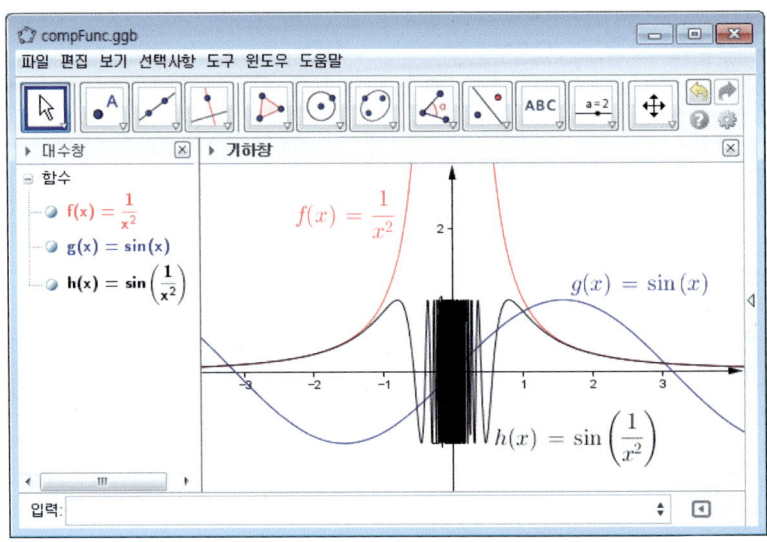

그림 2.10: 합성함수의 그래프

음함수의 그래프

변수 x, y 를 포함하는 관계식 $f(x, y) = 0$ 을 **음함수**라고 하며, 지오지브라는 **음함수**를 다룰 수 있다. 예를 들어, $x^4 + y^3 = 2xy$ 의 그래프를 그리려면 입력창에 다음과 같이 입력한다.[3]

```
x^4 + y^3 = 2x y
```

---

[3]이 때, 입력창에 x와 y 를 떼어 입력해야 한다. 그렇지 않으면 지오지브라는 xy 를 새로운 변수로 인식할 수도 있다. 그러나 숫자는 문자와 붙여서 입력해도 된다.

곡선의 그래프

지오지브라는 **곡선의 방정식**이나 **매개변수방정식**의 그래프를 그릴 수 있는 몇 가지 방법을 제공하고 있다.

① 직선 $3x + 4y = 2$ 의 그래프를 그리려면, 입력창에 다음과 같이 입력한다.[4]

```
3x + 4y = 2
```

② 곡선 명령을 활용하면, 매개변수 곡선을 그릴 수 있다. 지오지브라에서 제공하는 곡선 명령의 문법은 다음과 같다.[5]

곡선[x좌표의 매개변수식 , y좌표의 매개변수식 , 매개변수 , 범위의 최솟값 , 범위의 최댓값]

예를 들어, $x(t) = t^2 + 2t + 1$, $y(t) = 2t - 1$, $t \in [\,0\,,\,1\,]$ 과 같은 매개변수 곡선을 그리려면, 입력창에 다음과 같이 입력한다.

```
곡선[ t^2 + 2t + 1 , 2t - 1 , t , 0 , 1 ]
```

함수 명령

지오지브라에서 **함수** 명령을 사용하면, 제한된 구간에서 정의된 함수의 그래프를 그릴 수 있다. 지오지브라에서 제공하는 함수 명령의 문법은 다음과 같다.[6]

함수[x로 된 함수식 , 시작 x 값 , 끝 x 값]

만일, $y = x^2$, $x \in [\,-2\,,\,1\,]$ 인 함수의 그래프를 그리려면, 입력창에 다음과 같이 입력한다.[7]

```
함수[ x^2 , -2 , 1 ]
```

$y = x^2$, $x \in (\,-\infty\,,\,1\,]$ 인 함수의 그래프를 그리려면, 입력창에 다음과 같이 입력한다.

```
함수[ x^2 , -inf , 1 ]
```

---

[4]`f: 3x + 4y = 2`라고 입력하면, 직선의 이름이 `f`로 정해진다.
[5]우리말 명령어인 `곡선[]` 대신, 영어 명령어인 `Curve[]` 를 사용하는 것도 가능하다.
[6]우리말 명령어인 `함수[]` 대신, 영어 명령어인 `Function[]` 을 사용하는 것도 가능하다.
[7]`f(x) = 함수[ x^2 , -2 , 1 ]` 과 같이 정의한 후, 입력창에 `g(x) = 2 f(x)` 와 같이 입력하면, `g(x)`의 정의역은 실수 전체로 나타난다.

$y = x^2$, $x \in [\,-2\,,\,\infty\,)$ 인 함수의 그래프를 그리려면, 입력창에 다음과 같이 입력한다.

```
함수[ x^2 , -2 , inf ]
```

조건 명령

지오지브라에서 조건 명령을 사용하여, 구간에 따라 식이 달라지는 함수의 그래프를 그릴 수 있다. 지오지브라에서 제공하는 조건 명령의 문법은 다음과 같다.[8]

```
조건[ 조건, 조건이 성립될 때 생성할 대상 ]
조건[ 조건, 조건이 성립될 때 생성할 대상, 조건이 성립하지 않을 때 생성할 대상]
조건[ 조건1, 조건1이 성립할 때 생성할 대상, 조건2, 조건2가 성립할 때 생성할 대상, ...]
```

식 2.1의 그래프를 그리려면, 입력창에 다음과 같이 입력한다.

$$f(x) = \begin{cases} x^2 & (x > 1) \\ -2x + 3 & (x \leq 1) \end{cases} \tag{2.1}$$

```
조건[ x > 1 , x^2 , -2x + 3 ]
```

위의 경우에는 지오지브라의 결과식에서 $x \leq 1$ 과 같이 표시되지 않고, 다른 경우 라고 표시될 것이다. 만일 다른 경우 대신 $x \leq 1$ 로 나타내고 싶으면, 입력창에 다음과 같이 입력한다.

```
조건[ x > 1 , x^2 , x <= 1 , -2x + 3 ]
```

식 2.2와 같이 조건이 2개 이상 필요한 경우에는, 입력창에 다음과 같이 입력한다.

$$f(x) = \begin{cases} x^2 & (x > 1) \\ -2x + 3 & (-1 < x \leq 1) \\ x + 6 & (x \leq -1) \end{cases} \tag{2.2}$$

```
조건[ x>1 , x^2 , x>-1 , -2x + 3 , x <= -1 , x + 6 ]
```

---

[8]우리말 명령어인 조건[] 대신, 영어 명령어인 If[] 를 사용하는 것도 가능하다.

2.4 참고: 지오지브라 관련 기능(그래프)

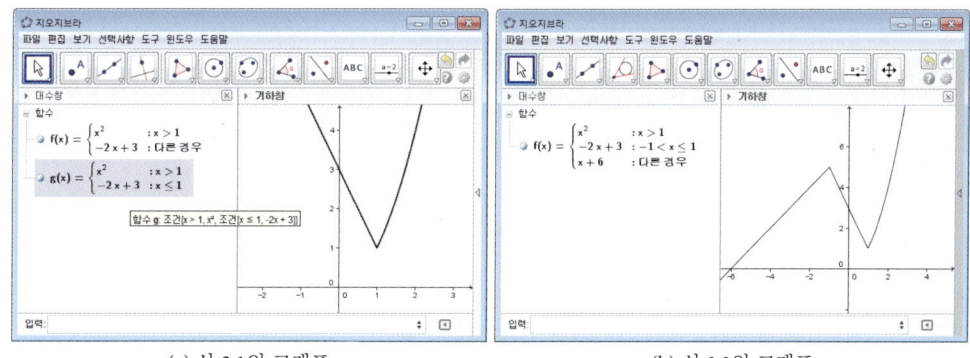

(a) 식 2.1의 그래프   (b) 식 2.2의 그래프

그림 2.11: 조건 명령을 이용한 그래프

다항식 명령

지오지브라에서 **다항식** 명령을 활용하면, 기하창 위의 여러 점을 지나는 다항함수의 그래프를 그릴 수 있다. 지오지브라에서 제공하는 **다항식** 명령의 문법은 다음과 같다.[9]

    다항식[점의 리스트]
    다항식[점 , 점 , 점 , ...]

예를 들어, 기하창의 3개의 점 A , 점 B , 점 C 를 지나는 다항함수를 구하려면 입력창에 다음과 같이 입력한다.

    다항식[A , B , C]

삼각함수전개 명령

지오지브라에서 **삼각함수전개** 명령을 활용하면, 주어진 삼각함수를 $\cos x$, $\sin x$ 등으로 전개할 수 있다. 지오지브라에서 제공하는 **삼각함수전개** 명령의 문법은 다음과 같다.[10]

    삼각함수전개[삼각함수 식]
    삼각함수전개[삼각함수 식 , 변환된 식에서 사용할 함수]

예를 들어, $\tan(x+y)$를 $\sin x$, $\cos x$ 로 전개하려면 입력창에 다음과 같이 입력한다.

---

[9]우리말 명령어인 `다항식[]` 대신, 영어 명령어인 `Polynomial[]` 을 사용하는 것도 가능하다.
[10]우리말 명령어인 `삼각함수전개[]` 대신, 영어 명령어인 `TrigExpand[]` 를 사용하는 것도 가능하다.

제 2 장 함수

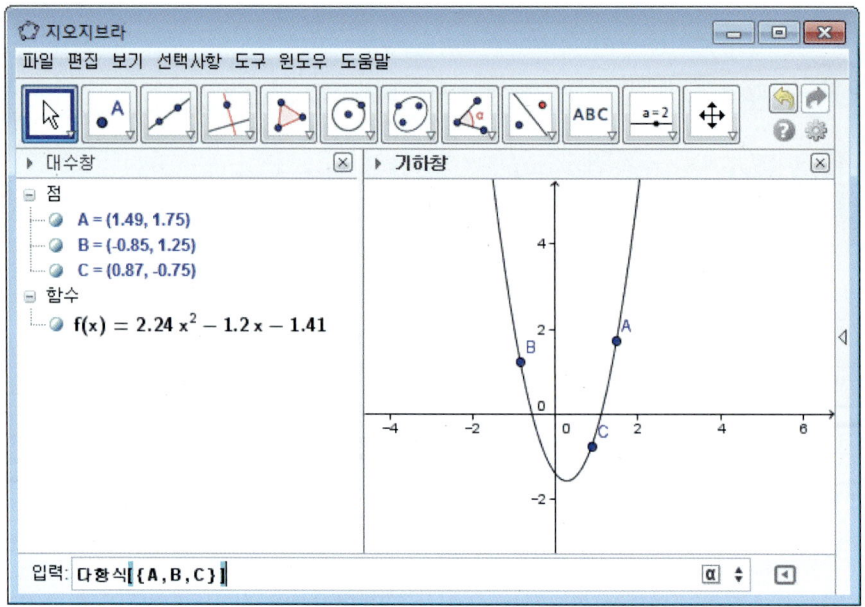

그림 2.12: 세 점 A , B , C 를 지나는 다항함수

삼각함수전개[tan(x + y)]

[실행결과]
$$\frac{\cos(x)\sin(y)+\cos(y)\sin(x)}{\cos(x)\cos(y)-\sin(x)\sin(y)}$$

만일, $\sin x$, $\cos x$ 대신, $\tan x$ 로 전개하고 싶으면, 입력창에 다음과 같이 입력한다.

삼각함수전개[tan(x + y) , tan(x)]

[실행결과]
$$\frac{-\tan(x)-\tan(y)}{\tan(x)\tan(y)-1}$$

2.4 참고: 지오지브라 관련 기능(그래프)

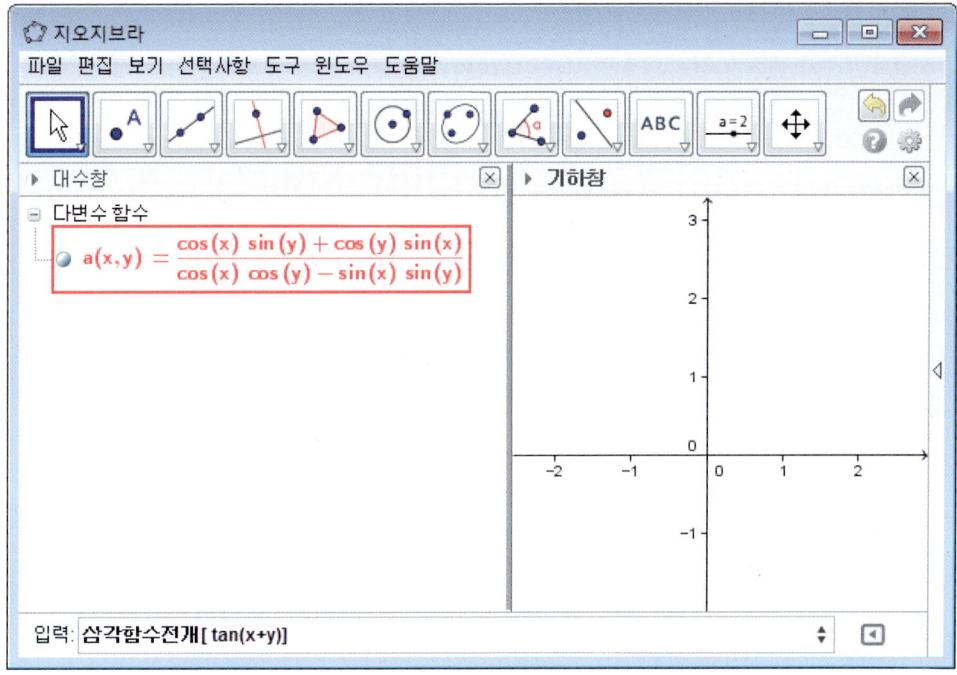

그림 2.13: $\tan(x+y)$ 를 $\sin x$, $\cos x$ 로 전개한 모습

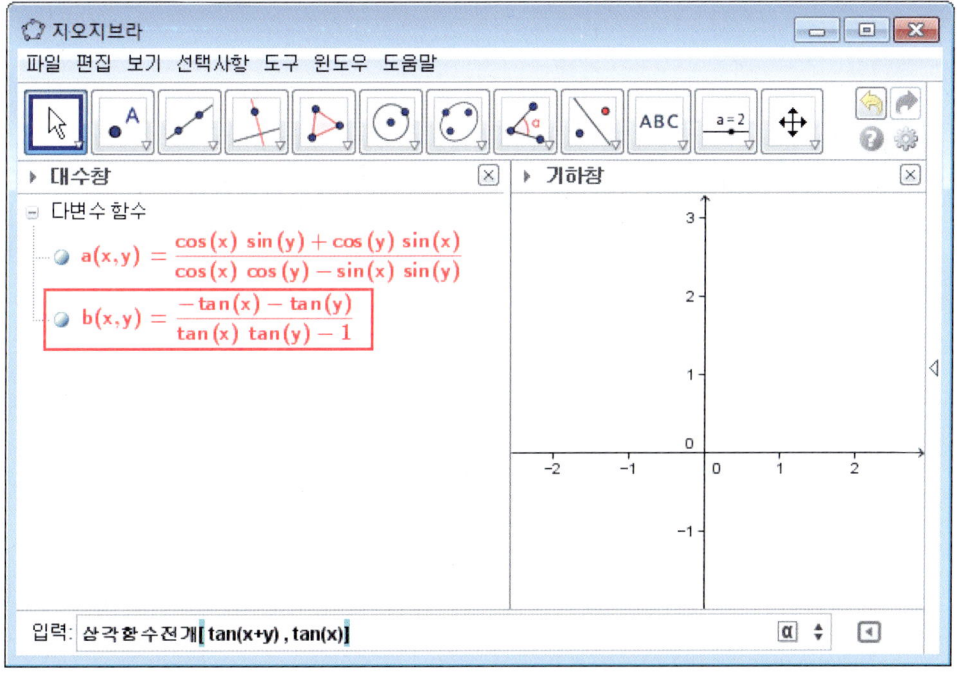

그림 2.14: $\tan(x+y)$ 를 $\tan x$ 로 전개한 모습

최댓값 명령

지오지브라에서 **최댓값** 명령을 활용하면, 주어진 구간에서 함수의 최댓값을 구할 수 있다. 지오지브라에서 제공하는 **최댓값** 명령의 문법은 다음과 같다.[11]

```
최댓값[ 함수 , 처음 x 값 , 끝 x 값 ]
```

예를 들어, 함수 $f(x) = -x^2 + 3x$ 에 대하여, -1 부터 1 사이의 구간에서의 최댓값을 구하려면, 입력창에 다음과 같이 입력한다.[12]

```
최댓값[ -x^2 + 3 x , -1 , 1 ]
```

[실행결과]
$A = (1, 2)$

최솟값 명령

지오지브라에서 **최솟값** 명령을 활용하면, 주어진 구간에서 함수의 최솟값을 구할 수 있다. 지오지브라에서 제공하는 **최솟값** 명령의 문법은 다음과 같다.[13]

```
최솟값[ 함수 , 처음 x 값 , 끝 x 값 ]
```

예를 들어, 함수 $f(x) = -x^2 + 3x$ 에 대하여, -1 부터 1 사이의 구간에서의 최솟값을 구하려면, 입력창에 다음과 같이 입력한다.[14]

```
최솟값[ -x^2 + 3 x , -1 , 1 ]
```

[실행결과]
$B = (-1, -4)$

---

[11] 우리말 명령어인 최댓값[] 대신, 영어 명령어인 Max[] 를 사용하는 것도 가능하다.
[12] 최댓값 명령의 결과는 점이다.
[13] 우리말 명령어인 최솟값[] 대신, 영어 명령어인 Min[] 을 사용하는 것도 가능하다.
[14] 최솟값 명령의 결과는 점이다.

역연산 명령

지오지브라에서 **역연산** 명령을 활용하면, 주어진 함수의 역함수를 구할 수 있다. 지오지브라에서 제공하는 **역연산** 명령의 문법은 다음과 같다.[15]

역연산[함수]

예를 들어, 함수 $\sin x$ 의 역함수를 구하려면, 입력창에 다음과 같이 입력한다.

역연산[sin(x)]

[실행결과]
$-\arcsin(x) + 2\,k_1\,\pi + \pi$

함수 관리자

함수관리자 도구를 선택한 후, 기하창이나 대수창에서 함수를 클릭하면, 해당 함수에 대한 다양한 정보를 알 수 있다. 함수관리자 대화상자에서 구간 탭을 선택하면, 주어진 구간에 따른 최솟값, 최댓값, 근, 적분, 넓이, 평균, 곡선의 길이를 보여주며, 점 탭을 선택하면, 기울기, 접원 등을 구할 수 있다.

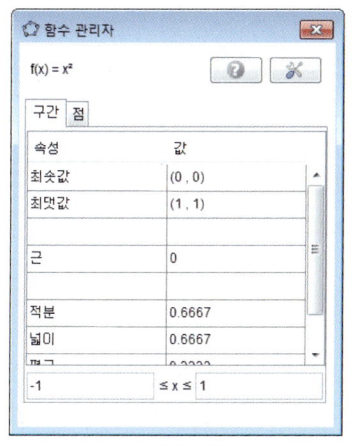
(a) 구간 탭

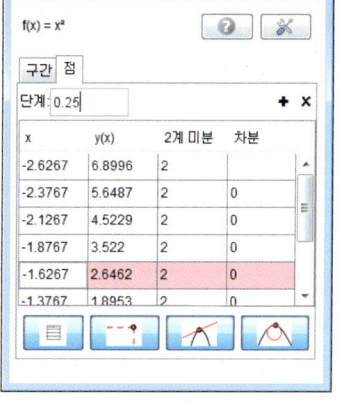
(b) 점 탭

그림 2.15: 함수 관리자 대화상자

---

[15]우리말 명령어인 역연산[] 대신, 영어 명령어인 Invert[] 를 사용하는 것도 가능하다.

제 2 장 함수

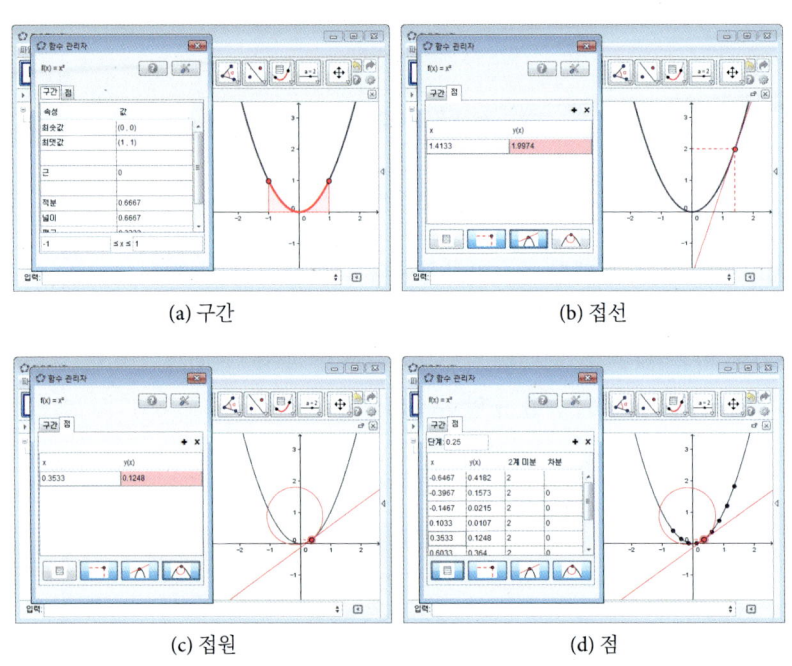

(a) 구간 (b) 접선

(c) 접원 (d) 점

그림 2.16: 함수 관리자의 기능

CHAPTER 3

극한

3.1 함수의 극한

정의 3.1

$\epsilon > 0$일 때 열린구간 $(a-\epsilon, a+\epsilon)$을 a의 **근방**(Neighborhood)이라고 한다. 함수 f가 a의 근방에서 정의되어 있다고 하자($x=a$에서는 정의되어 있지 않아도 된다). 이 때, x가 a에 한없이 가까워질 때, $f(x)$가 일정한 값 L에 한없이 가까워지면 "x가 a에 수렴할 때, $f(x)$는 L에 **수렴한다**(Converge)"고 하고, 이를

$$\lim_{x \to a} f(x) = L$$

로 나타낸다. 이 때 L을 x가 a에 수렴할 때 $f(x)$의 **극한**(Limit)이라 한다.

[참고] 함수의 극한 $\lim_{x \to a} f(x)$에서 x가 a에 수렴하는 다양한 경우가 있다. 그 가운데 하나는 x가 a보다 작은 쪽에서 a에 수렴하는 경우로 이를 좌극한이라 하고 $\lim_{x \to a-} f(x)$로 나타내며, 다른 하나는 x가 a보다 큰 쪽에서 a에 수렴하는 경우로 이를 우극한이라 하며 $\lim_{x \to a+} f(x)$로 나타낸다.

따라서 좌극한과 우극한이 같은 경우, 즉

$$\lim_{x \to a-} f(x) = \lim_{x \to a+} f(x)$$

일 때 $\lim_{x \to a} f(x)$가 정의된다.

제3장 극한

예제 1 $\lim_{x \to 1} \frac{x^2-1}{x-1}$ 을 구하여라.

풀이

$$\lim_{x \to 1} \frac{x^2-1}{x-1} = \lim_{x \to 1}(x+1) = 2$$

지오지브라 실습(원리 탐구) 위 예제를 지오지브라에서 실습하려면 입력창에 다음과 같이 차례로 입력한다.

```
[지오지브라 명령]
f( x ) = ( x^2 - 1 ) / ( x - 1 )
f( 1 )
극한[ f , 1 ]
```

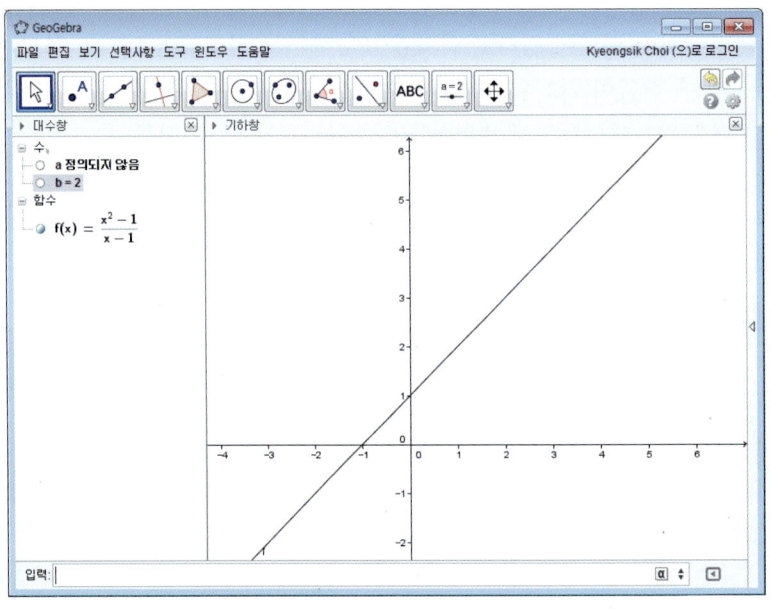

그림 3.1: $f(x) = \frac{x^2-1}{x-1}$

참고 앞의 예제의 경우 $f(1)$값은 존재하지 않으나 $\lim_{x \to 1} f(x)$의 값은 존재한다는 사실에 주의한다.

[예제 2] 가우스함수 $f(x) = [x]$ (단, $[x]$는 x를 넘지 않는 최대정수)일 때 극한값 $\lim_{x \to 0} f(x)$은 존재하지 않음을 보여라.

[풀이] $\lim_{x \to 0-}[x] = -1, \quad \lim_{x \to 0+}[x] = 0$

따라서 좌극한과 우극한이 다르므로 극한값은 존재하지 않는다.

[지오지브라 실습(원리 탐구)] 위 예제를 지오지브라에서 실습하려면 입력창에 다음과 같이 차례로 입력한다.

```
[지오지브라 명령]
f( x ) = floor( x )
좌극한[ f , 0 ]
우극한[ f , 0 ]
극한[ f , 0 ]
```

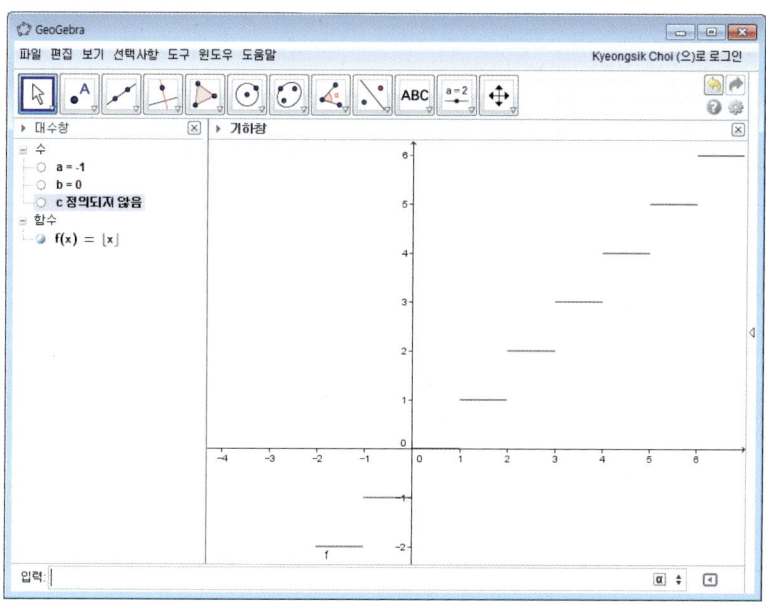

그림 3.2: $f(x) = [x]$

[예제 3] 극한 $\lim_{x \to 1} \frac{|x-1|}{x-1}$ 을 구하여라.

[풀이]

$$\lim_{x \to 1+} \frac{|x-1|}{x-1} = \lim_{x \to 1+} \frac{x-1}{x-1} = 1$$
$$\lim_{x \to 1-} \frac{|x-1|}{x-1} = \lim_{x \to 1+} \frac{-x+1}{x-1} = -1$$

따라서 좌극한과 우극한이 다르므로 $\lim_{x \to 1} \frac{|x-1|}{x-1}$ 은 존재하지 않는다.

[지오지브라 실습(원리 탐구)] 위 예제를 지오지브라에서 실습하려면 입력창에 다음과 같이 차례로 입력한다.

```
[지오지브라 명령]
f( x ) = abs( x - 1 ) / ( x - 1 )
좌극한[ f , 0 ]
우극한[ f , 0 ]
극한[ f , 0 ]
```

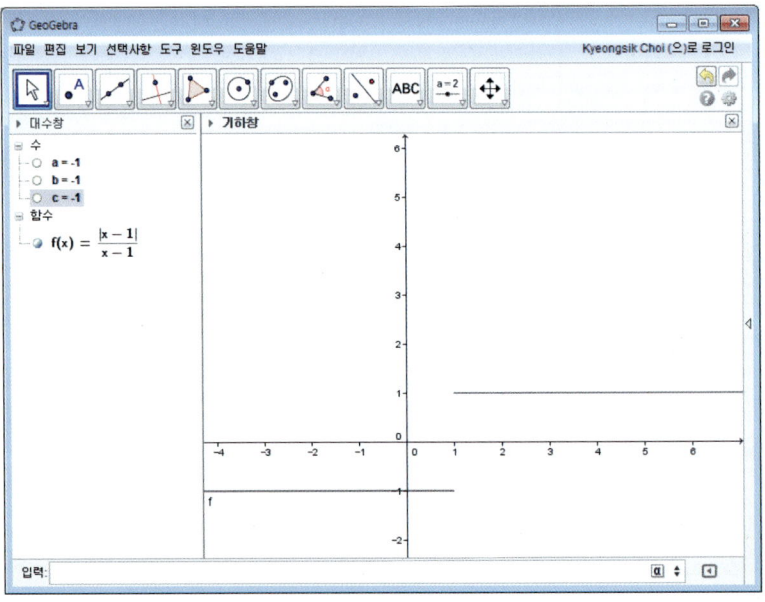

그림 3.3: $f(x) = \frac{|x-1|}{x-1}$

3.1 함수의 극한

> **정의 3.2 극한의 ϵ-δ식 정의**
>
> 함수 $f(x)$가 a를 제외한 a의 근방의 모든 x에서 정의되고, 임의의 양수 ϵ에 대하여 적당한 양수 δ가 존재하여
>
> $$0 < |x - a| < \delta \text{이면} \quad |f(x) - L| < \epsilon$$
>
> 일 때 $\lim_{x \to a} f(x) = L$로 정의한다.

[예제 4] ϵ-δ식 정의에 의하여 $\lim_{x \to 1}(2x + 1) = 3$임을 보여라.

[풀이] 양수 ϵ에 대하여 $\delta = \frac{\epsilon}{2}$이라 하면 $0 < |x - 1| < \delta$일 때,

$$|(2x + 1) - 3| = 2|x - 1| < 2\delta = \epsilon$$

이다.
 따라서 $\lim_{x \to 1}(2x + 1) = 3$이다.

[지오지브라 실습(원리 탐구)] 위 예제를 지오지브라에서 실습하려면 입력창에 다음과 같이 차례로 입력한다.

```
[지오지브라 명령]
f( x ) = 2 x + 1
3 - epsilon < y < 3 + epsilon
1 - delta < x < 1 + delta
```

[참고] 앞의 지오지브라 예제에서는 극한에 대한 ϵ-δ 정의의 적용을 보여주고 있다. 즉, $\lim_{x \to 1}(2x + 1) = 3$임을 보이기 위하여 $3 - \epsilon < y < 3 + \epsilon$의 범위의 함수값이 나오도록 하기 위해 $1 - \delta < x < 1 + \delta$인 $\delta > 0$ 값을 **언제나** 설정할 수 있으면 극한값이 3이 된다는 것이다.

지오지브라에서는 x, y 이외의 문자(epsilon, delta)를 입력하면 자동으로 슬라이더 만들기 대화상자가 나타서 슬라이더를 만들지 물어본다. 이 때 슬라이더 만들기 를 클릭하면 슬라이더가 만들어진다.

제3장 극한

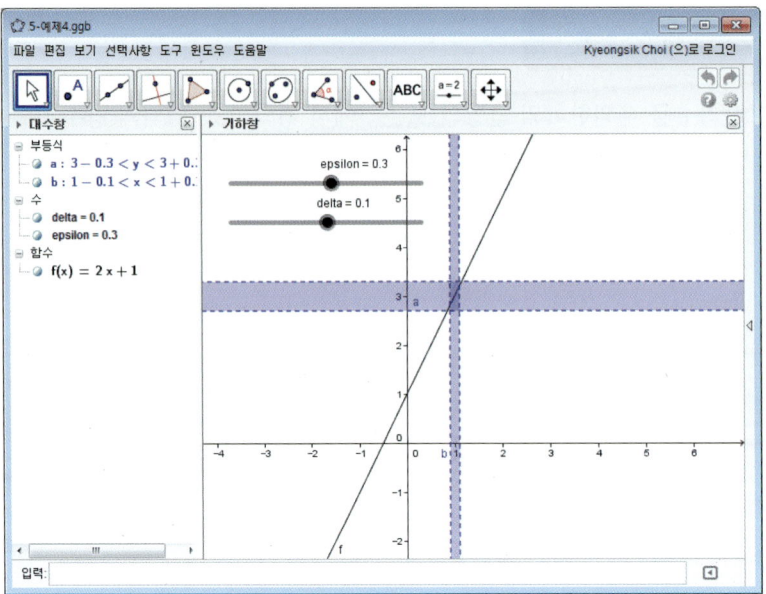

그림 3.4: $f(x) = 2x + 1$

정리 3.3

$\lim_{x \to a} f(x) = L$, $\lim_{x \to a} g(x) = M$ 이고 k를 상수라 하면

(1) $\lim_{x \to a} k = k$

(2) $\lim_{x \to a} \{f(x) \pm g(x)\} = L \pm M$ (복호동순)

(3) $\lim_{x \to a} kf(x) = kL$

(4) $\lim_{x \to a} f(x)g(x) = LM$

(5) $\lim_{x \to a} \frac{f(x)}{g(x)} = \frac{L}{M}$ (단, $M \neq 0$)

[참고] 정리 3.3에서 언급했던 극한의 성질들은 $a \to -\infty$ 또는 $a \to \infty$일 때도 성립한다.

[예제 5] 극한 $\lim_{x \to 2} \frac{x^3+3x+2}{2x}$ 를 구하여라.

[풀이] 정리 3.3에 따라

$$\lim_{x \to 2} \frac{x^3 + 3x + 2}{2x} = \frac{(\lim_{x \to 2} x)^3 + 3\lim_{x \to 2} x + \lim_{x \to 2} 2}{2\lim_{x \to 2} x} = 4$$

이다.

[지오지브라 실습(연산 결과)] 위 예제를 지오지브라에서 실습하려면 입력창에 다음과 같이 차례로 입력한다.

```
[지오지브라 명령]
f( x ) = ( x^3 + 3 x + 2 ) / ( 2 x )
극한[ f , 2 ]
```

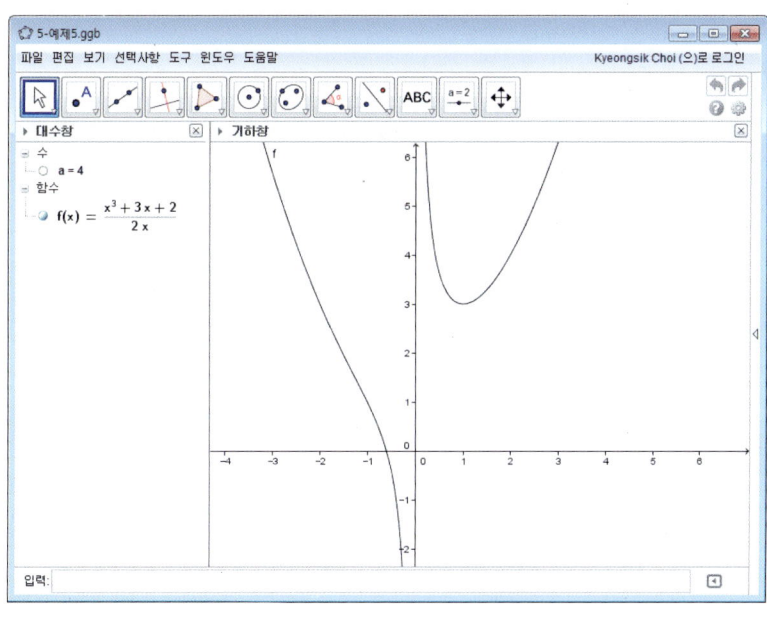

그림 3.5: $f(x) = \frac{x^3+3x+2}{2x}$

정리 3.4

$x = a$의 근방에서 $g(x) \le f(x) \le h(x)$이고, $\lim_{x \to a} g(x) = \lim_{x \to a} h(x) = L$이면

$$\lim_{x \to a} f(x) = L$$

이다.

[예제 6] $\lim_{x \to 0} x \sin \frac{1}{x}$의 값을 구하여라.

[풀이] $\left| \sin \frac{1}{x} \right| \le 1$이므로

$$\left| x \sin \frac{1}{x} \right| \le |x|$$

이다. 즉, $-|x| \le x \sin \frac{1}{x} \le |x|$이고,

$$\lim_{x \to 0} (-|x|) = \lim_{x \to 0} |x| = 0$$

이다. 따라서

$$\lim_{x \to 0} x \sin \frac{1}{x} = 0$$

이다.

[지오지브라 실습(연산 결과)] 위 예제를 지오지브라에서 실습하려면 입력창에 다음과 같이 차례로 입력한다.

```
[지오지브라 명령]
f( x ) = x sin( 1 / x )
극한[ f , 0 ]
```

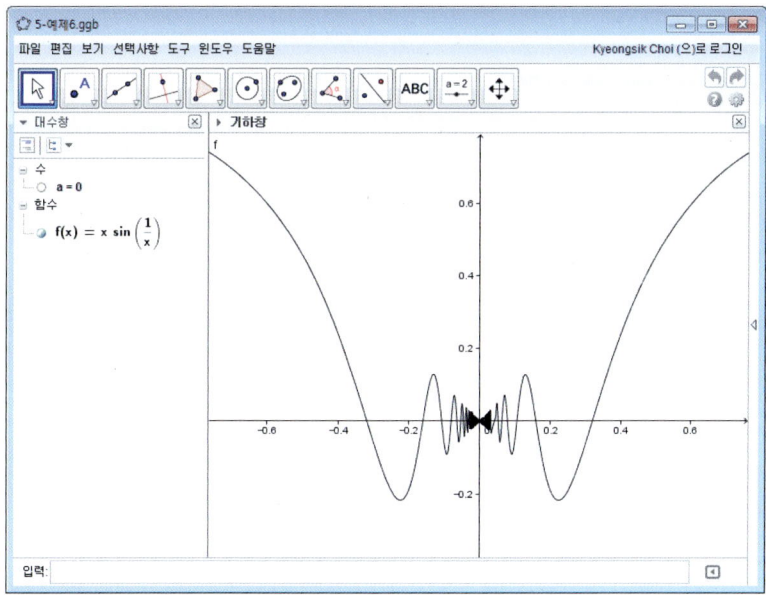

그림 3.6: $f(x) = x\sin(\frac{1}{x})$

정리 3.5

(1) 임의의 양수 ϵ에 대하여 적당한 $M > 0$이 존재하여

$$x > M \text{인 } x \text{에 대하여 } |f(x) - L| < \epsilon$$

이 성립하면 L을 $x \to \infty$일 때 f의 극한이라 하고

$$\lim_{x \to \infty} f(x) = L$$

로 표시한다.

(2) 임의의 양수 ϵ에 대하여 적당한 $M > 0$이 존재하여

$$x < -M \text{인 } x \text{에 대하여 } |f(x) - L| < \epsilon$$

이 성립하면 L을 $x \to -\infty$일 때 f의 극한이라 하고

$$\lim_{x \to -\infty} f(x) = L$$

로 표시한다.

예제 7 $\lim_{x \to \infty} \frac{1}{x} = 0$ 임을 보여라.

풀이 임의의 양수 ϵ에 대하여 $M = \frac{1}{\epsilon}$이라 하자. 만일 $x > M$이면 $\left|\frac{1}{x} - 0\right| < \frac{1}{M} = \epsilon$이다.

지오지브라 실습(연산 결과) 위 예제를 지오지브라에서 실습하려면 입력창에 다음과 같이 차례로 입력한다.

> [지오지브라 명령]
> f(x) = 1 / x
> 점근선[f]

함수 $f(x)$의 점근선을 관찰하면 $\lim_{x \to \infty} f(x)$, $\lim_{x \to -\infty} f(x)$의 값을 예상할 수 있다.

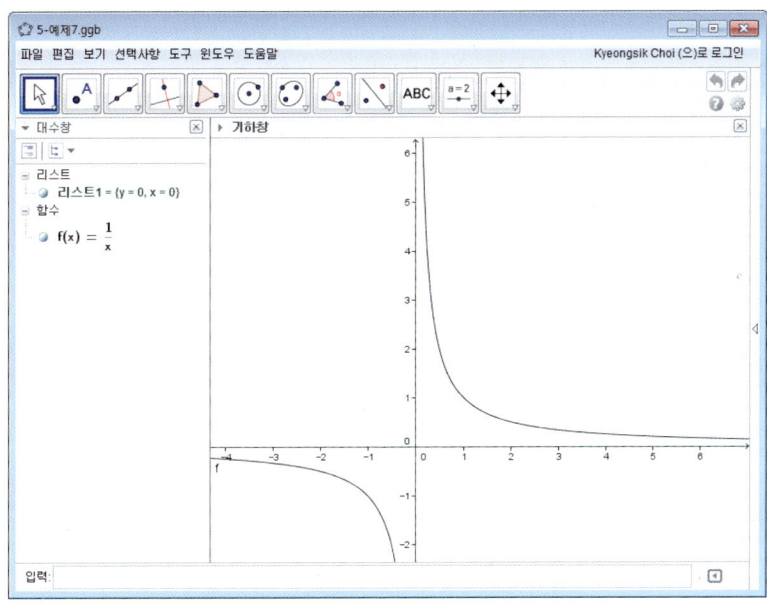

그림 3.7: $f(x) = \frac{1}{x}$

제3장 극한

예제 8 다음 극한을 구하여라.

(1) $\lim_{x\to\infty} \frac{2x^2+x+1}{x^2+1}$ (2) $\lim_{x\to\infty} \frac{2x^2+x+1}{x^3+1}$

(3) $\lim_{x\to\infty} \frac{2x^2+1}{x+1}$ (4) $\lim_{x\to\infty} \frac{-2x^2+1}{x+1}$

풀이

(1) 분모, 분자를 각각 x^2 으로 나누면

$$\lim_{x\to\infty} \frac{2x^2+x+1}{x^2+1} = \lim_{x\to\infty} \frac{2+\frac{1}{x}+\frac{1}{x^2}}{1+\frac{1}{x^2}} = \frac{2+0+0}{1+0} = 2$$

이다.

(2) 0

(3) ∞

(4) $-\infty$

지오지브라 실습(연산 결과) 위 예제를 지오지브라에서 실습하려면 입력창에 다음과 같이 차례로 입력한다.

```
[지오지브라 명령]
f( x ) = ( 2 x^2 + x + 1 ) / ( x^2 + 1 )
g( x ) = ( 2 x^2 + x + 1 ) / ( x^3 + 1 )
h( x ) = ( 2 x^2 + 1 ) / ( x + 1 )
w( x ) = ( - 2 x^2 + 1 ) / ( x + 1 )

점근선[ f ]
극한[ f , inf ]

점근선[ f ]
극한[ g , inf ]

점근선[ h ]
극한[ h , inf ]

점근선[ w ]
극한[ w , inf ]
```

[참고] 예제 8의 경우와 같이 부정형 $\frac{\infty}{\infty}$꼴인 경우
(1) 분자의 차수와 분모의 차수가 같으면 최고차항의 계수의 비가 극한이 된다.
(2) 분자의 차수가 분모의 차수보다 작으면 극한은 0이다.
(3) 분자의 차수가 분모의 차수보다 크면 극한은 ∞ 또는 $-\infty$가 된다.

$\frac{0}{0}$, $\frac{\infty}{\infty}$꼴의 부정형의 극한은 정리 4.19의 L'Hospital의 정리를 이용하면 간편하다.

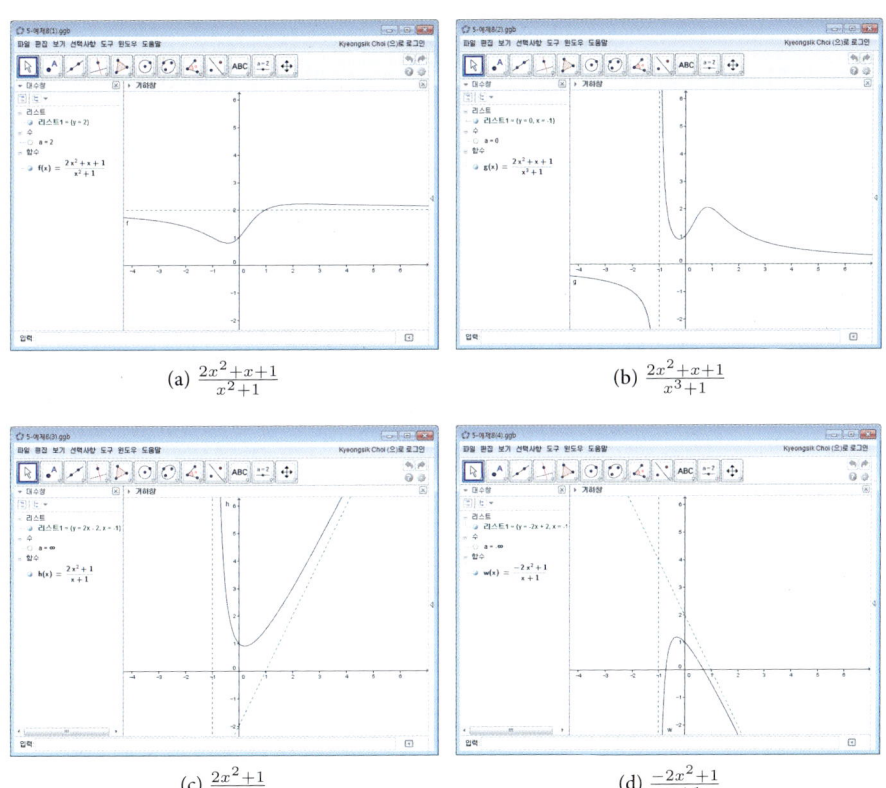

(a) $\frac{2x^2+x+1}{x^2+1}$ (b) $\frac{2x^2+x+1}{x^3+1}$

(c) $\frac{2x^2+1}{x+1}$ (d) $\frac{-2x^2+1}{x+1}$

[예제 9] $\lim_{x \to \infty}(2x - x^2)$을 구하여라.

[풀이] $\infty - \infty$꼴이므로 부정형이다.

$$\lim_{x \to \infty}(2x - x^2) = \lim_{x \to \infty} x^2 \left(\frac{2}{x} - 1\right)$$
$$= \infty(0 - 1)$$
$$= -\infty$$

[지오지브라 실습(연산 결과)] 위 예제를 지오지브라에서 실습하려면 입력창에 다음과 같이 차례로 입력한다.

```
[지오지브라 명령]
f( x ) = 2 x - x^2
극한[ f , inf ]
```

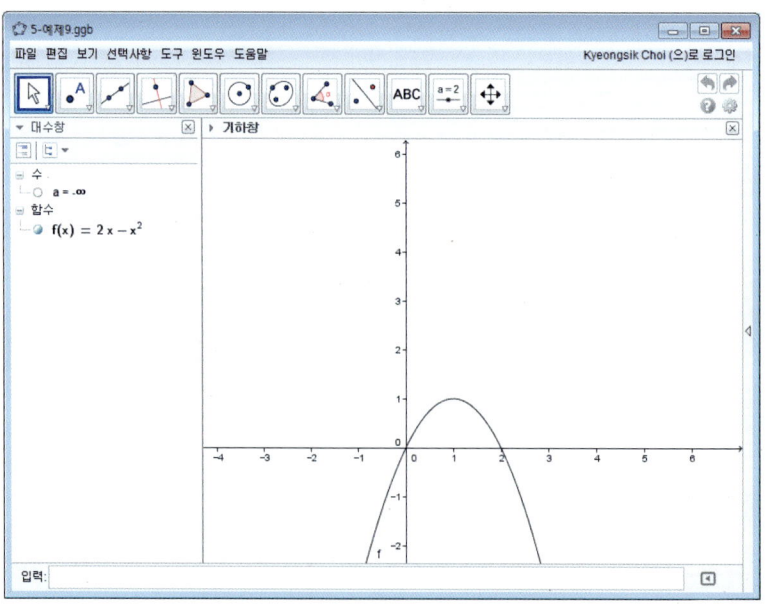

그림 3.8: $f(x) = 2x - x^2$

연습문제 3.1

① 다음 극한값을 구하여라.

(1) $\lim_{x \to 2} \frac{x^2-x-2}{x-2}$
(2) $\lim_{x \to 1} \frac{x^3-1}{x-1}$
(3) $\lim_{x \to 0} \frac{\sqrt{x+1}-1}{x}$
(4) $\lim_{x \to 0} \frac{|x|}{x}$
(5) $\lim_{x \to \infty} (\sqrt{x^2+1} - x)$
(6) $\lim_{x \to -\infty} (\sqrt{x^2+x} + x)$
(7) $\lim_{x \to 0} \frac{\sqrt{2+x}-\sqrt{2-x}}{x}$
(8) $\lim_{x \to \infty} \sqrt{x}(\sqrt{x+1} - \sqrt{x})$
(9) $\lim_{x \to 1} \frac{1-\sqrt{x}}{1-x}$
(10) $\lim_{x \to 0} \frac{2-\sqrt{4-x}}{x}$
(11) $\lim_{x \to \infty} \frac{3x}{\sqrt{x^2+1}+x}$
(12) $\lim_{x \to 0} \frac{1}{x}$
(13) $\lim_{x \to 0} \frac{1}{x^2}$
(14) $\lim_{x \to 3} \frac{1}{(x-3)^2}$

② $f(x) = \begin{cases} x+2 & (x > 2) \\ 3x-2 & (x \leq 2) \end{cases}$ 일 때 $\lim_{x \to 2} f(x)$ 를 구하여라.

③ $\lim_{x \to 0} \frac{\sin x}{x} = 1$ 임을 보여라.

④ 3번을 이용하여 $\lim_{x \to 0} \frac{1-\cos x}{x}$ 를 구하여라.

⑤ $\lim_{x \to 0} \sin \frac{1}{x}$ 이 존재하지 않음을 보여라.

3.2 함수의 연속

> **정의 3.6**
>
> 함수 $f(x)$가 a의 근방에서 정의되고
> $$\lim_{x \to a} f(x) = f(a)$$
> 가 성립할 때, $f(x)$는 $x = a$에서 **연속**(Continuity)이라고 한다. 또한 함수 $f(x)$가 구간 I 내의 모든 점에서 연속일 때, $f(x)$는 구간 I에서 연속이라고 한다.

[참고] 위의 정의에 의하면 함수 $f(x)$가 $x = a$에서 연속이 아니라고 하는 것은 다음 세 조건 중 하나가 성립할 때이다.

(1) $f(a)$가 정의되지 않거나
(2) $\lim_{x \to a} f(x)$가 존재하지 않거나,
(3) $\lim_{x \to a} f(x) \neq f(a)$이다.

[예제 10] 함수 $f(x) = x^2$은 모든 실수에서 연속임을 증명하여라.

[증명] 임의의 실수 a에 대하여
$$\lim_{x \to a} f(x) = \lim_{x \to a} x^2 = a^2 = f(a)$$
이다. 따라서 $f(x) = x^2$은 모든 실수에서 연속이다.

[예제 11] 함수 $f(x) = \frac{x^2-1}{x-1}$ 은 $x=1$에서 불연속임을 보이고, $x=1$에서 연속이 되도록 함숫값 $f(1)$을 정의하여라.

[증명] $f(x)$는 $x=1$에서 정의되지 않으므로 불연속이다. 이 때

$$f(1) = \lim_{x \to 1} f(x) = \lim_{x \to 1}(x+1) = 2$$

로 정의하면 $f(x)$는 $x=1$에서 연속이다.

[예제 12] 함수 $f(x) = [x]$는 모든 정수에서 불연속임을 증명하여라.

[증명] n을 임의의 정수라 하면

$$\lim_{x \to n+} f(x) = n, \qquad \lim_{x \to n-} f(x) = n-1$$

이므로, $x=n$에서 $f(x)$의 극한이 존재하지 않는다. 따라서 $f(x)$는 모든 정수에서 불연속이다.

[예제 13] 함수 $f(x) = \begin{cases} x^2 & (x \neq 0) \\ 1 & (x = 0) \end{cases}$ 는 $x=0$에서 불연속임을 증명하여라.

[증명] $f(0) = 1$이고 $\lim_{x \to 0} f(x) = \lim_{x \to 0} x^2 = 0$이다. 즉 $\lim_{x \to 0} f(x) \neq f(0)$이다. 그러므로 $f(x)$는 $x=0$에서 불연속이다.

제3장 극한

> **정리 3.7**
>
> 두 함수 $f(x), g(x)$가 $x = a$에서 연속이면
> (1) $f(x) \pm g(x)$도 $x = a$에서 연속이다.
> (2) $kf(x)$도 $x = a$에서 연속이다(k는 상수).
> (3) $f(x)g(x)$도 $x = a$에서 연속이다.
> (4) $\frac{f(x)}{g(x)}$도 $x = a$에서 연속이다($g(a) \neq 0$).

[증명]
(1)
$$\lim_{x \to a} \{f(x) + g(x)\} = \lim_{x \to a} f(x) + \lim_{x \to a} g(x)$$
$$= f(a) + g(a)$$

따라서 $f(x) + g(x)$는 $x = a$에서 연속이다. (2), (3), (4)의 증명은 생략.

> **정리 3.8**
>
> 함수 $f(x)$가 $x = a$에서 연속이고 $g(x)$는 $f(a)$에서 연속이면 합성함수 $g \circ f$는 $x = a$에서 연속이다.

[증명] 함수 f가 $x = a$에서 연속이므로 $\lim_{x \to a} f(x) = f(a)$이다. 또한 함수 $g(x)$는 $f(a)$에서 연속이므로

$$\lim_{f(x) \to f(a)} g(f(x)) = g(f(a)) = (g \circ f)(a)$$

이다. 그러므로

$$\lim_{x \to a} (g \circ f)(x) = \lim_{x \to a} g(f(x)) = g(f(a)) = (g \circ f)(a)$$

이다. 따라서 $g \circ f$는 $x = a$에서 연속이다.

[예제 14] $f(x) = \sqrt{x^2 + 2}$는 연속함수임을 보여라.

[증명] $g(x) = \sqrt{x}$, $h(x) = x^2 + 2$라고 두면 g와 h는 연속함수이다. $f = g \circ h$이므로 f는 연속함수임을 알 수 있다.

> **정리 3.9 중간값 정리**
>
> 함수 $f(x)$가 닫힌구간 $[a, b]$에서 연속이고, $f(x) \neq f(b)$이면 $f(a)$와 $f(b)$ 사이의 수 k에 대하여 $f(c) = k$를 만족하는 c가 (a, b)에서 적어도 하나 존재한다.

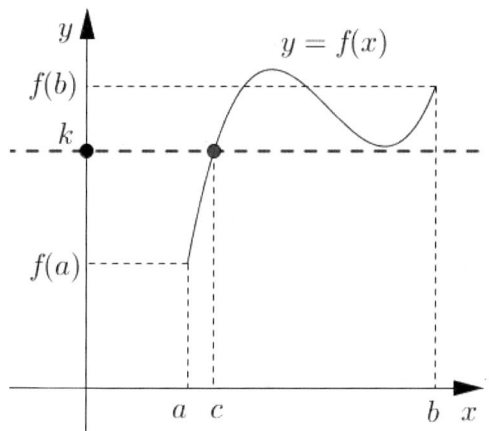

그림 3.9: 중간값 정리

제3장 극한

예제 15 $x^3 - x^2 - 3x + 1 = 0$은 $(0, 1)$에서 적어도 하나의 실근을 가짐을 증명하여라.

증명 $f(x) = x^3 - x^2 - 3x + 1$이라 하면 $f(x)$는 $[0, 1]$에서 연속이고 $f(0) = 1 > 0$, $f(1) = -2 < 0$이므로 중간값 정리에 의하여 $f(c) = 0$이 되는 c가 $(0, 1)$에 적어도 하나 존재한다.

지오지브라 실습(연산 결과) 위 예제를 지오지브라에서 실습하려면 입력창에 다음과 같이 차례로 입력한다.

```
[지오지브라 명령]
x^3 - x^2 - 3 x + 1
f( 0 )
f( 1 )
```

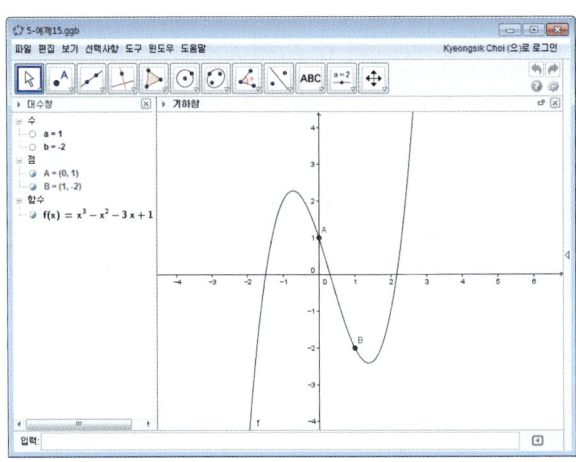

그림 3.10: $f(x) = x^3 - x^2 - 3x + 1$

> **정리 3.10 최대값, 최솟값의 정리**
>
> 함수 $f(x)$가 닫힌구간 $[a, b]$에서 연속이면 $f(x)$는 닫힌구간 $[a, b]$에서 최댓값과 최솟값을 갖는다.

예제 16 닫힌구간 $[-1, 1]$에서 $f(x) = x^2$의 최댓값과 최솟값을 구하여라.

풀이 $f(x) = x^2$은 닫힌구간 $[-1, 1]$에서 연속이므로 최댓값과 최솟값을 가진다. 따라서 최댓값은 $f(-1) = f(1) = 1$이고 최솟값은 $f(0) = 0$이다.

연습문제 3.2

1. 함수 $f(x) = x^2 + \frac{x^2}{1+x^2} + \frac{x^2}{(1+x^2)^2} + \cdots + \frac{x^2}{(1+x^2)^n} + \cdots$ 은 $x=0$에서 불연속임을 증명하여라.

2. 함수 $f(x) = \frac{\sqrt{1+x} - \sqrt{1-x}}{x}$ 는 0의 근방에서 정의되고 $x=0$에서 $f(0) = a$로 정의되어 있을 때, 함수 $f(x)$가 $x=0$에서 연속이기 위한 a의 값을 구하여라.

3. 다음 각 함수에서 주어진 점에서의 연속성을 조사하여라.

    (1) $f(x) = x^2 - 2x + 1 \quad (x=1)$

    (2) $f(x) = \frac{x+2}{x^2 - 3x - 10} \; (x = -2, \, 5)$

    (3) $f(x) = \begin{cases} x & (x \leq 1) \\ x^2 & (x > 1) \end{cases} \quad (x=1)$

    (4) $f(x) = \frac{x-1}{|x-1|} \cdot x^2 \quad (x=1)$

    (5) $f(x) = \begin{cases} x \sin \frac{1}{x} & (x \neq 0) \\ 0 & (x=0) \end{cases}$

4. 함수 $f(x) = \frac{x^3 - 1}{x - 1}$ 은 $x=1$에서 불연속임을 보이고 $x=1$에서 연속이 되도록 함숫값 $f(1)$을 정의하여라.

5 $(x^2-1)\cos x + \sqrt{2}\sin x = 0$은 구간 $(0, \frac{\pi}{2})$에서 적어도 하나의 실근을 가짐을 증명하여라.

6 $f(x) = \tan x$의 불연속점을 구하여라.

7 다음 함수가 $x = -4$에서 연속이 되도록 a의 값을 정하여라.
$$f(x) = \begin{cases} \frac{x^2-16}{x+4} & (x \neq -4) \\ a & (x = -4) \end{cases}$$

3.3 참고 : 지오지브라 관련 기능(극한, 슬라이더)

극한 명령

지오지브라에서 **극한** 명령을 활용하면, x 에 대한 극한값을 구할 수 있다. 지오지브라에서 제공하는 **극한** 명령의 문법은 다음과 같다.[1]

```
극한[ 함수 , x 값 ]
```

예를 들어, $\lim_{x \to \frac{\pi}{2}} \sin x$ 의 값을 구하려면, 입력창에 다음과 같이 입력한다.

```
극한[ sin(x) , pi/2 ]
```

좌극한 명령

지오지브라에서 **좌극한** 명령을 활용하면, x 에 대한 좌극한값을 구할 수 있다. 지오지브라에서 제공하는 **좌극한** 명령의 문법은 다음과 같다.[2]

```
좌극한[ 함수 , x 값 ]
```

예를 들어, 함수 $f(x)$ 를 식 3.1과 같이 정의한 후, $\lim_{x \to 1-0} f(x)$ 의 값을 구하려면, 입력창에 다음과 같이 입력한다.

$$f(x) = \begin{cases} x^2 & (x > 1) \\ -2x & (x \leq 1) \end{cases} \tag{3.1}$$

```
f(x) = 조건[ x > 1 , x^2 , -2x ]
좌극한[ f , 1 ]
```

우극한 명령

지오지브라에서 **우극한** 명령을 활용하면, x 에 대한 우극한값을 구할 수 있다. 지오지브라에서 제공하는 **우극한** 명령의 문법은 다음과 같다.[3]

---

[1] 우리말 명령어인 극한 대신, 영어 명령어인 `Limit[]` 를 사용하는 것도 가능하다.
[2] 우리말 명령어인 좌극한 대신, 영어 명령어인 `LimitBelow[]` 를 사용하는 것도 가능하다.
[3] 우리말 명령어인 우극한 대신, 영어 명령어인 `LimitAbove[]` 를 사용하는 것도 가능하다.

제3장 극한

```
우극한[ 함수 , x 값 ]
```

예를 들어, 함수 $f(x)$ 를 식 3.1과 같이 정의한 후, $\lim_{x \to 1+0} f(x)$ 의 값을 구하려면, 입력창에 다음과 같이 입력한다.

```
f(x) = 조건[ x > 1 , x^2 , -2x ]
우극한[ f , 1 ]
```

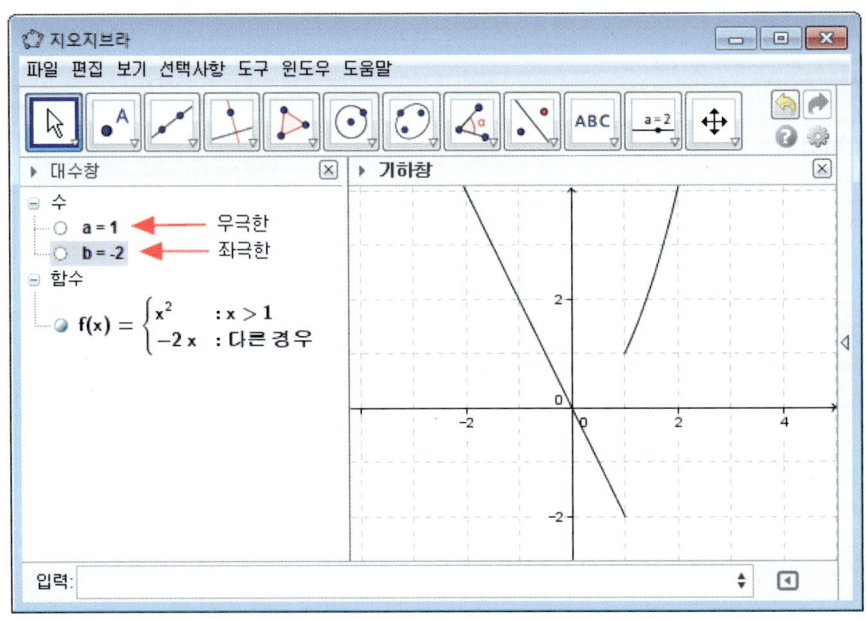

그림 3.11: 함수 $f(x)$ 에 대하여, $x = 1$ 에서의 좌극한과 우극한

슬라이더

도구상자에서 슬라이더 도구를 선택한 후 기하창을 클릭하면 슬라이더 대화상자가 나타난다. 슬라이더 대화상자에서 슬라이더에 대한 자세한 설정을 할 수 있다.

① 구간 탭 : 최솟값 , 최댓값 , 증가분 을 설정

② 슬라이더 탭 : 고정 여부, 수평 또는 수직 여부, 폭 을 설정

③ 애니메이션 탭 : 애니메이션 속도 , 반복 방법 을 설정

3.3 참고: 지오지브라 관련 기능(극한, 슬라이더)

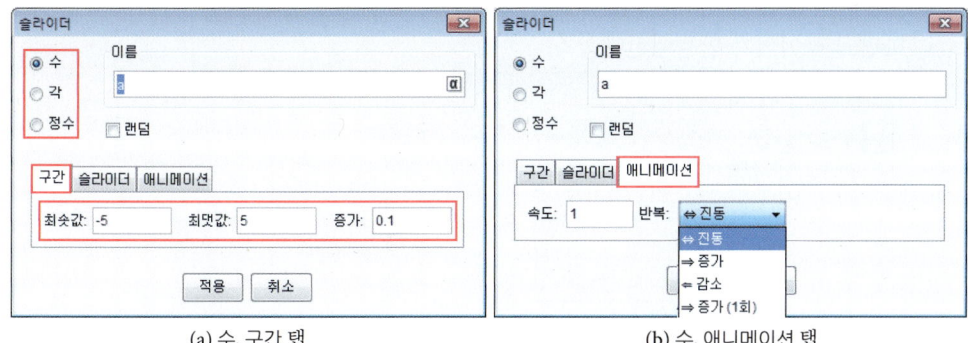

(a) 수, 구간 탭   (b) 수, 애니메이션 탭

그림 3.12: 슬라이더 대화상자

슬라이더 애니메이션 예제

애니메이션 예제 1

$a \in [\,-5\,,\,5\,]$ 일 때 점 $(\,a+1\,,\,a^2\,)$의 위치가 변하는 애니메이션을 만드시오.

① 지오지브라의 입력창에 다음과 같이 입력한 후 엔터키 ⏎ 를 누른다.

```
( a + 1 , a^2 )
```

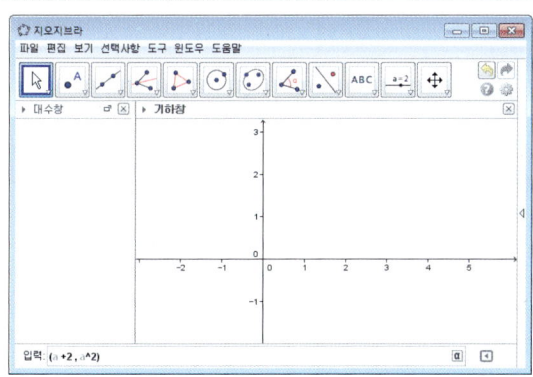

99

제3장 극한

② 슬라이더 만들기 대화상자가 자동으로 나타난다.[4] 슬라이더 만들기 버튼을 클릭
하면 슬라이더가 만들어진다.

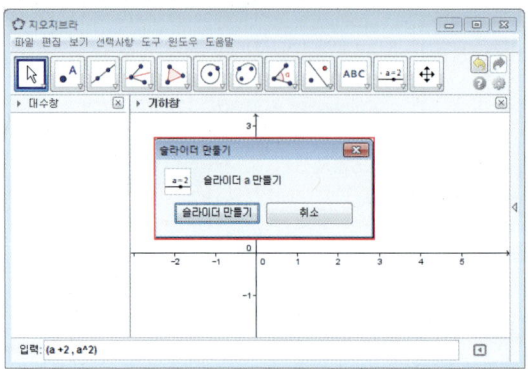

③ 점 위에서 마우스 오른쪽 버튼을 클릭하여 자취 보이기를 선택하면 점의 자취를
남길 수 있다.

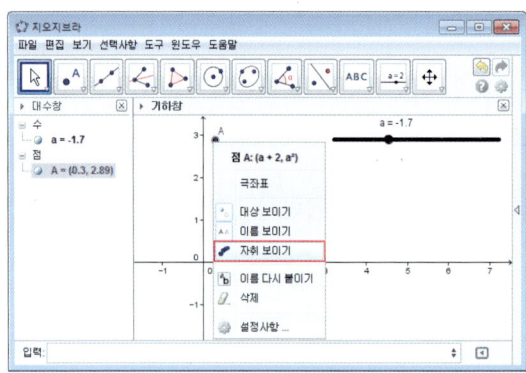

④ 슬라이더 a 위에서 마우스 오른쪽 버튼을 클릭하여 애니메이션 시작을 선택하면
애니메이션을 만들 수 있다.

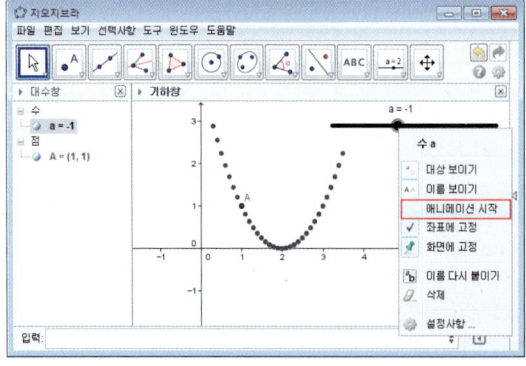

---

[4] 지오지브라는 입력된 수식에서 매개변수를 자동으로 감지하여 슬라이더로 만들어준다.

3.3 참고: 지오지브라 관련 기능(극한, 슬라이더)

애니메이션 예제 2

$f(x) = ax+b$의 **계수**인 a와 b가 변화할 때 $y = ax+b$의 **그래프**가 어떻게 변화하는지 관찰하시오.

① 지오지브라의 입력창에 다음과 같이 입력하고 엔터키 를 누르면 슬라이더 만들기 대화상자가 나타난다. 슬라이더 만들기 를 클릭한다.

a x + b

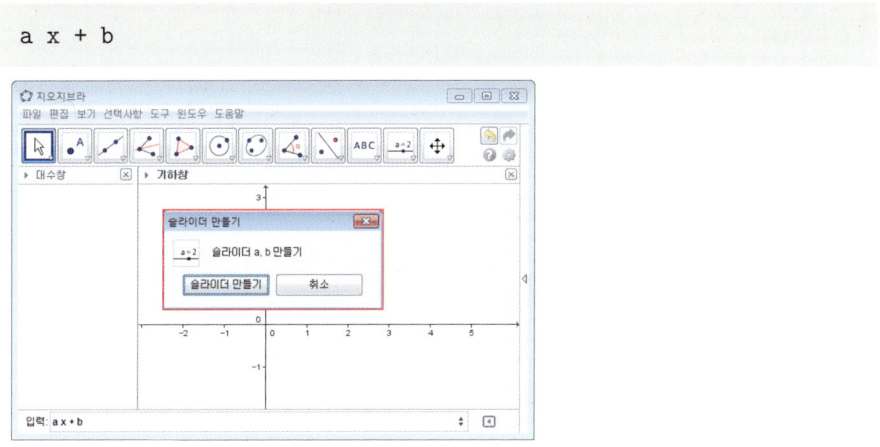

② 슬라이더의 값이 변경되면 그에 따라 직선의 모양도 변화하는 것을 볼 수 있다.

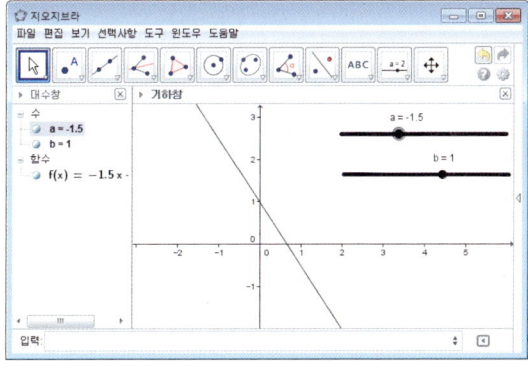

CHAPTER 4

미분

4.1 미분계수와 도함수

> **정의 4.1 평균변화율**
>
> 함수 $y = f(x)$에서 x의 값이 a부터 $a + \Delta x$까지 변할 때,
> $$\frac{\Delta y}{\Delta x} = \frac{f(a + \Delta x) - f(a)}{\Delta x}$$
> 를 $[a, a + \Delta x]$에서의 함수 f의 **평균변화율**(average rate of change)이라고 한다.

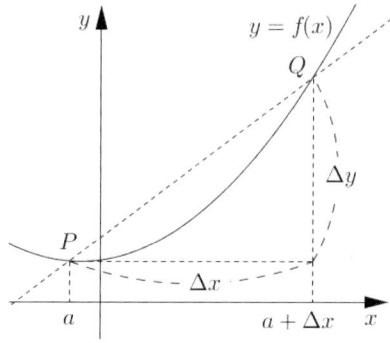

그림 4.1: 평균변화율

참고

[1] (평균변화율의 기하학적 의미) 평균변화율은 함수 $y = f(x)$의 x좌표가 a인 점과 $a + \Delta x$인 점을 지나는 직선의 기울기를 나타낸다.

[2] $a + \Delta x = b$라 하면 $\Delta x = b - a$이므로 $y = f(x)$의 구간 $[a, b]$에서의 평균변화율은 $\frac{\Delta y}{\Delta x} = \frac{f(b) - f(a)}{b - a}$이다.

[예제 1] 함수 $f(x) = \sqrt{x}$의 구간 $[1, 2]$에서의 평균변화율을 구하여라.

[풀이] $\dfrac{\Delta f}{\Delta x} = \dfrac{f(2)-f(1)}{2-1} = \sqrt{2} - 1$

[지오지브라 실습(원리 탐구)]

① 함수 f와 두 점 $A = (1, f(1)), B = (2, f(2))$를 정의하기 위해 입력창에 다음과 같이 차례로 입력한다.

```
[지오지브라 명령]
f( x ) = sqrt( x )
A = ( 1 , f( 1 ) )
B = ( 2 , f( 2 ) )
```

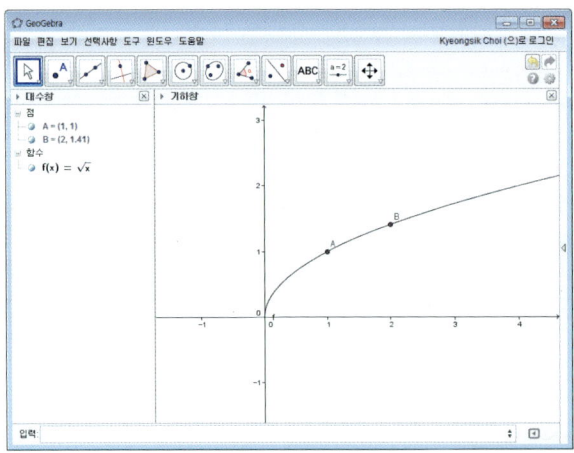

② 직선  도구를 선택한 후 점 A와 점 B를 클릭한다.

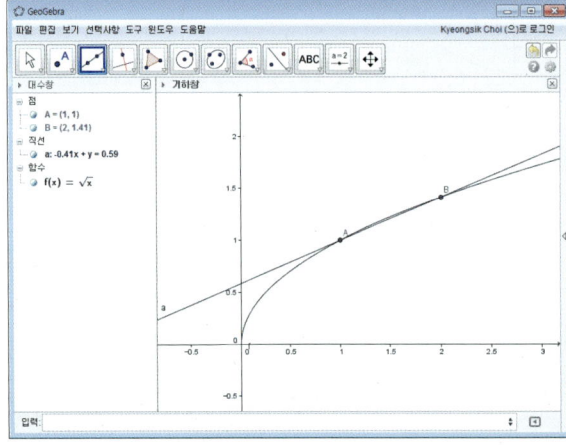

4.1 미분계수와 도함수

③ 기울기 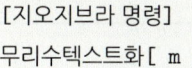 도구를 선택한 후 직선 AB[1]를 클릭 하면 기울기가 나타난다.

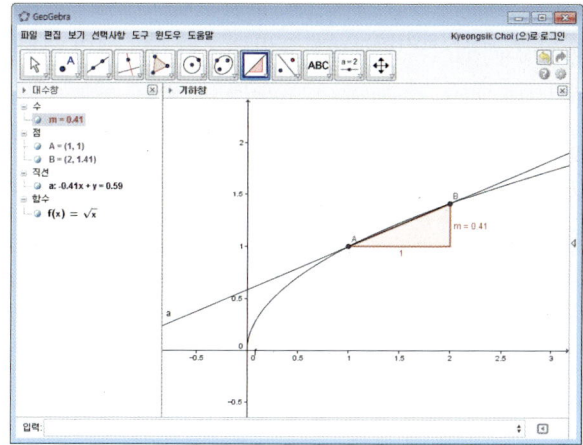

④ 구해진 기울기 m이 무리수의 근삿값이면 이 무리수의 참값을 구하기 위해 입력창에 다음과 같이 입력한다.

[지오지브라 명령]
무리수텍스트화[m]

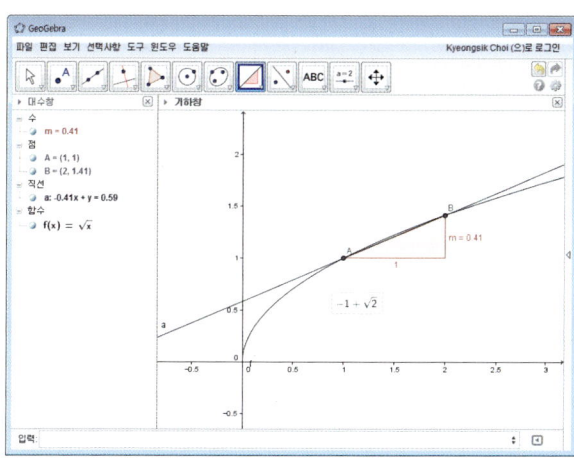

---

[1]다른 직선이 없는 경우 직선 a로 이름이 붙여져 있다.

정의 4.2 순간변화율(미분계수)

함수 $y = f(x)$에서 구간 $[a, a + \Delta x]$에서의 평균변화율의 $\Delta x \to 0$일 때의 극한값

$$\lim_{\Delta x \to 0} \frac{\Delta y}{\Delta x} = \lim_{\Delta x \to 0} \frac{f(a + \Delta x) - f(a)}{\Delta x}$$

가 존재할 때, 이 극한값을 함수 $f(x)$의 $x = a$에서의 **순간변화율(변화율)** 또는 **미분계수**(differential coefficient)라 하고,

$$f'(a), y'_{x=a}, \left.\frac{dy}{dx}\right|_{x=a}$$

등으로 나타낸다.

또한 함수 $f(x)$에 대하여 $f'(a)$가 존재하면 함수 $f(x)$는 $x = a$에서 **미분가능**(differentiable)하다고 하며, 이에 대하여 $f'(a)$가 존재하지 않으면 함수 $f(x)$는 $x = a$에서 **미분불능**이라 한다. 함수 $f(x)$가 어떤 구간의 각 점에서 미분가능하면 $f(x)$는 그 구간에서 미분가능하다고 한다.

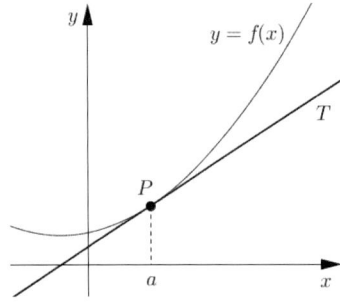

그림 4.2: 순간변화율

참고

[1] (미분계수의 기하학적 의미) 미분계수 $f'(a)$는 x좌표가 a인 점에서의 접선의 기울기를 나타낸다.

[2] $a + \Delta x = x$라 하면 $\Delta x = x - a$이고, $\Delta x \to a$이므로 미분계수의 정의를 바꾸어 쓰면, $y = f(x)$의 $x = a$에서의 미분계수는 $f'(a) = \lim_{\Delta x \to 0} \frac{\Delta y}{\Delta x} = \lim_{x \to a} \frac{f(x) - f(a)}{x - a}$ 이다.

[3] x의 증분 Δx 대신 h, t 등의 문자를 사용하기도 한다.

[예제 2] 함수 $f(x) = \sqrt{x}$의 $x = 1$에서의 미분계수를 구하여라.

[풀이]

$$\begin{aligned} f'(1) &= \lim_{h \to 0} \frac{f(1+h) - f(1)}{h} \\ &= \lim_{h \to 0} \frac{\sqrt{1+h} - 1}{h} \\ &= \lim_{h \to 0} \frac{(1+h) - 1}{h(\sqrt{1+h} + 1)} \\ &= \lim_{h \to 0} \frac{1}{\sqrt{1+h} + 1} \\ &= \frac{1}{2} \end{aligned}$$

[지오지브라 실습(원리 탐구)] 위 예제를 지오지브라에서 실습하는 방법은 다음과 같다.

① 함수 f와 점 $A = (1, f(1))$을 정의하기 위해 입력창에 다음과 같이 차례로 입력한다.

```
[지오지브라 명령]
f( x ) = sqrt( x )
A = ( 1 , f( 1 ) )
```

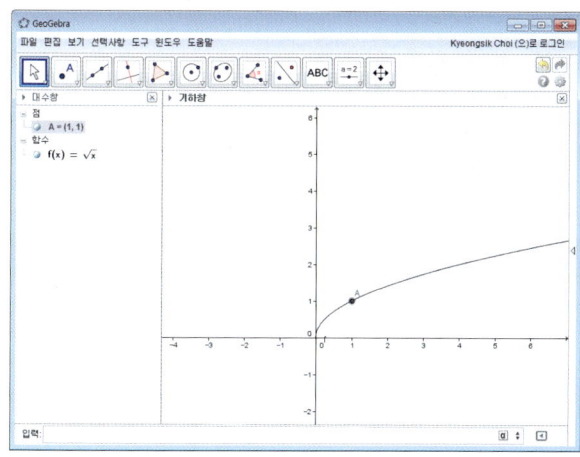

제4장 미분

② 접선 도구를 선택한 후 점 A와 함수 f(x)를 클릭 한다.

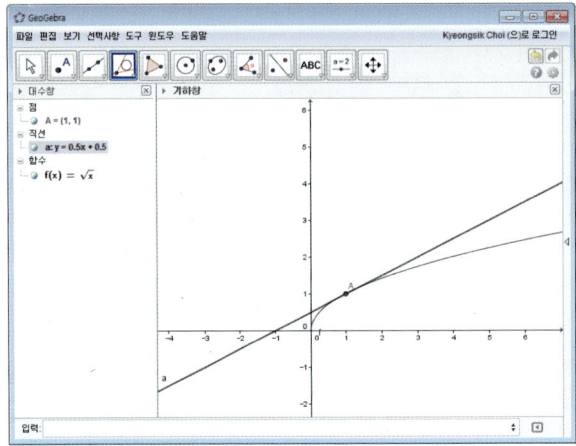

③ 기울기 도구를 선택한 후 접선[2]을 클릭 하면 기울기가 나타난다.

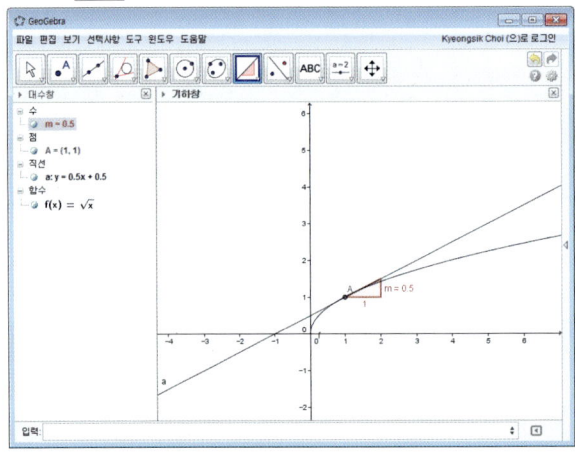

---

[2] 다른 직선이 없는 경우 직선 a로 이름이 붙여져 있다.

정리 4.3

함수 $y = f(x)$가 $x = a$에서 미분가능하면 $f(x)$는 $x = a$에서 연속이다.

[증명] 함수 $f(x)$가 $x = a$에서 미분가능하면

$$\lim_{x \to a} \frac{f(x) - f(a)}{x - a} = f'(a)$$

이고, $f'(a)$는 유한확정인 실수이므로,

$$\lim_{x \to a} \{f(x) - f(a)\} = \lim_{x \to a} \left\{ \frac{f(x) - f(a)}{x - a} \cdot (x - a) \right\}$$
$$= \lim_{x \to a} \frac{f(x) - f(a)}{x - a} \cdot \lim_{x \to a} (x - a)$$
$$= f'(a) \cdot 0 = 0$$

$$\therefore \lim_{x \to a} f(x) = f(a)$$

따라서 $f(x)$는 $x = a$에서 연속이다.

[참고] 위 정리의 역이 반드시 성립하는 것은 아니다.

[예제 3] $f(x) = |x|$는 $x = 0$에서 연속이지만 미분가능하지는 않음을 보여라.

[증명]
[1] $f(0) = 0, \lim_{x \to 0} f(x) = \lim_{x \to 0} |x| = 0$이므로

$$f(0) = \lim_{x \to 0} f(x)$$

따라서 $f(x)$는 $x = 0$에서 연속이다.

[2]
$$f'(0) = \lim_{h \to 0} \frac{f(0+h) - f(0)}{h}$$
$$= \lim_{h \to 0} \frac{|0+h| - |0|}{h}$$
$$= \lim_{h \to 0} \frac{|h|}{h}$$

이때, $\lim_{h \to 0+} \frac{|h|}{h} = \lim_{h \to 0+} \frac{h}{h} = 1$, $\lim_{h \to 0-} \frac{|h|}{h} = \lim_{h \to 0-} \frac{-h}{h} = -1$ 이므로 $f'(0)$는 존재하지 않는다. 따라서 $f(x)$는 $x = 0$에서 미분불능이다.

지오지브라 실습(연산 결과) 위 예제를 지오지브라에서 실습하려면 입력창에 다음과 같이 입력한다.

```
[지오지브라 명령]
f( x ) = abs( x )
```

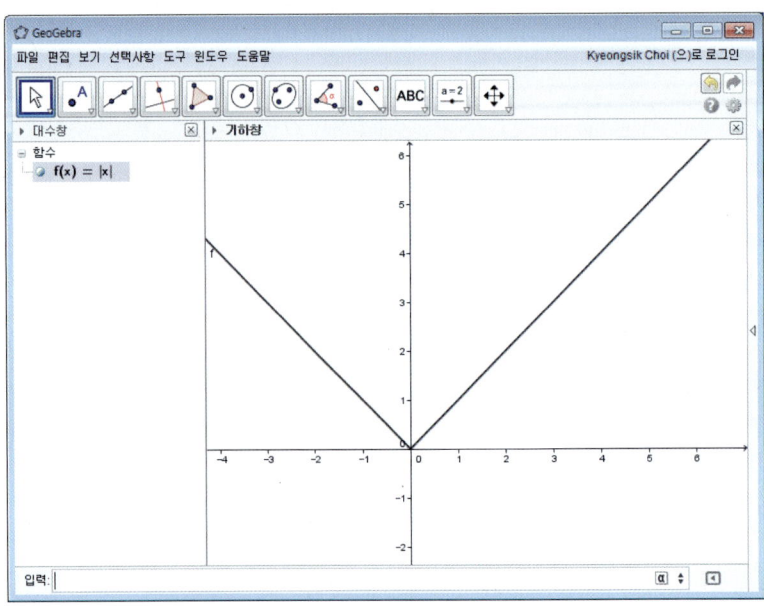

그림 4.3: $f(x) = |x|$

참고 함수 f의 그래프가 뾰족한 점을 포함하면 대개 그 점에서 미분불가능하다. 따라서, 미분가능한 함수 f의 그래프는 매끄러운(well-behaved) 곡선을 이룬다.

> **정리 4.4**
>
> 함수 $y = f(x)$에서
> $$\lim_{\Delta x \to 0} \frac{\Delta y}{\Delta x} = \lim_{\Delta x \to 0} \frac{f(x + \Delta x) - f(x)}{\Delta x}$$
> 를 x에 관한 y의 **도함수**(derivative)라 하고,
> $$y', f'(x), \frac{dy}{dx}, \frac{df(x)}{dx}, \frac{d}{dx}f(x)$$
> 등의 기호를 써서 나타낸다.
> 함수 $y = f(x)$의 도함수를 구하는 것을 **미분한다**(differentiate)라고 한다.

[예제 4] 함수 $f(x) = \sqrt{x}$의 도함수를 구하여라.

[풀이] $f(x) = \lim_{h \to 0} \frac{\sqrt{x+h} - \sqrt{x}}{h} = \lim_{h \to 0} \frac{(x+h) - x}{h(\sqrt{x+h} + \sqrt{x})} = \frac{1}{2\sqrt{x}}$

[지오지브라 실습(연산 결과)] 위 예제를 지오지브라에서 실습하려면 입력창에 다음과 같이 입력한다.

[지오지브라 명령]
미분[sqrt(x)]

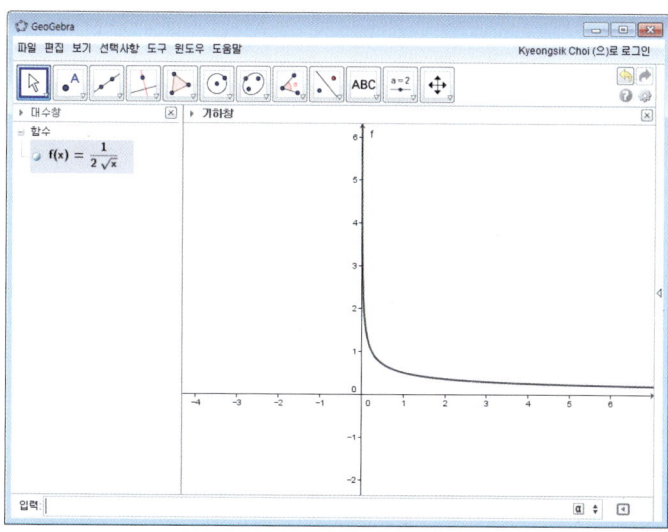

연습문제 4.1

① 도함수의 정의를 이용하여 다음 각 함수의 도함수를 구하여라.
   (1) $f(x) = \frac{1}{x}$
   (2) $f(x) = x^3$
   (3) $f(x) = x^2 + x$
   (4) $f(x) = \sqrt{x+2}$

② 곡선 $y = x^2$ 위의 점 $(2, 4)$에서의 접선의 방정식을 구하여라.

③ $f(x) = [x]$는 $x = 3$에서 미분불가능함을 보여라.

④ 함수 $f(x) = \begin{cases} x \sin \frac{1}{x} & (x \neq 0) \\ 0 & (x = 0) \end{cases}$ 은 $x = 0$에서 연속이지만 미분불가능임을 보여라.

4.2 미분법

> **정리 4.5 기본정리**
>
> 두 함수 $f(x)$와 $g(x)$의 도함수가 존재할 때,
> (1) $\{kf(x)\}' = kf'(x)$, (k는 상수)
> (2) $\{f(x) \pm g(x)\}' = f'(x) + g'(x)$, (복호동순)
> (3) $\{f(x)g(x)\}' = f'(x)g(x) + f(x)g'(x)$
> (4) $\dfrac{f(x)}{g(x)} = \dfrac{f'(x)g(x) - f(x)g'(x)}{\{g(x)\}^2}$, (단, $g(x) \neq 0$)

[증명] 위의 미분법의 기본정리들은 도함수의 정의를 이용하면 모두 증명된다.

> **정리 4.6 기본공식**
>
> (1) $f(x) = k$ (상수)이면 $f'(x) = 0$
> (2) $f(x) = x^n$ (n: 실수)이면 $f'(x) = nx^{n-1}$
> (3) $f(x) = a^x$ ($a \neq 1, a > 0$)이면 $f'(x) = a^x \ln a$
> $f(x) = e^x$이면 $f'(x) = e^x$
> (4) $f(x) = \ln|x|$이면 $f'(x) = \dfrac{1}{x}$

[예제 5] 주어진 함수에 대하여 y'을 구하여라.
(1) $y = (x^2 + 1)(x^3 - x^2)$ (2) $y = \dfrac{x+1}{x-1}$

[풀이]
(1)
$$\begin{aligned} y' &= (x^2+1)'(x^3-x^2) + (x^2+1)(x^3-x^2)' \\ &= 2x(x^3-x^2) + (x^2+1)(3x^2-2x) \\ &= 5x^4 - 4x^3 + 3x^2 - 2x \end{aligned}$$

(2)
$$y' = \frac{(x+1)'(x-1) - (x+1)(x-1)'}{(x-1)^2}$$
$$= -\frac{2}{(x-1)^2}$$

지오지브라 실습(연산 결과) 위 예제를 지오지브라에서 실습하려면 CAS셀에 다음과 같이 입력한다. 이 경우 지오지브라를 사용하는 것은 계산의 결과를 확인하기 위한 것이다.

```
[지오지브라 CAS 명령]
미분[ ( x^2 + 1 )( x^3 - x^2 ) ]
미분[ ( x + 1 ) / ( x - 1 ) ]
```

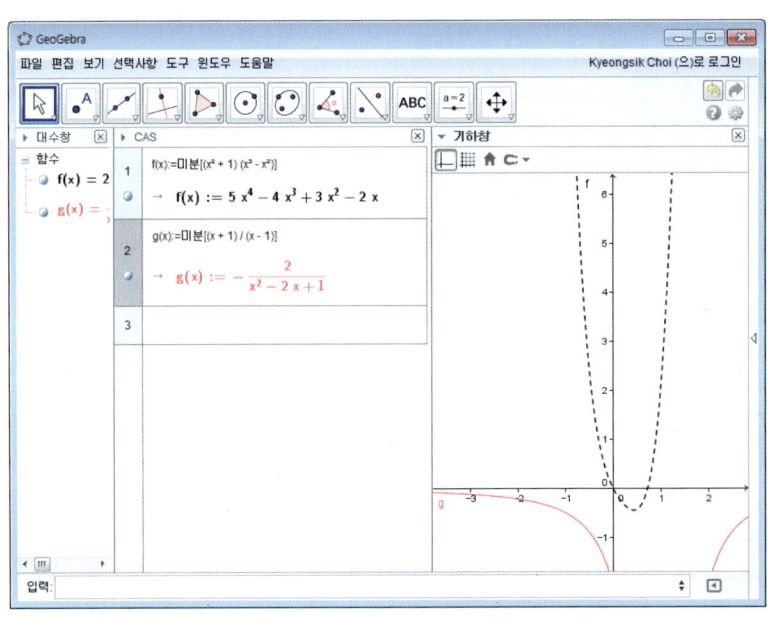

그림 4.4: 미분된 결과

예제 6 정리 4.6의 (1)을 증명하여라.

풀이
$f'(x) = \lim_{h \to 0} \frac{f(x+h) - f(x)}{h} = \lim_{h \to 0} \frac{k-k}{h} = 0$

[예제 7] 다음 각 함수의 도함수를 구하여라.

(1) $y = x^{\frac{2}{3}}$ 　　　　　(2) $y = 10^x$

(3) $y = \sqrt{x}$ 　　　　　(4) $y = x^\pi$

[풀이]

(1) $y' = \frac{2}{3}x^{\frac{2}{3}-1} = \frac{2}{3}x^{-\frac{1}{3}}$

(2) $y' = 10^x \ln 10$

(3) $y = x^{\frac{1}{2}}$ 이므로 $y' = \frac{1}{2}x^{\frac{1}{2}-1} = \frac{1}{2\sqrt{x}}$

(4) $y' = \pi x^{\pi-1}$

[지오지브라 실습(연산 결과)] 위 예제를 지오지브라에서 실습하려면 CAS셀에 다음과 같이 입력한다. 이 경우 지오지브라를 사용하는 것은 계산의 결과를 확인하기 위한 것이다.

```
[지오지브라 CAS 명령]
미분[ x^( 2 / 3 ) ]
미분[ 10^x ]
미분[ sqrt( x ) ]
미분[ x^( pi ) ]
```

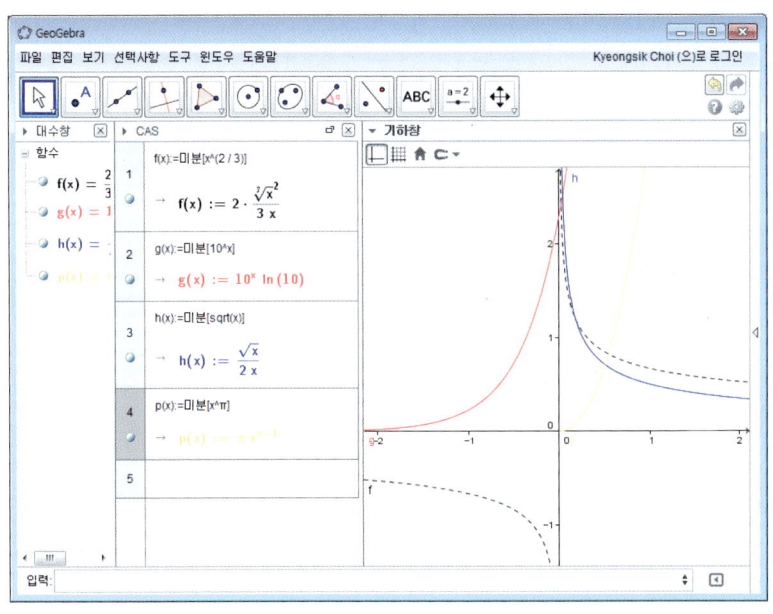

그림 4.5: 미분된 결과

제4장 미분

> **정리 4.7 삼각함수의 미분법**
>
> (1) $\frac{d}{dx}\sin x = \cos x$ (2) $\frac{d}{dx}\cos x = -\sin x$
> (3) $\frac{d}{dx}\tan x = \sec^2 x$ (4) $\frac{d}{dx}\sec x = \sec x \tan x$
> (5) $\frac{d}{dx}\cot x = -\csc^2 x$ (6) $\frac{d}{dx}\csc x = -\csc x \cot x$

증명 (1)번 정리만 예시를 위해 증명한다.

$$\begin{aligned}
\frac{d}{dx}\sin x &= \lim_{h\to 0} \frac{\sin(x+h)-\sin x}{h} \\
&= \lim_{h\to 0} \frac{\sin x \cos h + \cos x \sin h - \sin x}{h} \\
&= \lim_{h\to 0} \sin x \frac{\cos h - 1}{h} \lim_{h\to 0} \cos x \frac{\sin h}{h} \\
&= 0 + \cos x \left(\because \lim_{h\to 0} \frac{\sin h}{h} = 1 \right) \\
&= \cos x
\end{aligned}$$

지오지브라 실습(연산 결과) 위 정리의 결과를 지오지브라에서 확인하려면 CAS셀에 다음과 같이 입력한다. 이 경우 지오지브라를 사용하는 것은 계산의 결과를 확인하기 위한 것이다.

```
[지오지브라 CAS 명령]
미분[ sin( x ) ]
미분[ cos( x ) ]
미분[ tan( x ) ]
미분[ sec( x ) ]
미분[ cot( x ) ]
미분[ csc( x ) ]
```

참고 이때 지오지브라의 연산 결과가 교재와 다르게 보일 수 있으나 다음 공식을 이용하면 쉽게 같다는 것을 보일 수 있다.
(1) $\sec^2 x = 1 + \tan^2 x$
(2) $\csc^2 x = 1 + \cot^2 x$

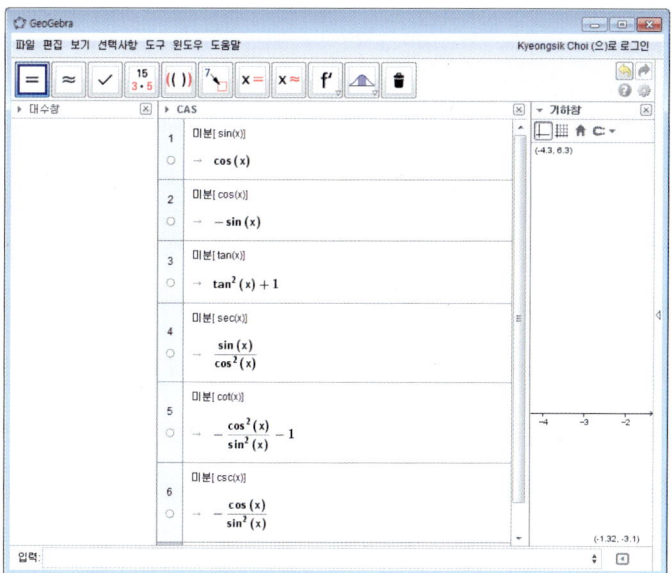

그림 4.6: 미분된 결과

제4장 미분

> **정리 4.8 합성함수의 미분법(Chain Rule)**
>
> 함수 $y = f(u)$, $u = g(x)$가 각각 u 및 x에 관하여 미분가능하면, 합성함수 $y = (f \circ g)(x)$는 x에 관하여 미분가능하고,
>
> $$\frac{dy}{dx} = \frac{dy}{du} \cdot \frac{du}{dx} = f'(g(x))g'(x)$$
>
> 이다.

[참고] 다음의 합성함수에 대하여 다음 관계가 성립한다.
[1] $y = \{f(x)\}^n$의 도함수: $y' = n\{f(x)\}^{n-1}f'(x)$
[2] $y = \sqrt{f(x)}$의 도함수: $y' = \frac{f'(x)}{2\sqrt{f(x)}}$
[3] $y = e^{f(x)}$의 도함수: $y' = f'(x)e^{f(x)}$
[4] $y = \ln|f(x)|$의 도함수: $y' = \frac{f'(x)}{f(x)}$
[5] $y = \sin(f(x))$의 도함수: $y' = f'(x)\cos(f(x))$

[예제 8] $y = \frac{1}{u+1}$, $u = \frac{x}{x+1}$ 일 때 $\frac{dy}{dx}$를 구하여라.

[풀이] $\frac{dy}{du} = -\frac{1}{(u+1)^2}$, $\frac{du}{dx} = \frac{1}{(x+1)^2}$ 이므로

$$\frac{dy}{dx} = \frac{dy}{du} \cdot \frac{du}{dx} = -\frac{1}{(u+1)^2} \cdot \frac{1}{(x+1)^2} = -\frac{1}{(2x+1)^2}$$

[지오지브라 실습(원리 탐구)] 위 정리의 결과를 지오지브라에서 확인하려면 CAS셀에 다음과 같이 입력한다. 이 경우 지오지브라를 사용하는 것은 계산의 결과를 확인하기 위한 것이다.

[1] 1번 CAS 셀에 다음을 입력한다.

```
[지오지브라 CAS 명령]
1 / ( u + 1 )
```

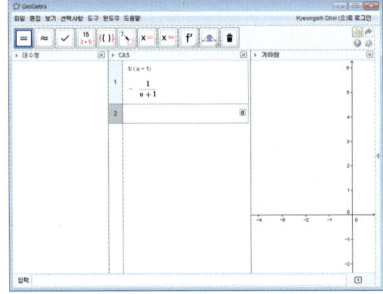

② 1번 CAS 셀을 클릭🖱하고 치환 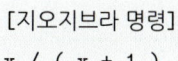 도구를 선택하면 치환 대화상자가 나타난다.

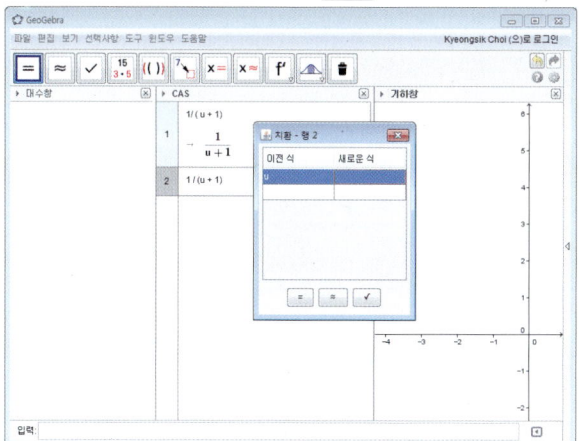

③ 치환 대화상자의 u에 대한 새로운 식 부분에 다음을 입력한 후 ≡ 버튼을 클릭🖱한다.

[지오지브라 명령]
x / (x + 1)

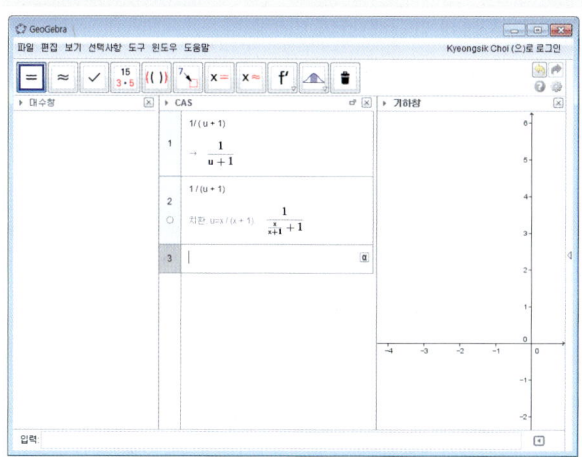

④ 2번 CAS 셀을 클릭하면 그 결과가 3번 CAS 셀에 복사된다. 이때 미분 f' 도구를 클릭 하면 그 결과가 나타난다.

[실행결과]

$$\frac{-\frac{1}{x+1}+\frac{x}{(x+1)^2}}{\left(\frac{x}{x+1}+1\right)^2}$$

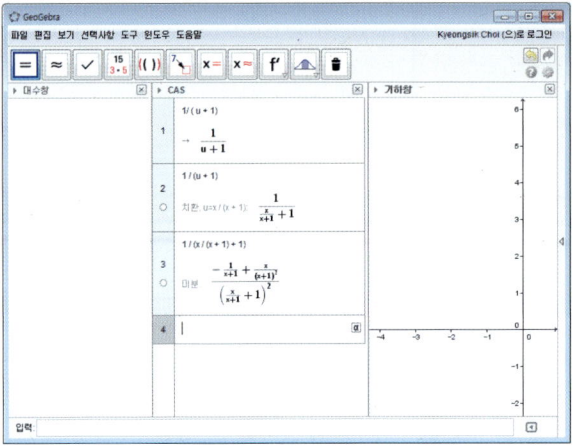

⑤ 나타난 결과를 정리하려면 3번 CAS 셀에 다음과 같이 입력한다.

[지오지브라 CAS 명령]

정리[#]

[실행결과]

$$-\frac{1}{4\,x^2+4\,x+1}$$

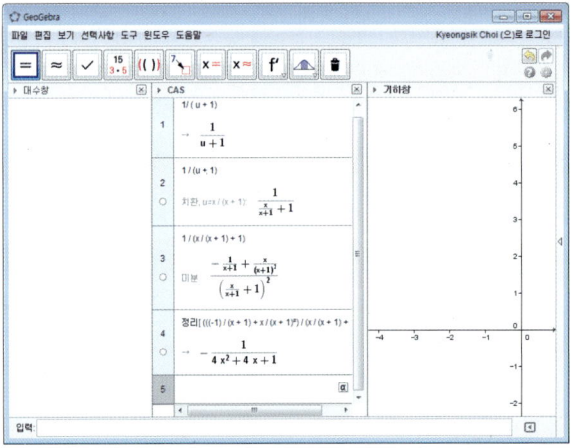

[예제 9] 다음 각 함수의 도함수를 구하여라.
  (1) $y = (x^2 - 2x + 3)^3$
  (2) $y = \sqrt{9 - x^2}$
  (3) $y = e^{x^2 + 3x + 1}$
  (4) $y = \ln|2x + 3|$
  (5) $y = \sin(2x + 3)$

[풀이]
(1) $u = x^2 - 2x + 3$이라 하면 $y = u^3$이고 y와 u는 각각 u와 x에 관하여 미분가능하므로

$$\frac{dy}{dx} = \frac{dy}{du} \cdot \frac{du}{dx} = 3u^2 \cdot (2x - 2)$$
$$= 3(x^2 - 2x + 3)^2(2x - 2)$$
$$= 6(x^2 - 2x + 3)^2(x - 1)$$

이다. 또한 참고 (1)을 적용하면

$$\frac{dy}{dx} = 3(x^2 - 2x + 3)^2 \cdot (x^2 - 2x + 3)'$$
$$= 6(x^2 - 2x + 3)^2(x - 1)$$

이다.

(2) $\frac{dy}{dx} = -\frac{x}{\sqrt{9 - x^2}}$

(3) $\frac{dy}{dx} = (2x + 3)e^{x^2 + 3x + 1}$

(4) $\frac{dy}{dx} = \frac{2}{2x + 3}$

(5) $\frac{dy}{dx} = 2\cos(2x + 3)$

[지오지브라 실습(연산 결과)] 위 정리의 결과를 지오지브라에서 확인하려면 CAS셀에 다음과 같이 입력한다. 이 경우 지오지브라를 사용하는 것은 계산의 결과를 확인하기 위한 것이다.

```
[지오지브라 CAS 명령]
미분[ ( x^2 - 2 x + 3 )^3 ]
미분[ sqrt( 9 - x^2 ) ]
미분[ exp( x^2 + 3 x + 1 ) ]
미분[ ln( abs( 2 x + 3 ) ) ]
미분[ sin( 2 x + 3 ) ]
```

제4장 미분

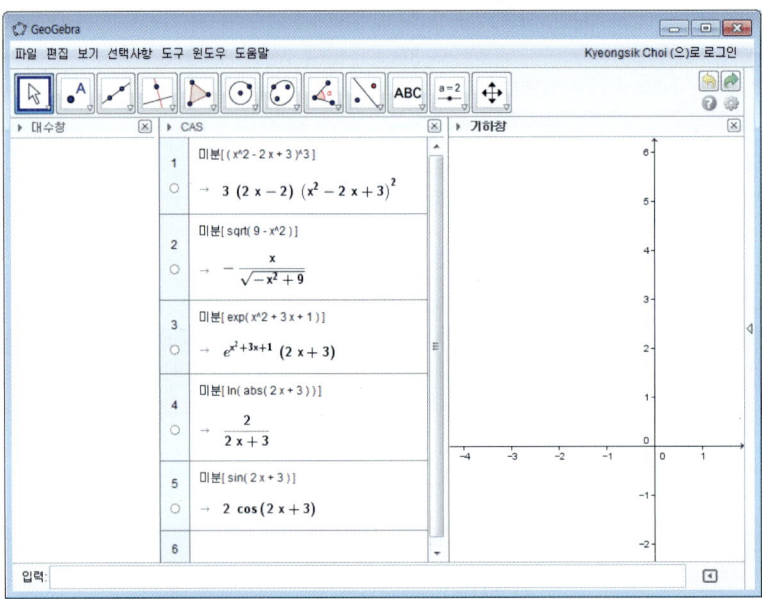

그림 4.7: 미분된 결과

x와 y의 관계가 방정식 $f(x,y) = 0$의 꼴로 주어질 때, y를 x의 **음함수**(implicit function)라고 한다. 음함수의 도함수는 y를 x의 함수($y = g(x)$)로 간주하여 합성함수의 미분법을 이용하여 x에 관하여 미분한 후 $\frac{dy}{dx}$에 관하여 풀면 된다. 이와 같은 미분법을 **음함수의 미분법**이라고 한다.

[예제 10] 주어진 방정식에 대하여 $\frac{dy}{dx}$를 구하여라.
  (1) $y - x^2 = 0$ (2) $x^2 - xy + y^2 = 1$

[풀이]
(1)
$$\frac{d}{dx}y - \frac{d}{dx}x^2 = 0$$
$$\frac{dy}{dx} - 2x = 0$$
$$\therefore \frac{dy}{dx} = 2x$$

(2)
$$\frac{d}{dx}x^2 - \frac{d}{dx}xy + \frac{d}{dx}y^2 = 0$$
$$2x - \left(y + x\frac{dy}{dx}\right) + \frac{d}{dy}y^2 \frac{dy}{dx} = 0$$
$$2x - \left(y + x\frac{dy}{dx}\right) + 2y\frac{dy}{dx} = 0$$
$$(2y - x)\frac{dy}{dx} = y - 2x$$
$$\therefore \frac{dy}{dx} = \frac{y - 2x}{2y - x} \text{ (단, } 2y \neq x\text{)}$$

[지오지브라 실습(연산 결과)] 위 정리의 결과를 지오지브라에서 확인하려면 CAS셀에 다음과 같이 입력한다. 이 경우 지오지브라를 사용하는 것은 계산의 결과를 확인하기 위한 것이다.

[지오지브라 CAS 명령]
음함수미분[y - x^2]
음함수미분[x^2 - x y + y^2 - 1]

제4장 미분

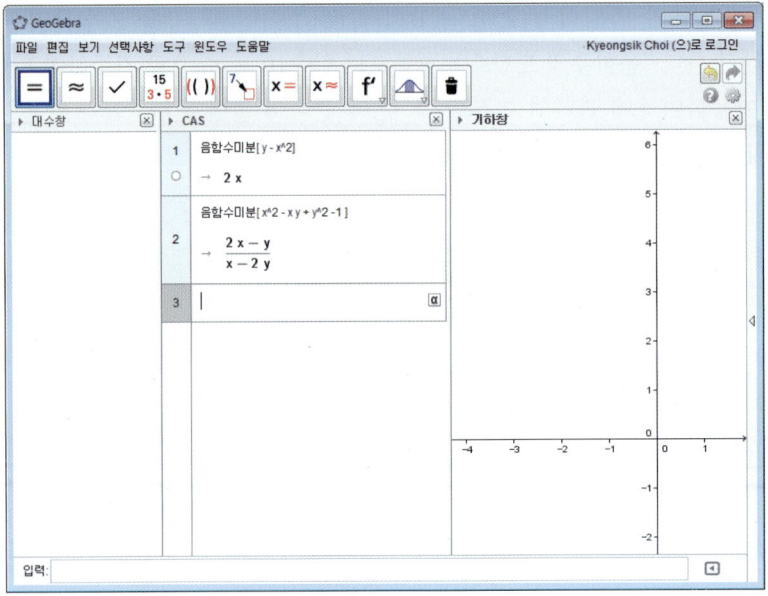

그림 4.8: 음함수의 미분된 결과

정리 4.9 역함수의 미분법

함수 $y = f(x)$가 미분가능하고 그 역함수가 존재하면

$$\frac{dy}{dx} = \frac{1}{\frac{dx}{dy}}$$

이다.

[증명] $y = f(x)$의 역함수를 $y = f^{-1}(x)$라 하면 $x = f(y)$이다. 이 양변을 합성함수의 미분법에 의하여 미분하면

$$1 = \frac{d}{dx} f(y) = f'(y) \frac{dy}{dx}$$

이며,

$$\therefore \frac{dy}{dx} = \frac{1}{f'(y)} = \frac{1}{\frac{dx}{dy}}$$

이다.

예제 11 $x = y^3 - y + 1$일 때, $\frac{dy}{dx}$를 구하여라.

풀이 $\frac{dy}{dx} = \frac{1}{\frac{dx}{dy}} = \frac{1}{3y^2 - 1}$

지오지브라 실습(연산 결과) 위 정리의 결과를 지오지브라에서 확인하려면 CAS셀에 다음과 같이 입력한다. 이 경우 지오지브라를 사용하는 것은 계산의 결과를 확인하기 위한 것이다.

[지오지브라 CAS 명령]
음함수미분[x - y^3 + y - 1]

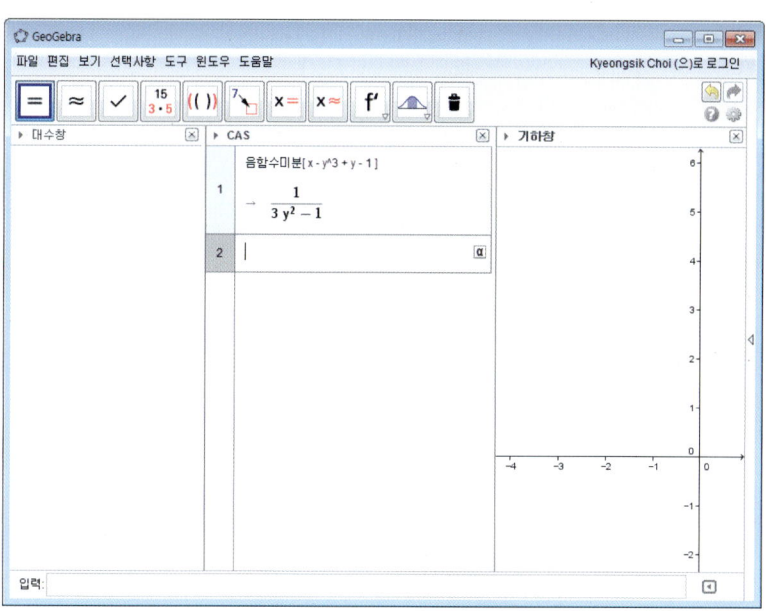

그림 4.9: 음함수의 미분된 결과

참고 위 예제의 지오지브라 실습에서는 역함수에 대하여 고려할 필요가 없다. 지오지브라가 자동으로 계산을 수행하므로 기존의 음함수미분[ ] 명령을 사용하였다.

> **정리 4.10 매개변수방정식의 미분법**
>
> 함수 $x = f(t)$, $y = g(t)$가 각각 t에 관하여 미분가능하고 $f'(t) \neq 0$이면
> $$\frac{dy}{dx} = \frac{\frac{dy}{dt}}{\frac{dx}{dt}} = \frac{g'(t)}{f'(t)}$$
> 이다.

[증명] 역함수의 미분법으로부터
$$\frac{dt}{dx} = \frac{1}{\frac{dx}{dt}} = \frac{1}{f'(t)}$$

이고, 합성함수의 미분법에 의하여
$$\frac{dy}{dx} = \frac{dy}{dt} \cdot \frac{dt}{dx} = \frac{dy}{dt} \cdot \frac{1}{\frac{dx}{dt}} = \frac{g'(t)}{f'(t)}$$

이다.

[예제 12] $x = t^2 - t$, $y = t^3 + t$에서 $\frac{dy}{dx}$를 구하여라.

[풀이] $\frac{dx}{dt} = 2t - 1$, $\frac{dy}{dt} = 3t^2 + 1$이므로
$$\frac{dy}{dx} = \frac{3t^2 + 1}{2t - 1}$$

지오지브라 실습(연산 결과) 위 정리의 결과를 지오지브라에서 확인하려면 CAS셀에 다음과 같이 입력한다. 이 경우 지오지브라를 사용하는 것은 계산의 결과를 확인하기 위한 것이다.

① 매개변수방정식을 얻기 위해 1번 CAS 셀에 다음과 같이 입력한다.

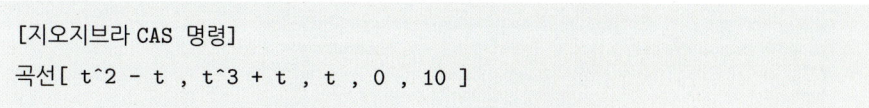

[지오지브라 CAS 명령]
곡선[t^2 - t , t^3 + t , t , 0 , 10]

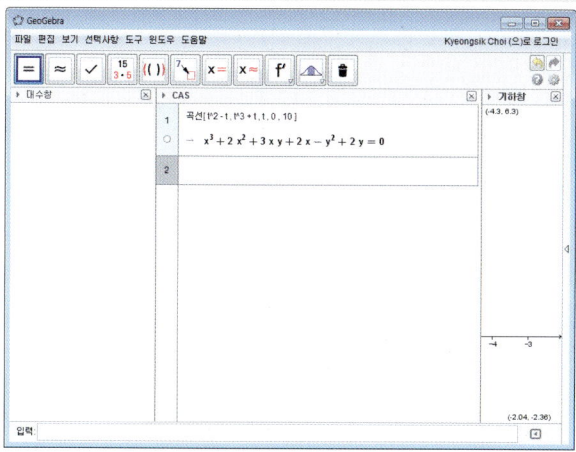

② 얻은 음함수를 미분하기 위해 2번 CAS 셀에 다음과 같이 입력한다.

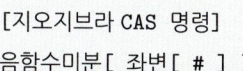

[지오지브라 CAS 명령]
음함수미분[좌변[#]]

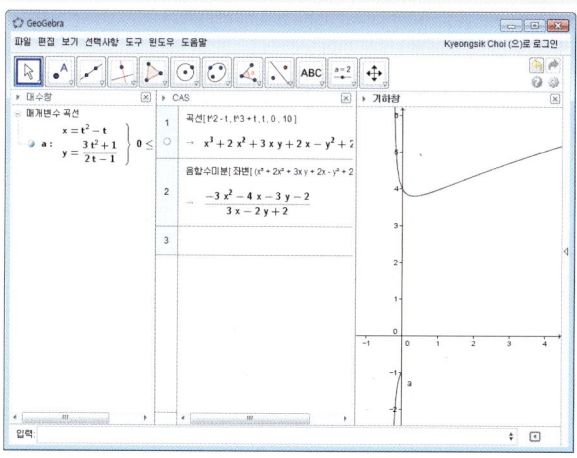

③ 만일 앞의 예제에서 제시된 풀이의 결과를 얻으려면 입력창에 다음과 같이 입력한다.

[지오지브라 명령]
매개변수미분[곡선[t^2 - t , t^3 + t , t , 0 , 10]]

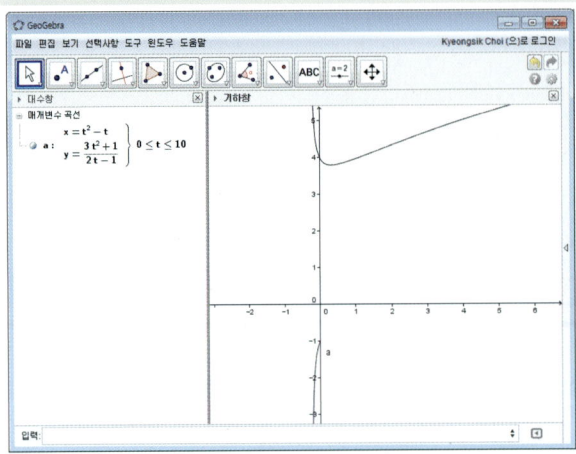

[참고] 이때 얻어진 결과 가운데 y가 얻고자 하는 결과가 된다. x는 미분한 결과와 관계가 없다. 이는 $y = f'(x)$에서 x의 값은 의미가 없고, y의 값이 구하고자 하는 값인 것과 동일한 것이다.

지수가 복잡하거나 형태가 복잡한 유리함수는 양변에 로그를 취한다음 양변을 x에 관하여 미분한다. 이와 같은 미분법을 **로그미분법**이라고 한다.

[예제 13] 다음 각 함수의 도함수를 구하여라.
  (1) $y = x^x \ (x > 0)$
  (2) $y = \frac{(x-2)(x-1)^2}{(x+1)^3}$

[풀이]
(1) 양변에 자연로그를 취하면 $\ln y = x \ln x$이다. 이때 양변을 x에 관하여 미분하면

$$\frac{1}{y}\frac{dy}{dx} = \ln x + x \cdot \frac{1}{x} \quad \therefore \quad \frac{dy}{dx} = x^x(1 + \ln x)$$

이다.

(2) 양변에 자연로그를 취하면

$$\ln |y| = \ln |x - 2| + 2 \ln |x - 1| - 3 \ln |x + 1|$$

이다. 이때, 양변을 x에 관하여 미분하면

$$\frac{1}{y}\frac{dy}{dx} = \frac{1}{x-2} + \frac{2}{x-1} - \frac{3}{x+1}$$
$$\therefore \frac{dy}{dx} = \frac{7x-11}{(x-2)(x-1)(x+1)} \cdot \frac{(x-2)(x-1)^2}{(x+1)^3}$$
$$= \frac{(x-1)(7x-11)}{(x+1)^4}$$

이다.

[지오지브라 실습(연산 결과)] 위 정리의 결과를 지오지브라에서 확인하려면 CAS셀에 다음과 같이 입력한다. 이 경우 지오지브라를 사용하는 것은 계산의 결과를 확인하기 위한 것이다.

[지오지브라 CAS 명령]
미분[x^x]
미분[(x - 2) (x - 1)^2 / (x + 1)^3]

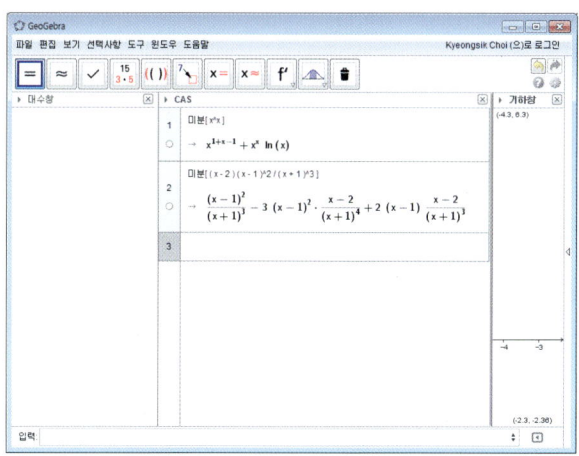

그림 4.10: 미분된 결과

제4장 미분

> **정리 4.11 역삼각함수의 미분법**
>
> (1) $y = \sin^{-1} x \left(-\frac{\pi}{2} < y < \frac{\pi}{2}\right)$의 도함수: $y' = \frac{1}{\sqrt{1-x^2}}$
> (2) $y = \cos^{-1} x \left(0 < y \leq \pi\right)$의 도함수: $y' = -\frac{1}{\sqrt{1-x^2}}$
> (3) $y = \tan^{-1} x \left(-\frac{\pi}{2} < y < \frac{\pi}{2}\right)$의 도함수: $y' = \frac{1}{1+x^2}$
> (4) $y = \cot^{-1} x \left(0 < y < \pi\right)$의 도함수: $y' = -\frac{1}{1+x^2}$
> (5) $y = \sec^{-1} x \left(0 \leq y < \frac{\pi}{2}, -\pi \leq y < -\frac{\pi}{2}\right)$의 도함수: $y' = \frac{1}{x\sqrt{x^2-1}}$
> (6) $y = \csc^{-1} x \left(0 < y \leq \frac{\pi}{2}, -\pi < y \leq -\frac{\pi}{2}\right)$의 도함수: $y' = -\frac{1}{x\sqrt{x^2-1}}$

[증명] (1)번 정리만 예시를 위해 증명한다.

(1) $y = \sin^{-1} x$에서 $x = \sin y$이므로

$$\frac{dy}{dx} = \frac{1}{\frac{dx}{dy}} = \frac{1}{\cos y}$$

이고, $-\frac{\pi}{2} < y < \frac{\pi}{2}$이므로 $\cos y > 0$이다.

이때, $\cos y = \sqrt{1 - \sin^2 y} = \sqrt{1 - x^2}$이므로

$$\frac{dy}{dx} = \frac{1}{\sqrt{1-x^2}}$$

이다.

[예제 14] 다음에서 $f'(x)$를 구하여라.

(1) $f(x) = \tan^{-1}(e^x)$ (2) $f(x) = \sin^{-1}(\ln x)$

[풀이]

(1) $f'(x) = \frac{1}{1+(e^x)^2} \cdot (e^x)' = \frac{e^x}{1+e^{2x}}$
(2) $f'(x) = \frac{1}{\sqrt{1-(\ln x)^2}} \cdot (\ln x)' = \frac{1}{x\sqrt{1-(\ln x)^2}}$

[지오지브라 실습(연산 결과)] 위 정리의 결과를 지오지브라에서 확인하려면 CAS셀에 다음과 같이 입력한다. 이 경우 지오지브라를 사용하는 것은 계산의 결과를 확인하기 위한 것이다.

```
[지오지브라 CAS 명령]
미분[ arctan( exp( x ) ) ]
미분[ arcsin( ln( x ) ) ]
```

4.2 미분법

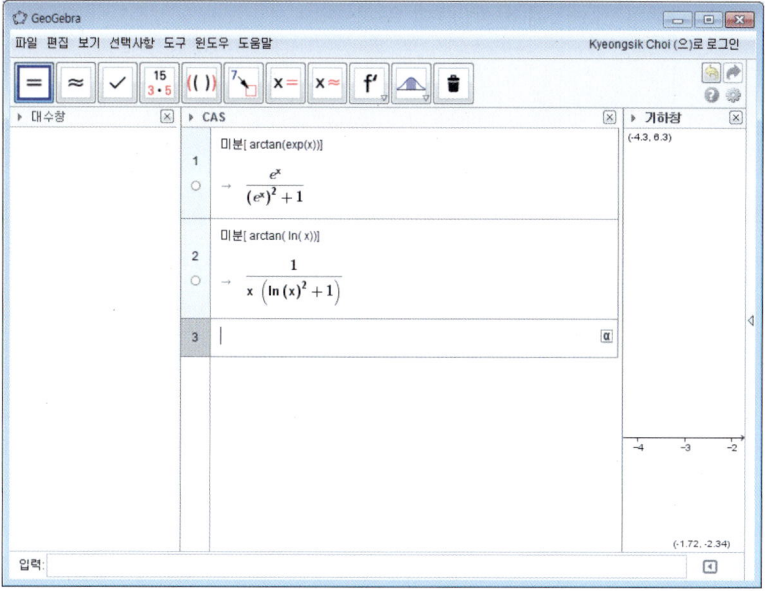

그림 4.11: CAS 연산 결과

정리 4.12 쌍곡함수의 미분법

(1) $\frac{d}{dx}\sinh x = \cosh x$

(2) $\frac{d}{dx}\cosh x = \sinh x$

(3) $\frac{d}{dx}\tanh x = \text{sech}^2 x$

(4) $\frac{d}{dx}\coth x = -\text{csch}^2 x$

(5) $\frac{d}{dx}\text{sech}\,x = -\text{sech}\,x \tanh x$

(6) $\frac{d}{dx}\text{csch}\,x = -\text{csch}\,x\coth x$

증명

(1) $\frac{d}{dx}\sinh x = \left(\frac{e^x - e^{-x}}{2}\right)' = \frac{e^x + e^{-x}}{2} = \cosh x$

(2)번부터 (6)번까지 증명 생략.

제4장 미분

[예제 15] $f(x) = \cosh(\ln x^2)$에서 $f'(x)$를 구하여라.

[풀이]

$$\begin{aligned} f'(x) &= (\ln x^2)' \sinh(\ln x^2) \\ &= \frac{2x}{x^2} \sinh(\ln x^2) \\ &= \frac{2}{x} \sinh(\ln x^2) \end{aligned}$$

[지오지브라 실습(연산 결과)] 위 정리의 결과를 지오지브라에서 확인하려면 CAS셀에 다음과 같이 입력한다. 이 경우 지오지브라를 사용하는 것은 계산의 결과를 확인하기 위한 것이다.

[지오지브라 CAS 명령]
미분[cosh(ln(x^2))]

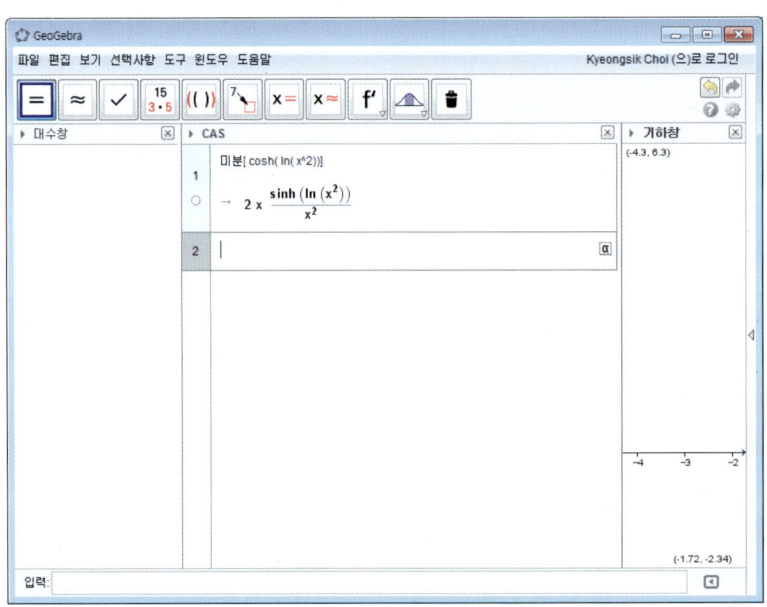

그림 4.12: CAS 연산 결과

정리 4.13 역쌍곡함수의 미분법

(1) $\frac{d}{dx}\sinh^{-1} x = \frac{1}{\sqrt{1+x^2}}$

(2) $\frac{d}{dx}\cosh^{-1} x = \frac{1}{\sqrt{x^2-1}}\ (x > 1)$

(3) $\frac{d}{dx}\tanh^{-1} x = \frac{1}{1-x^2}\ |x| < 1$

(4) $\frac{d}{dx}\coth^{-1} x = \frac{1}{1-x^2}\ |x| > 1$

(5) $\frac{d}{dx}\operatorname{sech}^{-1} x = \frac{1}{x\sqrt{1-x^2}}\ (0 < x < 1)$

(6) $\frac{d}{dx}\operatorname{csch}^{-1} x = -\frac{1}{|x|\sqrt{1+x^2}}\ (x \neq 0)$

증명

(1)

$$\frac{d}{dx}\sinh^{-1} x = \{\ln(x + \sqrt{x^2+1})'\}$$
$$= \frac{1}{x+\sqrt{x^2+1}}\left(1 + \frac{x}{\sqrt{x^2+1}}\right)$$
$$= \frac{1}{\sqrt{x^2+1}}$$

이에 대하여 다음과 같이 증명할 수도 있다.

$\sinh^{-1} x = y$라고 하면 $x = \sinh y$이고 $\cosh x \geq 1$이므로

$$\frac{d}{dy}x = \cosh y = \sqrt{1+\sinh^2 y} = \sqrt{1+x^2}$$
$$\therefore \frac{dy}{dx} = \frac{1}{1+x^2}$$

(2)번부터 (6)번까지 증명 생략.

예제 16 $y = \coth^{-1}(\cos x)$의 도함수를 구하여라.

풀이 $y' = \frac{1}{1-\cos^2 x}(\cos x)' = -\frac{\sin x}{\sin^2 x} = -\csc x$

제4장 미분

[지오지브라 실습(연산 결과)]

[1] 예제에서는 $\coth^{-1}(\cos x)$가 주어졌으나 $\coth^{-1}(x) = \tanh^{-1}(\frac{1}{x})$이므로 1번 CAS 셀에 다음과 같이 입력한다.

```
[지오지브라 CAS 명령]
미분[ arctanh( 1 / cos( x ) ) ]
```

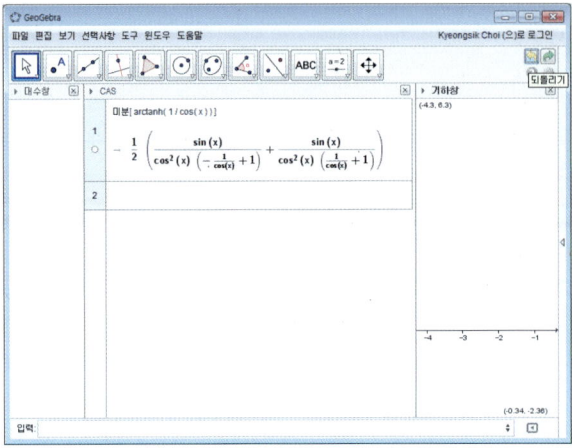

[2] 1번 CAS 셀의 결과를 정리하려면 2번 CAS 셀에 다음과 같이 입력한다.

```
[지오지브라 CAS 명령]
정리[ # ]
```

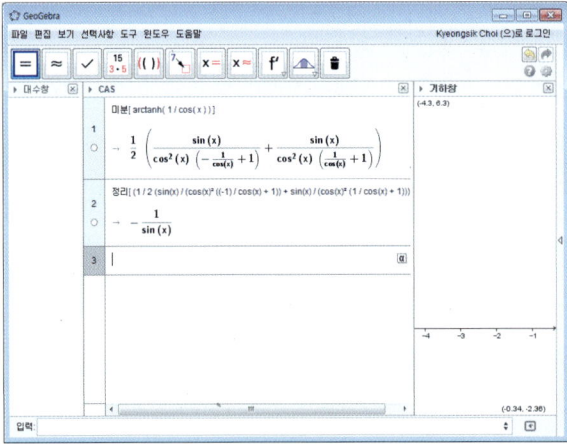

정의 4.14

어떤 구간에서 함수 $y=f(x)$의 도함수가 존재하고, 도함수가 다시 이 구간에서 미분가능하면,

$$\lim_{h\to 0}\frac{f'(x+h)-f'(x)}{h}$$

가 존재할 때, 이 도함수를 $f''(x)$라 하고 함수 $f(x)$의 **2계 도함수**(derivative of second order)라 하고

$$\frac{d^2y}{dx^2}, \frac{d^2}{dx^2}f(x), f''(x), y''$$

등으로 나타낸다. 2계 도함수를 다시 x에 관하여 미분하면 $f''(x)$의 도함수인 $f'''(x)$가 정의된다. 이를 함수 $f(x)$의 **3계 도함수**라 한다. 마찬가지로 4계 이상 도함수도 정의할 수 있으며 2계 이상의 도함수를 통틀어 **고계 도함수**(derivative of higher order)라고 한다.

함수 $f(x)$를 x에 관하여 n회 미분하여 얻어지는 제 n계 도함수는

$$\frac{d^n y}{dx^n}, \frac{d^n}{dx^n}f(x), f^{(n)}(x), y''$$

등으로 나타낸다.

[예제 17] 함수 $f(x)=x^3$에서 $f'''(x)$를 구하여라.

[풀이] $f'(x)=3x^2, f''(x)=2\cdot 3x$ 이며, $f'''(x)=6$ 이다.

[지오지브라 실습(연산 결과)] 위 정리의 결과를 지오지브라에서 확인하려면 CAS셀에 다음과 같이 입력한다. 이 경우 지오지브라를 사용하는 것은 계산의 결과를 확인하기 위한 것이다.

[지오지브라 CAS 명령]
미분[x^3 , 3]

제4장 미분

[예제 18] $y = \sin x$의 제 n계 도함수를 구하여라.

[풀이]

$$y' = \cos x = \sin\left(x + \frac{\pi}{2}\right)$$
$$y'' = -\sin x = \sin\left(x + 2 \cdot \frac{\pi}{2}\right)$$
$$y''' = \cos x = \sin\left(x + 3 \cdot \frac{\pi}{2}\right)$$
$$\cdots\cdots\cdots$$
$$\therefore y^{(n)} = \sin\left(x + n \cdot \frac{\pi}{2}\right)$$

[지오지브라 실습(연산 결과)]

① 슬라이더 [a=2] 도구를 선택한 후 기하창을 클릭하여 슬라이더 n을 만든다. 이때 슬라이더는 정수이어야 한다.

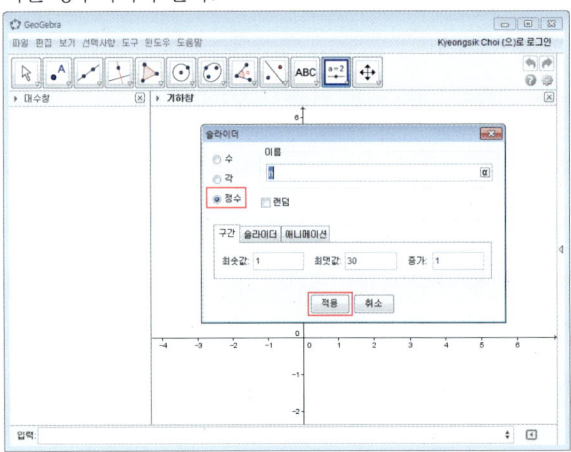

② 주어진 함수의 n계 도함수를 구하기 위해 입력창에 다음과 같이 입력한다.

[지오지브라 명령]
미분[sin(x) , n]

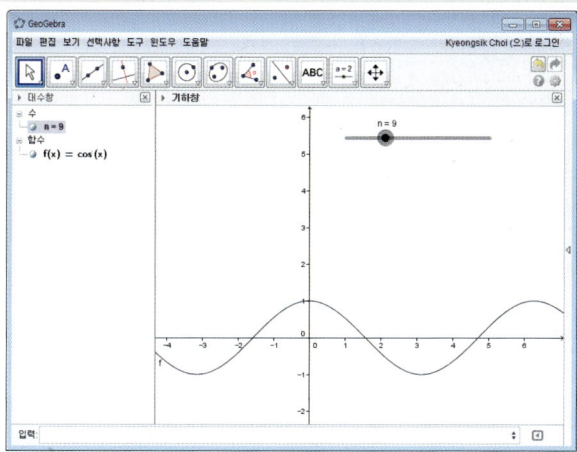

예제 19 $f(x) = \frac{1}{1-x}$ 에게 $f^{(n)}(x)$를 구하여라.

풀이

$$\left(\frac{1}{1-x}\right)' = \frac{1}{(1-x)^2}$$
$$\left(\frac{1}{1-x}\right)'' = \frac{1 \cdot 2}{(1-x)^3}$$
$$\left(\frac{1}{1-x}\right)''' = \frac{1 \cdot 2 \cdot 3}{(1-x)^4}$$
$$\cdots\cdots\cdots$$
$$\therefore \left(\frac{1}{1-x}\right)^{(n)} = \frac{n!}{(1-x)^{(n+1)}}$$

제4장 미분

[지오지브라 실습(연산 결과)]

① 슬라이더 [a=2] 도구를 선택한 후 기하창을 클릭하여 슬라이더 n을 만든다. 이때 슬라이더는 정수이어야 한다.

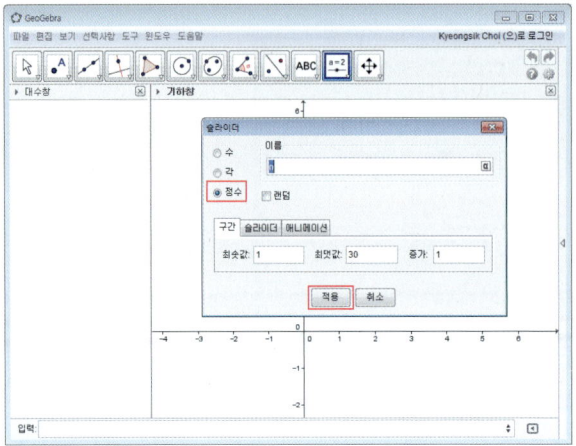

② 주어진 함수의 n계 도함수를 구하기 위해 입력창에 다음과 같이 입력한다.

[지오지브라 명령]
미분[1 / (x - 1) , n]

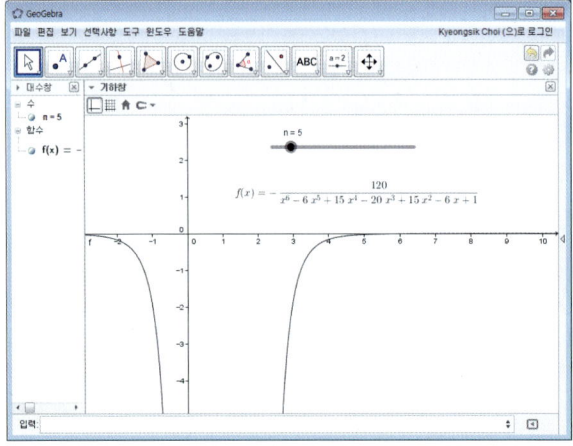

> **정리 4.15 Leibniz 정리**
>
> 두 함수 $f(x), g(x)$가 어떤 구간에서 n회 미분가능하면 $f(x)g(x)$도 그 구간에서 n회 미분가능하며,
>
> $$\{f(x)g(x)\}^{(n)} = \sum_{r=0}^{n} {}_nC_r f^{(n-r)}(x) g^{(r)}(x)$$
>
> (단, $f^{(0)}(x) = f(x), g^{(0)}(x) = g(x)$)

[증명] 수학적 귀납법에 의해 증명할 수 있다.

[예제 20] $y = e^x \ln x$의 3계 도함수를 구하여라.

[풀이] $f(x) = e^x, g(x) = \ln x$라 하면,

$$f = f' = f'' = f''' = e^x$$
$$g' = \frac{1}{x}, g'' = -\frac{1}{x^2}, g''' = \frac{2}{x^3}$$

이므로 Leibniz 정리에 의하여

$$y''' = e^x \ln x + 3e^x \frac{1}{x} + 3e^x \left(-\frac{1}{x^2}\right) + e^x \frac{2}{x^3}$$
$$= e^x \left(\ln x + \frac{3}{x} - \frac{3}{x^2} + \frac{2}{x^3}\right)$$

[지오지브라 실습(연산 결과)] 위 정리의 결과를 지오지브라에서 확인하려면 CAS셀에 다음과 같이 입력한다. 이 경우 지오지브라를 사용하는 것은 계산의 결과를 확인하기 위한 것이다.

[지오지브라 CAS 명령]
```
미분[ exp( x ) ln( x ) , 3 ]
```

연습문제 4.2

1. 주어진 식에 대하여 $\frac{dy}{dx}$ 를 구하여라.

   (1) $y = 2x^3 - x^2 + 4x - 3$ (2) $y = \sqrt[3]{x^2}$

   (3) $y = x^2 + \frac{1}{x^2}$ (4) $y = \ln|\ln x|$

   (5) $y = \log_2 x$ (6) $y = \sin^3 x$

   (7) $y = \sqrt{1 + \cos x}$ (8) $y = e^{\sin x}$

   (9) $x^3 + y^3 - 3xy = 0$ (10) $x = (y+1)^3$

   (11) $x = 3\cos t,\ y = 2\sin t$ (12) $y = x^{\sin x}\ (x > 0)$

   (13) $\sin x + \cos y = 1$ (14) $xy = 1$

   (15) $x^2 + y^2 = 4$ (16) $y = x^2 \tan^{-1} x$

   (17) $y = \sin^{-1}\frac{x}{a}\ (a > 0)$ (18) $y = \tan^{-1}(\cot x)$

   (19) $y = \cosh^{-1}(\sin x)$ (20) $y = \tan(\coth^{-1} x)$

   (21) $y = \sin(x^3)$ (22) $y = \sin(\sin x)$

2. 정리 4.5의 (1)을 증명하여라.

3. 정리 4.7의 (2), (3)을 증명하여라.

4. 정리 4.11의 (2)를 증명하여라.

5. 원 $x^2 + y^2 = 4$ 위의 점 $(1, \sqrt{3})$을 지나는 접선의 방정식을 구하여라.

6 매개변수방정식 $x = 4t - t^2, y = 4t^2 - t^3$ 인 곡선에서 $t = 1$에 해당하는 점에서의 접선의 방정식을 구하여라.

7 매개변수방정식 $x = 4t - t^2, y = 4t^2 - t^3$ 인 곡선에서 $t = 1$에 해당하는 점에서의 접선의 방정식을 구하여라.
   (1) $y = \ln x \ (x > 0)$ (2) $y = x^m$ (m: 자연수)
   (3) $f(x) = \frac{1}{1-x^2}$

4.3 평균값의 정리

> **정리 4.16 Rolle의 정리**
>
> 함수 $f(x)$가 닫힌구간 $[a,b]$에서 연속이고, 열린구간 (a,b)에서 미분가능하고 $f(a)=f(b)$이면 $f'(c)=0$을 만족하는 점 c가 (a,b)에 적어도 하나 존재한다.

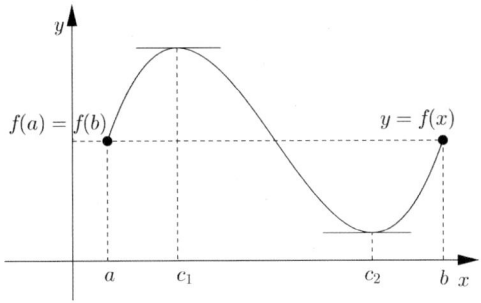

그림 4.13: Rolle의 정리

[참고] (Rolle의 정리의 기하학적 의미) 곡선 $f(x)$에 접하고 x축과 평행인 직선을 (a,b)에서 적어도 하나 그을 수 있음을 나타낸다. 다음 그림과 같은 경우는 c의 값이 c_1과 c_2 두 개가 존재한다.

[예제 21] 방정식 $x^5 + 2x^3 - 5x - 1 = 0$은 $(1,2)$에서 한 개의 실근을 가짐을 보여라.

[풀이] $f(x) = x^5 + 2x^3 - 5x - 1$이라 하면 $f(x)$는 $[1,2]$에서 연속이고 $(1,2)$에서 미분가능하며

$$f(1) = -3 < 0, f(2) = 37 > 0$$

이므로 중간값의 정리에 의하여 방정식 $f(x) = 0$은 $(1,2)$에서 적어도 하나의 실근을 갖는다. 따라서 적어도 한 점 $x_1 \in (1,2)$에 대하여 $f(x_1) = 0$이다. 지금 다른 한 점 $x_2 \in (1,2)$에 대하여 $f(x_2) = 0$이라 하면 Rolle의 정리에 의해 $f'(m) = 0$을 만족하는 점 m이 (x_1, x_2)에 존재한다. 그런데 $1 < m < 2$인 m에 대하여 $f'(m) = 5m^4 + 6m^2 - 5 > 0$이므로 모순이다. 따라서, $(1,2)$에서 방정식 $x^5 + 2x^3 - 5x - 1 = 0$의 실근은 단 한 개 존재한다.

정리 4.17 평균값의 정리

함수 $f(x)$가 닫힌구간 $[a,b]$에서 연속이고 열린구간 (a,b)에서 미분가능하면
$$\frac{f(b)-f(a)}{b-a} = f'(c)$$
인 점 c가 (a,b)에서 적어도 하나 존재한다.

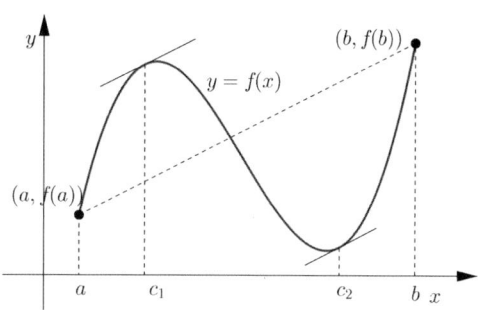

그림 4.14: 평균값의 정리

증명

$$F(x) = f(b) - f(x) - \frac{f(b)-f(a)}{b-a}(b-x)$$

라 하면 $F(x)$는 $[a,b]$에서 연속이고 (a,b)에서 미분가능하며 $F(a) = F(b)$이므로 Rolle의 정리에 의해

$$F'(c) = -f'(c) + \frac{f(b)-f(a)}{b-a} = 0, (a<c<b)$$

즉,

$$\frac{f(b)-f(a)}{b-a} = f'(c)$$

를 만족하는 c가 (a,b)에서 적어도 하나 존재한다.

참고
(1) (평균값 정리의 기하학적 의미) 위의 정리는 두 점 $(a, f(a))$, $(b, f(b))$를 잇는 직선에 평행이고 곡선 $f(x)$에 접하는 직선을 (a,b)에서 적어도 하나 그을 수 있음을 보여준다.
(2) 평균값 정리에 $f(a) = f(b)$를 넣으면 결국 Rolle의 정리와 일치한다. 따라서 평균값의 정리는 Rolle의 정리를 확장한 것으로 볼 수 있다.

제4장 미분

[예제 22] 함수 $f(x) = x^2 - 2x + 1$이 $[0, 2]$에 대하여 평균값 정리를 만족하도록 점 c를 구하여라.

[풀이] $f(x) = x^2 - 2x + 1$은 구간 $[0, 2]$에서 연속이고 $(0, 2)$에서 미분가능하므로

$$\frac{f(2) - f(0)}{2 - 0} = f'(c)$$

인 c가 구간 $(0, 2)$에 적어도 하나 존재한다. $f'(x) = 2x - 2$이므로 $\frac{0}{2} = 2c - 2$이므로 $c = 1$ 이다.

정리 4.18 Cauchy의 정리

함수 $f(x), g(x)$가 닫힌구간 $[a, b]$에서 연속이고 열린구간 (a, b)에서 미분가능하며, $g(a) \neq g(b)$이고 (a, b)의 모든 x에 대하여 $g'(x) \neq 0$이면

$$\frac{f(b) - f(a)}{g(b) - g(a)} = \frac{f'(c)}{g'(c)}$$

인 점 c가 (a, b)에서 적어도 하나 존재한다.

[증명]

$$F(x) = f(x) - f(a) - \frac{f(b) - f(a)}{g(b) - g(a)}(g(x) - g(a))$$

라 하면 $F(x)$는 $[a, b]$에서 연속이고 (a, b)에서 미분가능하며 $F(a) = F(b)$이므로 Rolle의 정리에 의해

$$F'(c) = f'(c) - \frac{f(b) - f(a)}{g(b) - g(a)} g'(c) = 0, (a < c < b)$$

즉,

$$\frac{f(b) - f(a)}{g(b) - g(a)} = \frac{f'(c)}{g'(c)}$$

를 만족하는 c가 (a, b)에서 적어도 하나 존재한다.

[참고] Cauchy의 정리에서 $g(x) = x$라 하면 평균값의 정리가 된다. 따라서 평균값의 정리보다 더 확장된 것이 Cauchy의 정리라고 볼 수 있다.

연습문제 4.3

1. 곡선 $y = x^3$ 위의 두 점 $(1,1)$, $(3, 27)$을 지나는 직선과 평행인 직선이 곡선 $y = x^3$에 접할 때 접점의 x좌표를 구하여라.

2. $f(x) = \begin{cases} 0 & (0 \leq x < 1) \\ x & (x = 1) \end{cases}$ 에 대하여 $[0, 1]$에서 Rolle의 정리를 적용할 수 있는가?

3. $f(x) = |2 - x|$가 구간 $[0, 3]$에서 평균값 정리를 만족하는 c를 구하여라.

4.4 부정형의 극한값

두 함수 $f(x), g(x)$가 $x = a$를 포함하는 구간에서 미분가능하고

(1) $f(a) = 0, g(a) = 0$일 때 $\lim_{x \to a} \frac{f(x)}{g(x)}$

(2) $\lim_{x \to a} f(x) = \infty, \lim_{x \to a} g(x) = \infty$ 일 때 $\lim_{x \to a} \frac{f(x)}{g(x)}$

꼴의 극한값을 **부정형의 극한값**이라 한다. 부정형의 극한값은 주어진 식을 적절하게 변형하여 그 극한값을 구할 수 있다. 여기에 부정형의 극한값을 구하는 유용한 정리를 소개한다.

정리 4.19 L'Hospital의 정리

두 함수 $f(x), g(x)$가 $x = a$를 포함하는 구간에서 미분가능하고 $g'(x) \neq 0$일 때
(1) $f(a) = 0, g(a) = 0$이고 $\lim_{x \to a} \frac{f'(x)}{g'(x)}$가 존재하면

$$\lim_{x \to a} \frac{f(x)}{g(x)} = \lim_{x \to a} \frac{f'(x)}{g'(x)}$$

이다.
(2) $\lim_{x \to a} f(x) = \infty, \lim_{x \to a} g(x) = \infty$이고 $\lim_{x \to a} \frac{f'(x)}{g'(x)}$가 존재하면

$$\lim_{x \to a} \frac{f(x)}{g(x)} = \lim_{x \to a} \frac{f'(x)}{g'(x)}$$

이다.

[참고] L'Hospital의 법칙에는 $x \to a$대신 $x \to a-, x \to a+$ 또는 $x \to \infty, x \to -\infty$ 일 때도 성립한다.

[예제 23] 다음 극한값을 구하여라.

(1) $\lim_{x \to 1} \frac{x^2 - 1}{x - 1}$ (2) $\lim_{x \to \frac{\pi}{2}} \frac{\sin x - 1}{\cos x}$
(3) $\lim_{x \to 0} \frac{a^x - 1}{x} \ (a \neq 1, a > 0)$ (4) $\lim_{x \to \frac{\pi}{2}} \frac{(2x - \pi)(\sin x - 1)}{\cos^2 x}$

[풀이]

(1) $\lim_{x \to 1}(x^2 - 1) = 0 = \lim_{x \to 1}(x - 1)$ 이므로

$$\lim_{x \to 1} \frac{x^2 - 1}{x - 1} = \lim_{x \to 1} \frac{2x}{1} = \frac{2}{1} = 2$$

이다.

(2) $\lim_{x \to \frac{\pi}{2}}(\sin x - 1) = 0 = \lim_{x \to \frac{\pi}{2}} \cos x$ 이므로

$$\lim_{x \to \frac{\pi}{2}} \frac{\sin x - 1}{\cos x} = \lim_{x \to \frac{\pi}{2}} \frac{\cos x}{-\sin x} = \frac{0}{-1} = 0$$

이다.

(3) $\lim_{x \to 0}(a^x - 1) = 0 = \lim_{x \to 0} x$ 이므로

$$\lim_{x \to 0} \frac{a^x - 1}{x} = \lim_{x \to 0} \frac{a^x \ln a}{1} = \ln a$$

이다.

(4) L'Hospital의 법칙을 적용하면

$$\lim_{x \to \frac{\pi}{2}} \frac{(2x - \pi)(\sin x - 1)}{\cos^2 x} = \lim_{x \to \frac{\pi}{2}} \frac{2(\sin x - 1) + (2x - \pi)\cos x}{-2\cos x \sin x}$$

이다. 이 식의 우변은 다시 $\frac{0}{0}$ 꼴의 부정형이므로 L'Hospital의 법칙을 다시 한 번 적용하면

$$\lim_{x \to \frac{\pi}{2}} \frac{2(\sin x - 1) + (2x - \pi)\cos x}{-2\cos x \sin x} = \lim_{x \to \frac{\pi}{2}} \frac{4\cos x - (2x - \pi)\sin x}{2(\sin^2 x - \cos^2 x)} = \frac{0}{2} = 0$$

이다.

[지오지브라 실습(연산 결과)] 위 정리의 결과를 지오지브라에서 확인하려면 CAS셀에 다음과 같이 입력한다. 이 경우 지오지브라를 사용하는 것은 계산의 결과를 확인하기 위한 것이다.

```
[지오지브라 CAS 명령]
극한[ ( x^2 - 1 ) / ( x - 1 ) , 1 ]
극한[ ( sin( x ) - 1 ) / ( cos( x ) ) , pi / 2 ]
극한[ ( a^x - 1 ) / x , 0 ]
극한[ ( 2 x - pi ) ( sin( x ) - 1 ) / cos( x )^2 , pi / 2 ]
```

제4장 미분

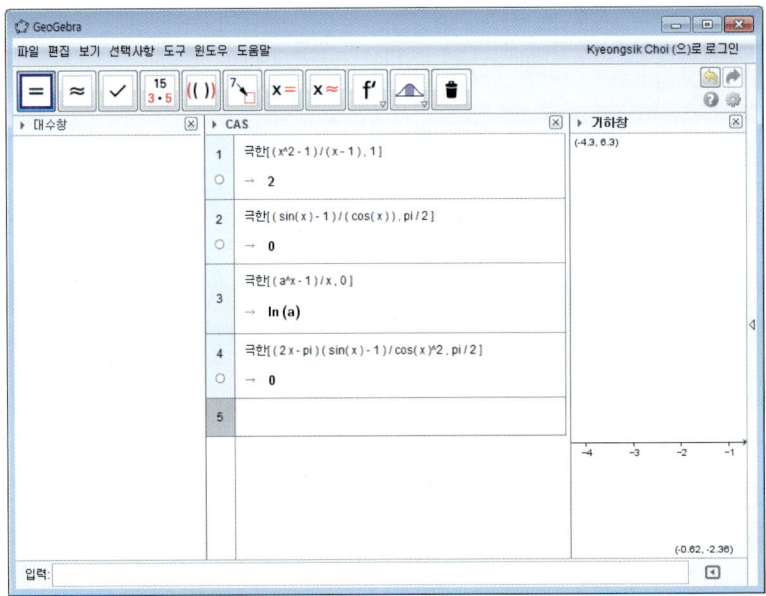

그림 4.15: CAS 연산 결과

연습문제 4.4

1. 다음 극한값을 구하여라.

(1) $\lim_{x \to 1} \frac{\ln x}{x-1}$

(2) $\lim_{x \to 0} \frac{1-\cos x}{x^2}$

(3) $\lim_{x \to \infty} \frac{x}{e^x}$

(4) $\lim_{x \to 0} \frac{\sin^2 x}{1-\cos x}$

(5) $\lim_{x \to 0} \frac{10^x - 1}{x}$

(6) $\lim_{x \to 0} \frac{\tan ax}{x}$

(7) $\lim_{x \to 0} \frac{e^x - 1}{\ln x(1+x)}$

(8) $\lim_{x \to 0} \frac{\sqrt{2+x} - \sqrt{2-x}}{x}$

(9) $\lim_{x \to 0} \frac{\sqrt{x+1} - 1}{x}$

(10) $\lim_{x \to 0} \frac{e^x - e^{-x}}{\tan x}$

(11) $\lim_{x \to 0} \frac{1 - \cos 3x}{x}$

4.5 함수의 극대, 극소

정의 4.20

함수 $f(x)$가 구간 I에서 정의되고, I의 임의의 두 점 $a<b$에 대하여
(1) $f(a) < f(b)$이면 $f(x)$는 구간 I에서 **증가한다**(increase)고 하고
(2) $f(a) > f(b)$이면 $f(x)$는 구간 I에서 **감소한다**(decrease)고 한다.

이제 한 함수 $f(x)$가 증가하거나 감소하는 것을 밝혀주는 간단한 방법을 알아보자.

정의 4.21

함수 $f(x)$가 $[a,b]$에서 연속이고 (a,b)에서 미분가능하며 (a,b)의 모든 점 x에 대하여
(1) $f'(x) > 0$이면 $f(x)$는 (a,b)에서 증가하고
(2) $f'(x) < 0$이면 $f(x)$는 (a,b)에서 감소한다.

[증명]
(1) 가정과 평균값의 정리로부터 임의의 두 점 $x_1, x_2 \in (a,b)$에 대하여

$$\frac{f(x_2) - f(x_1)}{x_2 - x_1} = f'(m) > 0 \qquad (x_1 < m < x_2)$$

이므로 $x_1 < x_2$이면 $f(x_1) < f(x_2)$이다. 따라서 $f(x)$는 증가함수이다.
(2) 생략

[예제 24] 함수 $f(x) = 2x^3 + 3x^2 - 12x + 5$가 감소하는 구간을 구하여라.

[풀이] $f'(x) = 6x^2 + 6x - 12 = 6(x-1)(x+2)$이므로 $f'(x) < 0$인 x의 범위는 $-2 < x < 1$이다. 따라서 함수 $f(x)$가 감소하는 구간은 $(-2, 1)$이다.

4.5 함수의 극대, 극소

[지오지브라 실습(연산 결과)]

① 함수의 그래프를 보기 위해 입력창에 다음과 같이 입력한다.

[지오지브라 명령]
```
f( x ) = 2 x^3 + 3 x^2 - 12 x + 5
```

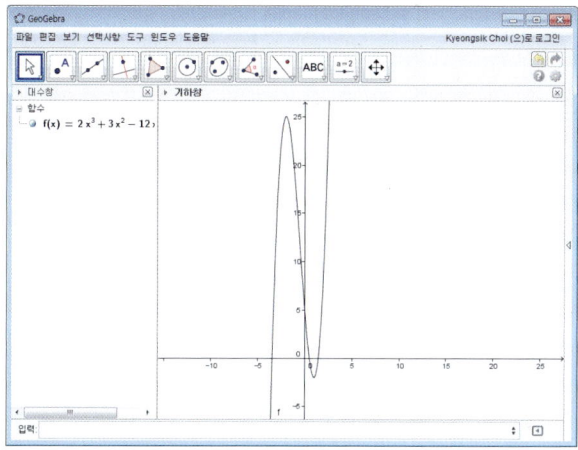

② 감소하는 구간을 구하려면 두 극값을 구해야 한다. 극값을 구하려면 입력창에 다음과 같이 차례로 입력한다.

[지오지브라 명령]
```
극값[ f ]
```

[실행결과]

$A = (-2, 25)$

$B = (1, -2)$

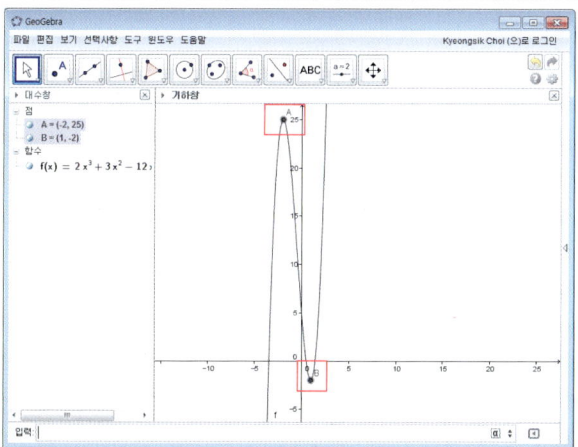

제4장 미분

정의 4.22

a에 충분히 가까운 x에 대하여 함수 $f(x)$가
(1) 증가상태에서 감소상태로 바뀌면 $x = a$에서 $f(x)$는 **극댓값**(maximal value)을 갖는다.
(2) 감소상태에서 증가상태로 바뀌면 $x = a$에서 $f(x)$는 **극솟값**(minimal value)을 갖는다.
극댓값과 극솟값을 통틀어 **극값**(extreme value)이라고 한다.

[참고] 비록 미분불가능한점이라고 이 점의 전후로 증감상태가 바뀌면 극대나 극소가 된다. 예를 들어 그림과 같은 함수의 경우 $x = a, c$에서 $f(x)$는 극대가 되고 $x = b, d$에서는 극소가 된다. 그런데 $x = a$와 $x = b$에서 $f(x)$가 미분가능하나 $x = c, d$는 뽀족한 점이 되어 미분이 불가능하다.

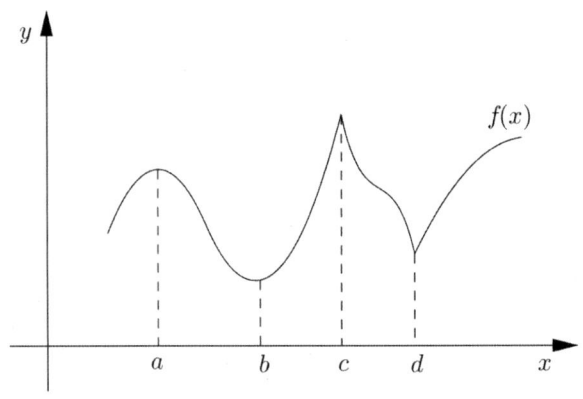

그림 4.16: 극대, 극소

[예제 25] $f(x) = (x-1)^2$은 $x = 1$에서 극값을 갖는지 조사하시오.

[풀이] 충분히 작은 양수 h에 대하여

(1) $x < 1$일 때
$$\{(x+h) - 1\}^2 - \{(x-h) - 1\}^2 = 4h(x-1) < 0$$
$\therefore x < 1$에서 $f(x) = (x-1)^2$은 감소함수이다.

(2) $x > 1$일 때

$$\{(x+h)-1\}^2 - \{(x-h)-1\}^2 = 4h(x-1) > 0$$

∴ $x > 1$에서 $f(x) = (x-1)^2$은 증가함수이다.

따라서, $f(x) = (x-1)^2$은 $x = 1$에서 극솟값을 가지며 그 값은 $f(1) = 0$이다.

지오지브라 실습(연산 결과) 위 예제를 지오지브라에서 실습하려면 입력창에 다음과 같이 차례로 입력한다.

[지오지브라 명령]
(x - 1)^2

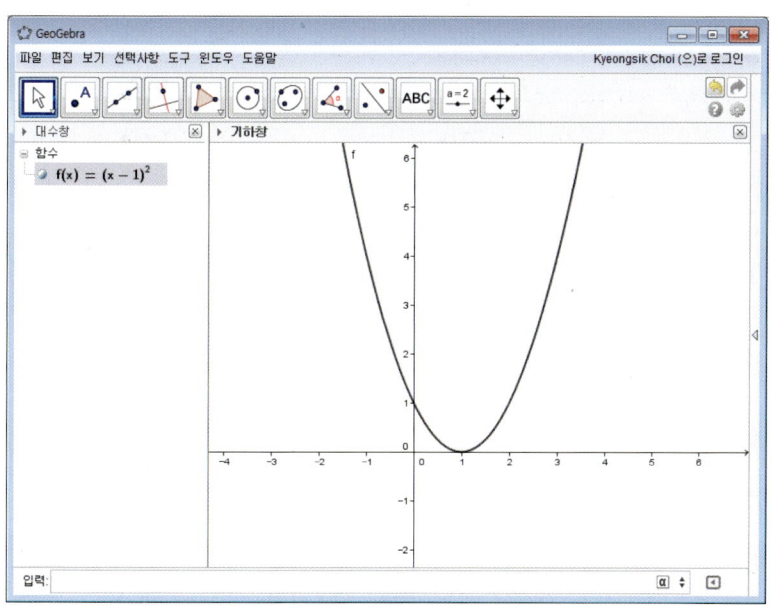

그림 4.17: $f(x) = (x-1)^2$

정의 4.23

함수 $f(x)$가 $x = a$에서 연속이고 a의 근방에서 미분가능하며(a에서는 미분불가능할 수도 있음) $f'(a) = 0$일 때 $x = a$에서 $f'(x)$의 부호가

(1) $+$에서 $-$로 바뀌면 $f(a)$는 극댓값이고

(2) $-$에서 $+$로 바뀌면 $f(a)$는 극솟값이다.

[예제 26] $y = x^3 - 3x$의 극값을 구하여라.

[풀이] y는 전구간 연속이고 미분가능이며, $y' = 3x^2 - 3 = 3(x+1)(x-1)$이다. 따라서 $y' = 0$인 x값은 $-1, 1$이다. 이때 증감표를 만들어 만들어보면 다음과 같다.

x	$\cdots$	-1	$\cdots$	1	$\cdots$
y'	$+$	0	$-$	0	$+$
y	↗	극대	↘	극소	↗

따라서 $x = -1$일 때 극댓값은 2, $x = 1$일 때 극솟값은 -2이다.

[지오지브라 실습(연산 결과)]

① 함수의 그래프를 보기 위해 입력창에 다음과 같이 입력한다.

[지오지브라 명령]
f(x) = x^3 - 3 x

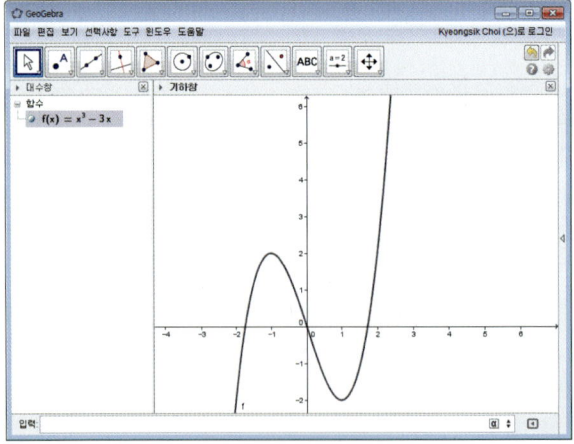

② 감소하는 구간을 구하려면 두 극값을 구해야 한다. 극값을 구하려면 입력창에 다음과 같이 차례로 입력한다.

[지오지브라 명령]
극값[f]

[실행결과]
$A = (-1, 2)$
$B = (1, -2)$

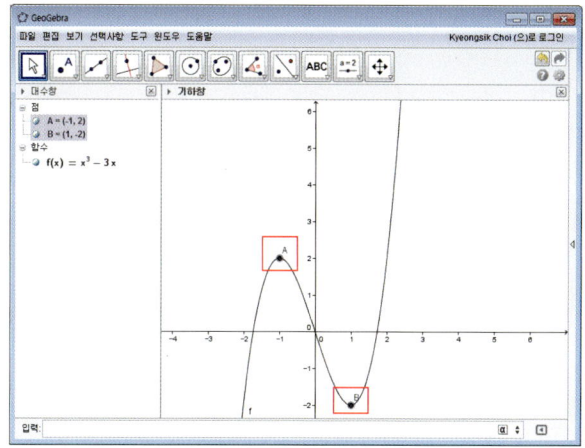

[예제 27] $f(x) = (x-1)^{\frac{2}{3}}$ 의 극값을 구하여라.

[풀이]
$$f'(x) = \frac{2}{3}(x-1)^{-\frac{1}{3}} = \frac{2}{3\sqrt[3]{x-1}}$$

따라서 $f'(x) = 0$인 점이 없으므로 $f'(x)$가 존재하는 범위에서는 극값이 없다. 그런데 $x = 1$에서는 미분불가능하나, $f(1)$은 존재한다. 그리고 $x = 1$ 전후에서는 $f'(x)$의 부호가 변한다. 즉, $x > 1$일 때 $f'(x) < 0$, $x > 1$일 때 $f'(x) > 0$이다. 따라서 $x = 1$일 때 극솟값은 0이다.

제4장 미분

지오지브라 실습(연산 결과) 위 예제를 지오지브라에서 실습하려면 입력창에 다음과 같이 차례로 입력한다.

[지오지브라 명령]
(x - 1)^(2 / 3)

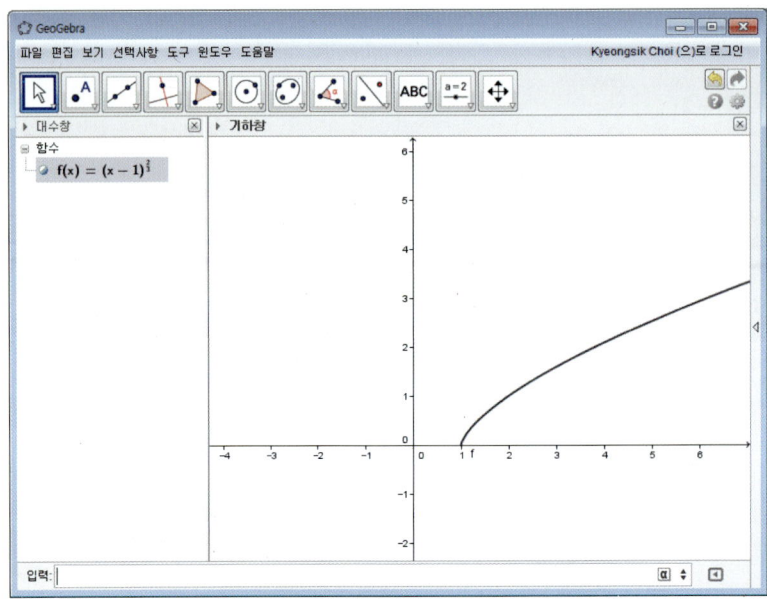

그림 4.18: $f(x) = (x-1)^{\frac{2}{3}}$

연습문제 4.5

1. 함수 $f(x) = -x + \cos x$는 감소함수임을 보여라.

2. 다음 각 함수의 증가 또는 감소구간을 판정하라.

    (1) $f(x) = 4x - x^2$ (2) $f(x) = \frac{x^3}{3} - x^2 - 3x$

3. 다음 각 함수의 극값을 구하여라.

    (1) $f(x) = 2x^3 - 9x^2 + 12x - 1$

    (2) $y = x \ln x$

    (3) $y = \frac{2}{1+x^2}$

    (4) $y = \frac{1}{3}x^3 + x^2 - 3x + 1$

    (5) $f(x) = 2\sin x + \sin 2x \ (0 \leq x \leq 2\pi)$

4.6 속도와 가속도

> **정리 4.24**
>
> 직선 위를 움직이는 물체가 출발점 O를 출발하여 시각 t에서의 점의 위치를 P라고 하고 O에서 P까지의 거리를 $x = f(t)$ (질점 W의 운동방정식)로 나타냈을 때
> (1) 시각 t부터 $t + \Delta t$까지의 질점 W의 평균속도는
>
> $$\frac{\Delta x}{\Delta t} = \frac{f(t + \Delta t) - f(t)}{\Delta t}$$
>
> 이다.
> (2) 시각 t에서의 질점 W의 속도는
>
> $$v(t) = \lim_{\Delta x \to 0} \frac{\Delta x}{\Delta t} = \frac{dx}{dt} = \frac{d}{dt} f(t) = f'(t)$$
>
> 이다.
> (3) 시각 t에서의 질점 W의 가속도는
>
> $$\alpha(t) = \frac{d}{dt} v(t) = \frac{d^2}{dt^2} x = \frac{d^2}{dt^2} f(t) = f''(t)$$
>
> 이다.

[예제 28] 초속 $30 m/sec$로 수직 방향으로 쏘아 올린 물체의 t초 후의 높이를 $x\ m$라고 할 때

$$x = 30t - 4.9t^2$$

의 관계가 있다.
(1) 2초 후의 속도는?
(2) 물체가 최고 높이에 도달할 때까지 걸리는 시간은?

[풀이] $x = 30t - 4.9t^2$에서 $v(t) = \frac{dx}{dt} = 30 - 9.8t$이다.
(1) $v(2) = 30 - 9.8 \times 2 = 10.4(m/sec)$
(2) 물체가 최고 높이에 도달하면 속도가 0이므로

$$30 - 9.8t = 0$$

에서 $t = 3.06$(초)이다.

따라서 $f'(x) = 0$인 점이 없으므로 $f'(x)$가 존재하는 범위에서는 극값이 없다. 그런데 $x = 1$에서는 미분불가능하나, $f(1)$은 존재한다. 그리고 $x = 1$ 전후에서는 $f'(x)$의 부호가 변한다. 즉, $x > 1$일 때 $f'(x) < 0$, $x > 1$일 때 $f'(x) > 0$이다. 따라서 $x = 1$일 때 극솟값은 0이다.

지오지브라 실습(연산 결과) 위 정리의 결과를 지오지브라에서 확인하려면 입력창에 다음과 같이 입력한다. 이 경우 지오지브라를 사용하는 이유는 그래프를 통해 올바를 추론을 돕기 위한 것이다.

[지오지브라 명령]
미분[30 x - 4.9 x^2]

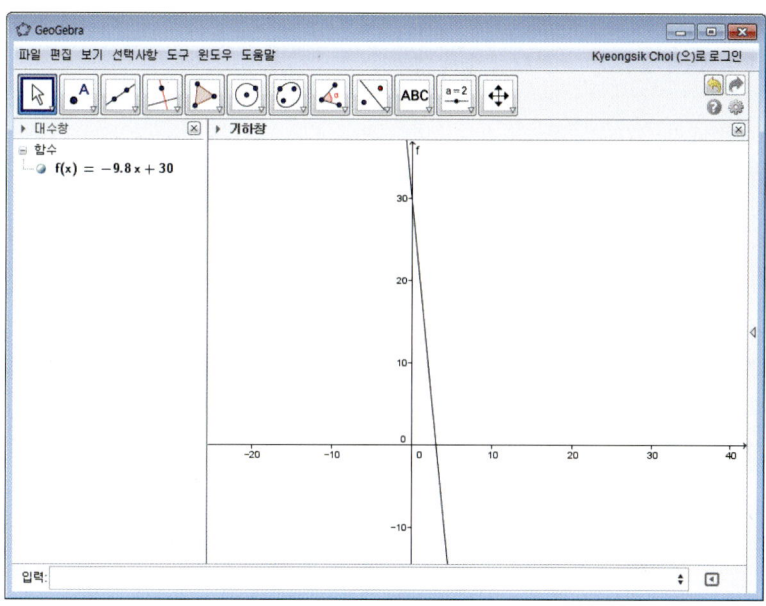

그림 4.19: $f(x) = -9.8x + 30$

제4장 미분

> **정리 4.25**
>
> 평면 위를 움직이는 질점 W의 위치가 시각 t에서의 좌표가 (x, y)로 주어질 때,
> (1) 시각 t에서의 질점 W의 속도는
> $$v(t) = \sqrt{\left(\frac{dx}{dt}\right)^2 + \left(\frac{dy}{dt}\right)^2}$$
> 이다.
> (2) 시각 t에서의 질점 W의 가속도는
> $$\alpha(t) = \sqrt{\left(\frac{d^2x}{dt^2}\right)^2 + \left(\frac{d^2y}{dt^2}\right)^2}$$
> 이다.

[예제 29] $x = t^2 + t$, $y = \frac{1}{2}t^2 - t^3$이 주어졌을 때 $t = 1$일 경우 속도와 가속도를 구하여라.

[풀이] $\frac{dx}{dt} = 2t + 1$, $\frac{dy}{dt} = t - 3t^2$이다. $t = 1$일 때 $\frac{dx}{dt} = 3$, $\frac{dy}{dt} = -2$이므로
∴ $t = 1$에서의 속도는 $v(1) = \sqrt{3^2 + (-2)^2} = \sqrt{13}$이다.
$\frac{d^2x}{dt^2} = 2$, $\frac{d^2y}{dt^2} = 1 - 6t$이다. $t = 1$일 때 $\frac{d^2x}{dt^2} = 2$, $\frac{d^2y}{dt^2} = -5$이므로
∴ $t = 1$에서 가속도 $\alpha(1) = \sqrt{2^2 + (-5)^2} = \sqrt{29}$이다.

연습문제 4.6

1. $x = 1 - t$, $y = t^2$에서 $t = 2$에서 속도 $v(2)$와 가속도 $\alpha(2)$를 구하여라.

2. 반지름 r인 원의 둘레를 가속도 w로 운동하는 점 W의 속도 v와 가속도 α를 구하여라.

4.7 참고 : 지오지브라 관련 기능(CAS, 미분)

CAS 예제

> **CAS 예제 1(소인수분해[ ])**
>
> 2014를 소인수분해하시오.

- 2014를 소인수분해 하기 위해 CAS 셀에 다음과 같이 입력한다.

    소인수분해[2014]

    [실행결과]
    $\{2, 19, 53\}$

> **CAS 예제 2(인수분해[ ])**
>
> $x^2 - 3x - 4$를 인수분해하시오.

- $x^2 - 3x - 4$를 인수분해 하기 위해 CAS 셀에 다음과 같이 입력한다.

    인수분해[x^2 - 3 x - 4]

    [실행결과]
    (x − 4) (x + 1)

제4장 미분

CAS 예제 3(인수분해[ ])

$a^3 + b^3 + c^3 - 3abc$를 인수분해하시오.

- $a^3 + b^3 + c^3 - 3abc$를 인수분해 하기 위해 CAS 셀에 다음과 같이 입력한다.[3]

```
인수분해[ a^3 + b^3 + c^3 - 3 a b c ]
```

[실행결과]
$(a+b+c)\left(a^2 - ab - ac + b^2 - bc + c^2\right)$

CAS 예제 4(풀기[ ])

$x^2 - 3x - 4 = 0$의 근을 구하시오.

- $x^2 - 3x - 4 = 0$의 근을 구하기 위해 CAS 셀에 다음과 같이 입력한다.

```
풀기[ x^2 - 3 x - 4 ]
```

[실행결과]
$\{x = -1, x = 4\}$

---

[3]변수 이름을 한 칸씩 떼어 입력해야 오류가 발생하지 않는다.

CAS 예제 5(풀기[ ])

$ax^2 + bx + c = 0$의 근을 구하시오.

- $ax^2 + bx + c = 0$의 근을 구하기 위해 CAS 셀에 다음과 같이 입력한다.[4]

풀기[a x^2 + b x + c]

[실행결과]
$$\left\{ x = \frac{\sqrt{-4ac+b^2}-b}{2a}, x = \frac{-\sqrt{-4ac+b^2}-b}{2a} \right\}$$

CAS 예제 6(복소풀기[ ])

$x^2 + 1 = 0$의 복소수근을 구하시오.

- $x^2 + 1 = 0$의 복소수근을 구하기 위해 CAS 셀에 다음과 같이 입력한다.[5]

복소풀기[x^2 + 1]

[실행결과]
$\{x = i, x = -i\}$

---

[4] 변수 이름을 한 칸씩 떼어 입력해야 오류가 발생하지 않는다. 또한 a, b, c가 미리 정의되어 있지 않아야 한다.

[5] 풀기[x^2 + 1]을 실행하면 근이 없다는 결과를 얻는다. 이는 중학교에서 방정식 $x^2 + 1 = 0$은 근이 없다고 지도되는 것을 반영한 것이다.

제4장 미분

CAS 예제 7(적분[ ])

$\int x \ln x \, dx$ 를 구하시오.

- $\int x \ln x \, dx$를 구하기 위해 CAS 셀에 다음과 같이 입력한다.

적분[x ln(x)]

[실행결과]
$-\frac{1}{4} x^2 + \frac{1}{2} x^2 \ln(x) + c_1$

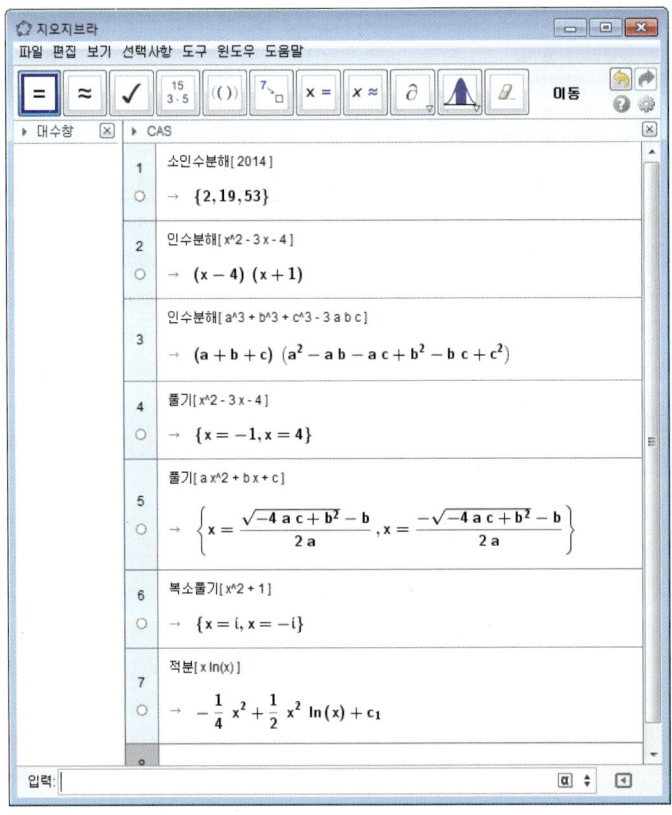

그림 4.20: CAS 예제 실행결과

셀번호

CAS 셀의 앞부분에 **셀번호**가 있다. 셀번호를 이용하면 CAS 창에서 간편하게 연산을 수행할 수 있다. 예를 들어 $\int \sin x \cos x \, dx$ 의 결과를 얻기 위해 1번 CAS 셀에 다음과 같이 입력했다고 하자.

적분[sin(x) cos(x)]

[실행결과]
$-\frac{1}{2} \cos^2(x) + c_1$

이때 1번 CAS 셀의 결과값인 $-\frac{1}{2} \cos^2(x) + c_1$ 을 미분하려면 2번 CAS 셀에 다음과 같이 입력한다.[6]

미분[#]

이때 # 기호는 바로 앞 번호 CAS 셀의 결과값을 의미한다. 미분[#]의 실행결과는 다음과 같다.

[실행결과]
$\cos(x) \sin(x)$

또한 1번 CAS 셀의 결과값인 $-\frac{1}{2} \cos^2(x) + c_1$ 을 2번 미분하려면 3번 CAS 셀에 다음과 같이 입력한다.[7]

미분[#1 , x , 2]

이때 #1은 1번 CAS 셀의 결과값을 의미한다. 이와 같이 # 뒤에 번호를 붙이면 해당 CAS 셀의 결과값을 의미한다. 미분[#1 , x , 2] 의 실행결과는 다음과 같다.

[실행결과]
$\cos^2(x) - \sin^2(x)$

---

[6]# 기호는 이전에 참조한 CAS 셀의 변화를 반영하지 않는다. # 기호 대신 $를 사용하면 이전에 참조한 CAS 셀에 변화가 있을 경우 그 변경사항을 반영한다.

[7]이때 미분 명령은 CAS 창 전용문법으로 미분[함수 , 변수 , 미분횟수]이다.

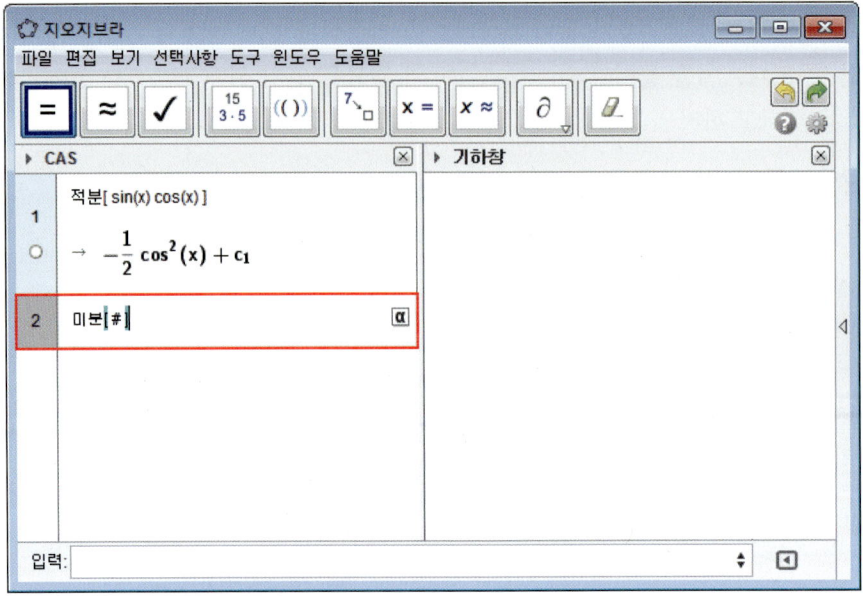

그림 4.21: 이전 CAS 셀 결과 이용

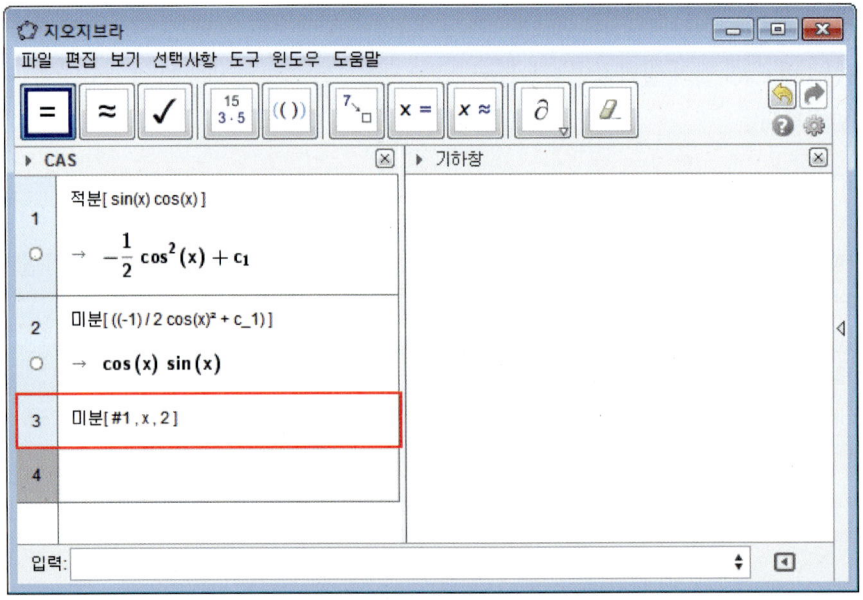

그림 4.22: CAS 셀번호로 결과 이용

보이기 버튼

CAS 셀번호 아래에는 **보이기 버튼** 이 있다.[8] 그림 4.23의 보이기 버튼 을 클릭 하면 기하창에 그 결과가 나타난다.

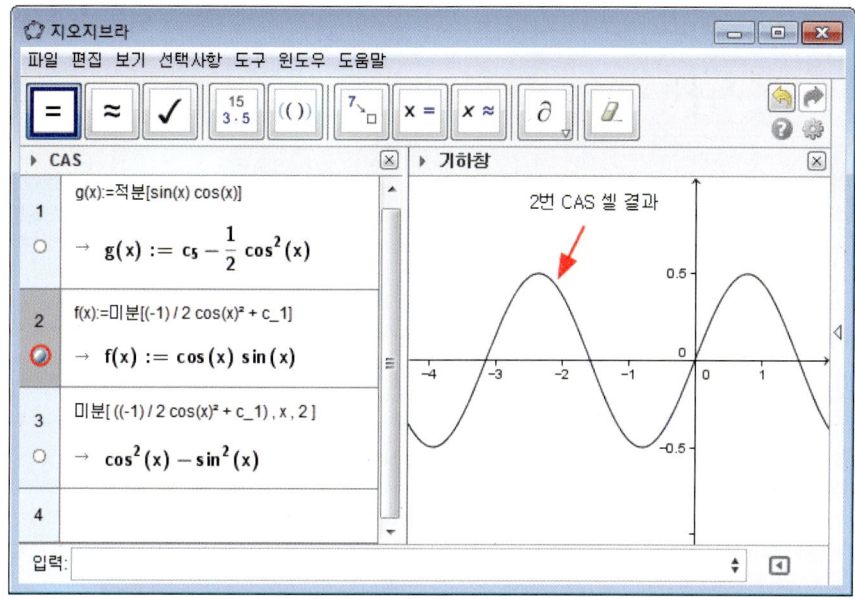

그림 4.23: CAS 창의 보이기 버튼

결과 내보내기

CAS 창의 연산 결과를 다양한 형태의 수식 코드로 내보낼 수 있다. 예를 들어 $\int x^5 + 3x^3 - 2x + 1 \, dx$ 의 결과를 얻기 위해 CAS 셀에 다음과 같이 입력했다고 하자.

적분[x^5 + 3 x^3 - 2 x + 1]

[실행결과]
$\frac{1}{6}$ x^6 + $\frac{3}{4}$ x^4 − x^2 + x + c_1

이때 그림 4.24와 같이 CAS 셀에 나타난 실행결과 위에서 마우스 오른쪽 버튼을 클릭 하여 내보내기 메뉴를 선택할 수 있다. 선택할 수 있는 항목은 다음과 같다.[9]

---

[8] 대수창에 있던 버튼과 동일하다.
[9] 메뉴를 선택하면 해당 내용이 클립보드에 저장되며 화면에서의 변화는 없다. 만일 저장된 내용을 다른 프로그램에서 사용하려면 Ctrl + V 를 누르면 된다.

제4장 미분

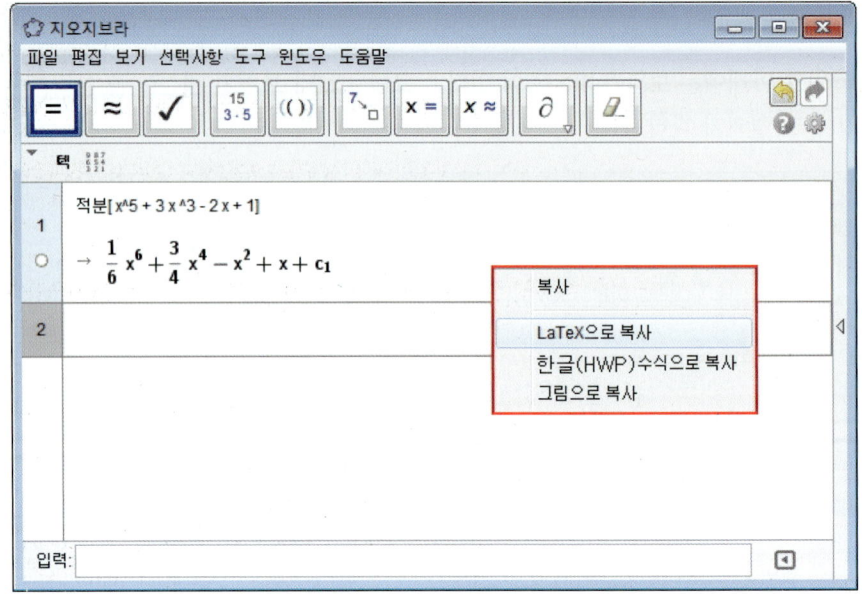

그림 4.24: CAS 셀의 결과 내보내기 메뉴

① 복사 : 연산 결과를 텍스트로 복사한다.

> 1 / 6 x + 3 / 4 x^4 - x^2 + x + c_1

② LaTeX으로 복사 : 연산 결과를 LaTeX 수식으로 변환하여 복사한다.[10]

> [내보내기 결과]
> \mathbf{\frac{1}{6}   x^{6} + \frac{3}{4}   x^{4} - x^{2} + x + c_1}

③ 한글(HWP) 수식으로 복사 : 연산 결과를 한글(HWP) 수식으로 변환하여 복사한다.

> [내보내기 결과]
> 1 over 6 x^6 + 3 over 4 x^4 - x^2 + x + c_1

④ 그림으로 복사 : 연산 결과를 그림으로 변환하여 복사한다.

$$\frac{1}{6}x^6 + \frac{3}{4}x^4 - x^2 + x + c_1$$

---

[10]이 책은 LaTeX 으로 조판되었기 때문에 이 메뉴를 활용할 수 있었다. 이 책의 [실행결과]는 CAS 창에서 내보낸 LaTeX 수식을 이용한 것이다.

4.7 참고 : 지오지브라 관련 기능(CAS, 미분)

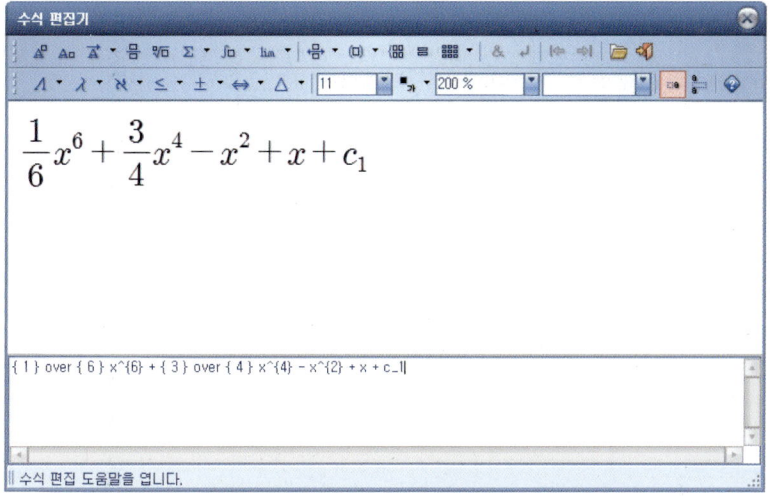

그림 4.25: 한글(HWP)에 수식을 복사한 모습

미분 관련 도구 및 명령

접선 도구와 명령

미분 개념은 **접선의 기울기**와 밀접한 관련이 있다. 그래서 미분 개념을 명확히 파악하기 위해서는 수식과 그래프를 함께 비교하는 것이 중요하다. 지오지브라는 대수창과 기하창에서 미분된 함수식과 그래프를 함께 보여준다.

지오지브라는 그래프의 **접선**을 그리는 몇 가지 방법을 제공하고 있다. 우선 $f(x) = \sin x$를 정의하기 위해, 입력창에 다음과 같이 입력한다.

```
f(x) = sin(x)
```

① 좌표가 (1 , sin(1)) 인 점을 만들기 위해, 입력창에 다음과 같이 입력한다.

```
A = ( 1 , f(1) )
```

② 접선 도구를 선택한 후, 점 A 를 클릭하고, 기하창에서 함수 f(x)의 그래프 또는 대수창에서 함수 f(x)를 클릭하면 접선이 나타난다.

③ 명령어로 같은 결과를 얻으려면, **접선** 명령을 사용하면 된다. **접선** 명령의 문법은 다음과 같다.[11]

---

[11]우리말 명령어인 접선[] 대신, 영어 명령어인 Tangent[] 를 사용하는 것도 가능하다.

```
접선[ x 값 , 함수 ]
접선[ 점 , 함수 ]
```

예를 들어, 앞의 예와 같은 결과를 얻으려면, 입력창에 다음과 같이 입력한다.[12]

```
접선[ x(A) , f ]
접선[ A , f ]
```

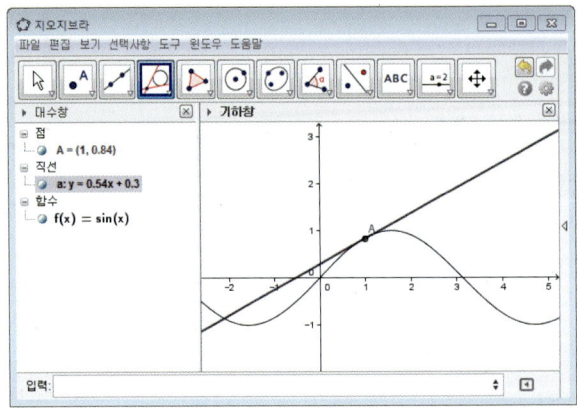

미분 명령

지오지브라에서 **미분** 명령을 활용하면, 주어진 함수에 대한 도함수를 얻을 수 있다. 지오지브라에서 제공하는 **미분** 명령의 문법은 다음과 같다.[13]

```
미분[ 함수 ]
미분[ 함수 , 차수 ]
```

예를 들어, $f(x) = \sin x$ 에 대하여 $f(x)$ 의 1계 **도함수**, 2계 도함수를 구하려면, 입력창에 다음과 같이 차례로 입력한다(그림 4.26).[14]

```
f(x) = sin(x)
미분[ f ]
미분[ f , 2 ]
```

---

[12] x(A) 는 점 A의 x 좌표를 의미한다.
[13] 우리말 명령어인 미분[] 대신, 영어 명령어인 Derivative[] 를 사용하는 것도 가능하다.
[14] 입력창에 f'(x) 와 f''(x) 를 입력해도 같은 결과를 얻는다.

4.7 참고 : 지오지브라 관련 기능(CAS, 미분)

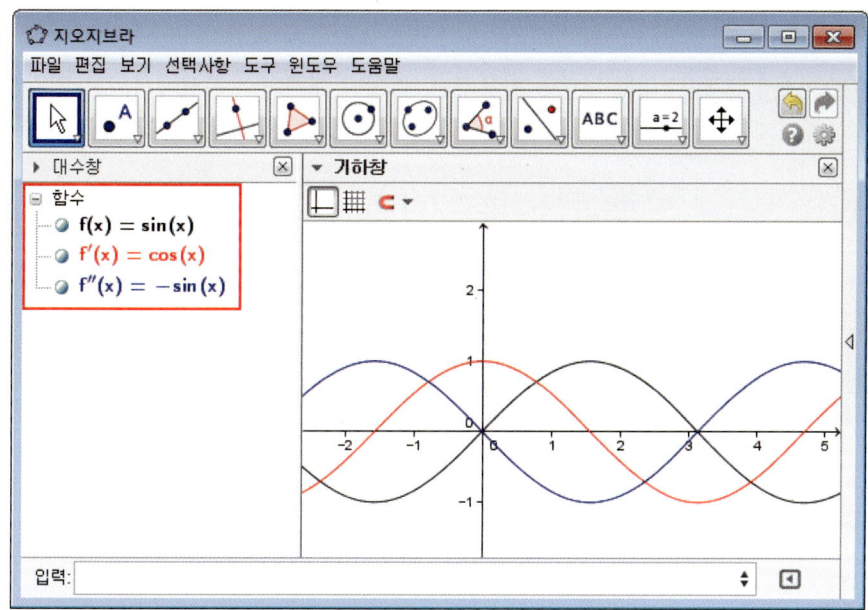

그림 4.26: $\sin x$ 의 1계, 2계 도함수

음함수미분 명령

지오지브라에서 **음함수미분** 명령을 활용하면, 주어진 음함수에서의 미분을 얻을 수 있다. 지오지브라에서 제공하는 **음함수미분** 명령의 문법은 다음과 같다.[15]

음함수미분[f(x , y)]

예를 들어, 음함수 $x^2 + y^2 = 1$ 를 미분하여 $\frac{dy}{dx}$ 를 구하려면, 입력창에 다음과 같이 입력한다.[16]

음함수미분[x^2 + y^2 - 1]

[실행결과]
$-\frac{x}{y}$

---

[15]우리말 명령어인 음함수미분[] 대신, 영어 명령어인 ImplicitDerivative[] 를 사용하는 것도 가능하다.
[16]$f(x, y) = 0$ 인 꼴로 만들어 입력한다. 즉, $x^2 + y^2 - 1 = 0$ 의 좌변을 괄호 안에 입력한다.

제4장 미분

매개변수미분 명령

지오지브라에서 **매개변수미분** 명령을 활용하면, 주어진 매개변수 곡선에서의 미분을 얻을 수 있다. 지오지브라에서 제공하는 **매개변수미분** 명령의 문법은 다음과 같다.[17]

```
매개변수미분[ 매개변수곡선 ]
```

예를 들어, $x(t) = 2t$, $y(t) = t^2$, $t \in [\,0\,,\,10\,]$ 과 같은 매개변수 곡선에서 미분을 구하려면, 입력창에 다음과 같이 입력한다.

```
매개변수미분[ 곡선[ 2t , t^2 , t , 0 , 10 ] ]
```

[실행결과]
$x(t) = 2t$, $y(t) = t$, $t \in [\,0\,,\,10\,]$

극값 명령

지오지브라에서 **극값** 명령을 활용하면, 주어진 함수에서의 극값을 얻을 수 있다. 지오지브라에서 제공하는 **극값** 명령의 문법은 다음과 같다.[18]

```
극값[ 다항식 ]
극값[ 함수 , 처음 x 값 , 마지막 x 값 ]
```

예를 들어, 다항함수 $f(x) = x^3 - 2x + 1$ 에 대한 극값을 구하려면, 입력창에 다음과 같이 입력한다.[19]

```
f(x) = x^3 - 2x + 1
극값[ f ]
```

[실행결과]
$(\,-0.82\,,\,2.09\,)\,,\,(\,0.82\,,\,-0.09\,)$

만일, 함수가 다항함수가 아닌 경우라면, 극값을 구할 범위를 지정해야 한다. 예를 들어, 구간 $[\,0\,,\,2\,]$ 에서 $g(x) = \sin x$ 의 극값을 구하려면, 입력창에 다음과 같이 차례로

---

[17] 우리말 명령어인 매개변수미분[] 대신, 영어 명령어인 `ParametricDerivative[]` 를 사용하는 것도 가능하다.
[18] 우리말 명령어인 극값[] 대신, 영어 명령어인 `Extremum[]` 을 사용하는 것도 가능하다.
[19] 극값[] 명령의 결과는 극점이다.

입력한다.[20]

```
g(x) = sin(x)
극값[ g , 0 , 2 ]
```

[실행결과]
(1.57 , 1)

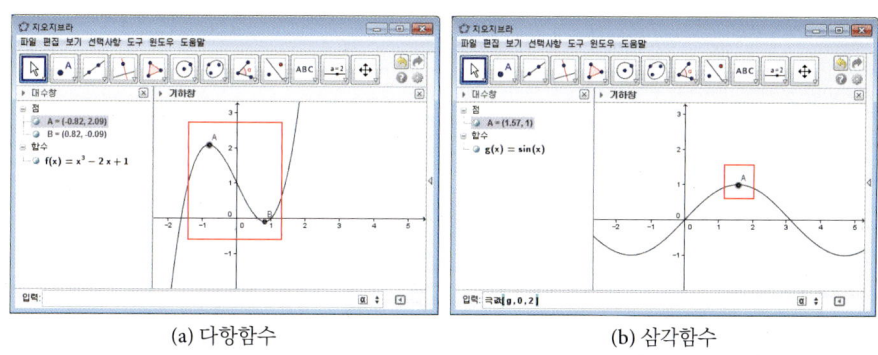

(a) 다항함수　　　　　　(b) 삼각함수

그림 4.27: 극값 명령 실행결과

변곡점 명령

지오지브라에서 **변곡점** 명령을 활용하면, 주어진 함수의 변곡점을 얻을 수 있다. 지오지브라에서 제공하는 **변곡점** 명령의 문법은 다음과 같다.[21]

```
변곡점[ 다항식 ]
```

예를 들어, 다항함수 $f(x) = x^3 - 2x + 1$ 의 변곡점을 구하려면, 입력창에 다음과 같이 차례로 입력한다.

```
f(x) = x^3 - 2x + 1
변곡점[ f ]
```

[실행결과]
(0 , 1)

---

[20]실행결과는 수치해석적인 근삿값이다.
[21]우리말 명령어인 변곡점[] 대신, 영어 명령어인 InflectionPoint[] 를 사용하는 것도 가능하다.

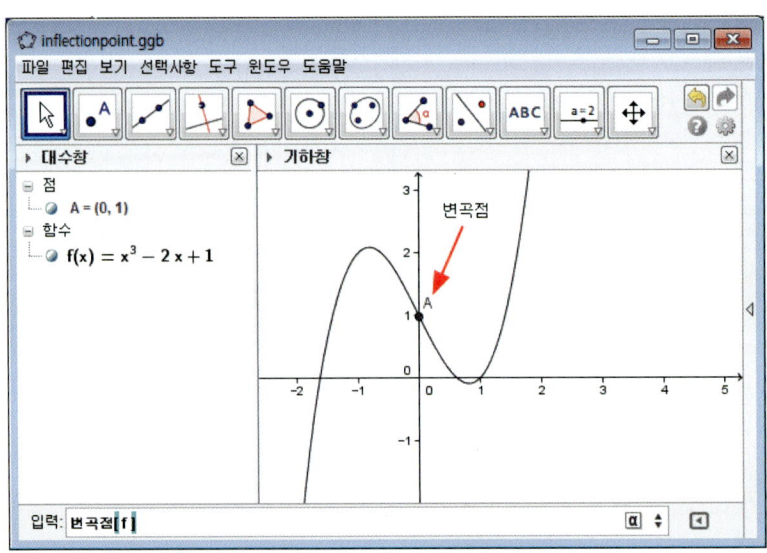

그림 4.28: 다항함수 $f(x) = x^3 - 2x + 1$ 의 변곡점

CHAPTER 5

적분

5.1 부정적분

정의 5.1

함수 $f(x)$를 도함수로 하는 함수 $F(x)$, 즉
$$F'(x) = f(x)$$
인 함수 $F(x)$를 $f(x)$의 **원시함수**(primitive function) 또는 **부정적분**(indefinite integral)이라 하고
$$\int f(x)dx = F(x) + C$$
로 나타낸다. 이때 함수 $f(x)$를 **피적분함수**, x를 **적분변수**, C를 **적분상수**라 하고, $f(x)$에서 $F(x)$를 구하는 것을 $f(x)$를 **적분**한다고 한다.

[예제 1] 다음 각 함수의 부정적분을 구하여라.

(1) $f(x) = 3x^2$ (2) $f(x) = \sec^2 x$

[풀이]

(1) $\frac{d}{dx}(x^3) = 3x^2$ 이므로
$$\int 3x^2 dx = x^3 + C$$

(2) $\frac{d}{dx} \tan x = \sec^2 x$ 이므로
$$\int \sec^2 x\, dx = \tan x + C$$

제5장 적분

지오지브라 실습(연산 결과) 위 예제를 지오지브라에서 실습하려면 CAS셀에 다음과 같이 입력한다. 이 경우 지오지브라를 사용하는 것은 계산의 결과를 확인하기 위한 것이다.

```
[지오지브라 CAS 명령]
적분[ 3 x^2 ]
적분[ sec( x )^2 ]
```

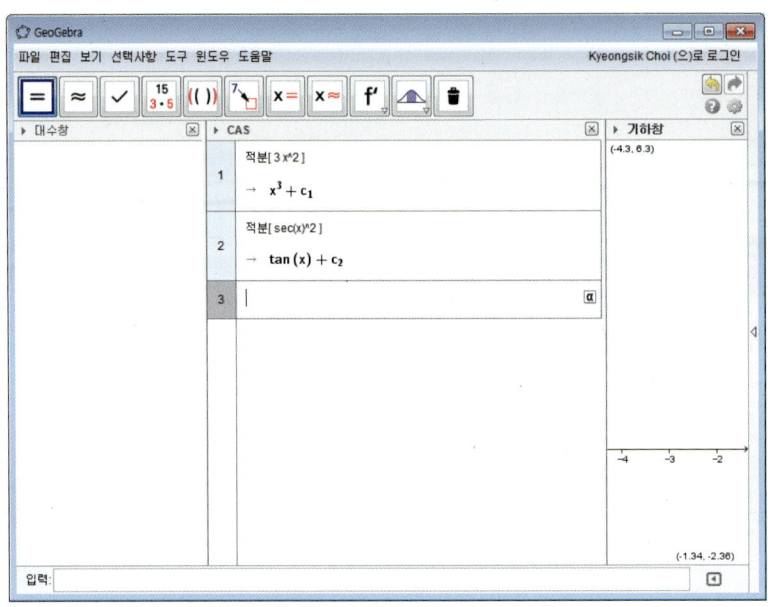

그림 5.1: CAS 연산 결과

예제 2 다음 등식이 성립됨을 보여라.
(1) $\int \left(\frac{d}{dx} f(x) \right) dx = f(x) + C$
(2) $\frac{d}{dx} \left(\int f(x) dx \right) = f(x)$

풀이
(1) $F(x) = \int \left(\frac{d}{dx} f(x) \right) dx$ 라 두면,

$$\frac{d}{dx} F(x) = \frac{d}{dx} f(x)$$
$$\therefore \frac{d}{dx} F(x) - \frac{d}{dx} f(x) = \frac{d}{dx} (F(x) - f(x)) = 0$$
$$\therefore F(x) - f(x) = C \text{ 즉, } F(x) = f(x) + C$$
$$\therefore \int \left(\frac{d}{dx} f(x) \right) dx = f(x) + C$$

(2) $f(x)$의 부정적분의 하나를 $F(x)$라 하면

$$\int f(x)dx = F(x) + C$$
$$\therefore F'(x) = f(x)$$
$$\therefore \frac{d}{dx}\left(\int f(x)dx\right) = \frac{d}{dx}(F(x) + C)$$
$$= F'(x)$$
$$= f(x)$$
$$\therefore \frac{d}{dx}\left(\int f(x)dx\right) = f(x)$$

정의 5.2 기본정리

(1) $\int kf(x)dx = k\int f(x)dx$ (k는 상수)
(2) $\int \{f(x) \pm g(x)\}dx = \int f(x)dx \pm \int g(x)dx$ (복호동순)

정의 5.3 기본공식

(1) $\int k\,dx = kx + C$ (k는 상수)
(2) $\int x^n dx = \frac{1}{n+1}x^{n+1} + C$ ($n \neq -1$인 실수), $\int \frac{1}{x}dx = \ln|x| + C$
(3) $\int a^x dx = \frac{a^x}{\ln a} + C$ ($a > 0, a \neq 1$), $\int e^x dx = e^x + C$
(4) $\int \sin x\,dx = -\cos x + C$, $\int \cos x\,dx = \sin x + C$
   $\int \sec^2 x\,dx = \tan x + C$, $\int \csc^2 x\,dx = -\cot x + C$
   $\int \sec x \tan x\,dx = \sec x + C$, $\int \csc x \cot x\,dx = -\csc x + C$
(5) $\int \frac{1}{a^2 + x^2}dx = \frac{1}{a}\tan^{-1}\frac{x}{a} + C$ ($a > 0$)

증명 이들 공식의 증명은 우변을 미분하여 좌변의 피적분 함수를 보이면 된다.

제5장 적분

예제 3 다음의 부정적분을 구하여라.

(1) $\int \sqrt[3]{x^2}dx$ (2) $\int \frac{2}{x}dx$

(3) $\int \frac{1}{4x^2+9}dx$ (4) $\int 10^x dx$

풀이

(1) $\int \sqrt[3]{x^2}dx = \int x^{\frac{2}{3}}dx = \frac{1}{\frac{2}{3}+1}x^{\frac{2}{3}+1} + C$
$= \frac{3}{5}x^{\frac{5}{3}} + C = \frac{3}{5}\sqrt[3]{x^5} + C$

(2) $\int \frac{2}{x}dx = 2\int \frac{1}{x}dx = 2\ln|x| + C$

(3) $\int \frac{1}{4x^2+9}dx = \frac{1}{4}\int \frac{1}{x^2+\frac{9}{4}}dx = \frac{1}{4} \cdot \frac{1}{\frac{3}{2}}\tan^{-1}\frac{x}{\frac{3}{2}} + C = \frac{1}{6}\tan^{-1}\frac{2}{3}x + C$

(4) $\int 10^x dx = \frac{10^x}{\ln 10} + C$

지오지브라 실습(연산 결과) 위 예제를 지오지브라에서 실습하려면 CAS셀에 다음과 같이 입력한다. 이 경우 지오지브라를 사용하는 것은 계산의 결과를 확인하기 위한 것이다.

```
[지오지브라 CAS 명령]
적분[ n제곱근[ x^2 , 3 ] ]
적분[ 2 / x ]
적분[ 1 / ( 4 x^2 + 9 ) ]
적분[ 10^x ]
```

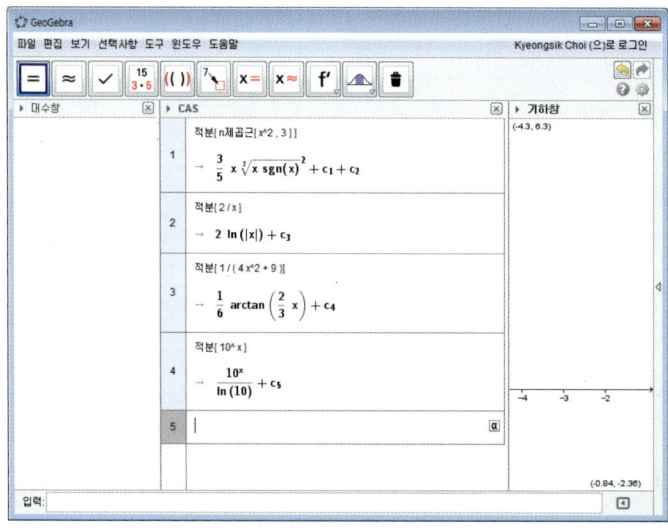

그림 5.2: CAS 연산 결과

연습문제 5.1

① 다음 부정적분을 구하여라.
    (1) $\int \frac{x^2+1}{\sqrt{x}} dx$ (2) $\int \frac{1}{x^2+3} dx$
    (3) $\int \frac{1}{9x^2+4} dx$ (4) $\int \frac{1}{1+\tan^2 \theta} d\theta + \int \frac{1}{1+\cot^2 \theta} d\theta$
    (5) $\int \frac{x^4+x^2+1}{x^2-x+1} dx$ (6) $\int \tan^2 x \, dx$

② $\frac{d}{dx} \int (ax^2 + 3x + 2) dx = 9x^2 + bx + c$를 만족하는 상수 a, b, c의 값을 구하여라.

③ 정리 5.3의 (5)를 증명하여라.

5.2 치환적분법

정리 5.4 치환적분법

$\int f(x)dx$에서 $x = g(t)$로 놓으면 $dx = g'(t)dt$이다. 따라서,

$$\int f(x)dx = \int f(g(t))g'(t)dt$$

이다.

증명 $F(x) = \int f(x)dx$에서 $F'(x) = f(x)$이다. $F(x)$에서 $x = g(t)$로 놓으면 $F(x) = F(g(t))$는 t에 관한 합성함수이므로 합성함수의 미분법에 의하여

$$\frac{d}{dt}F(x) = \frac{d}{dt}F(g(t)) = F'(g(t))g'(t)$$
$$= f(g(t))g'(t)$$
$$\therefore \int f(x)dx = F(x) = \int f(g(t))g'(t)dt$$

이다.

예제 4 다음 부정적분을 구하여라.
(1) $\int (x^2+1)^{50} 2x\,dx$ (2) $\int \frac{4x^2}{\sqrt{x^3+8}}dx$

풀이
(1) $x^2 + 1 = t$라 하면 $2xdx = dt$이다.

$$\therefore \int (x^2+1)^{50} 2x\,dx = \int t^{50} dt$$
$$= \frac{1}{51}t^{51} + C$$
$$= \frac{1}{51}(x^2+1)^{51} + C$$

(2) $x^3 + 8 = t$라 하면 $3x^2 dx = dt$이다.

$$\therefore \int \frac{4x^2}{\sqrt{x^3+8}}dx = \frac{4}{3}\int t^{-\frac{1}{2}}dt$$
$$= \frac{4}{3} \cdot 2t^{\frac{1}{2}} + C$$
$$= \frac{8}{3}\sqrt{x^3+8} + C$$

[지오지브라 실습(연산 결과)] 위 예제를 지오지브라에서 실습하려면 CAS셀에 다음과 같이 입력한다. 이 경우 지오지브라를 사용하는 것은 계산의 결과를 확인하기 위한 것이다.

[지오지브라 CAS 명령]
적분[(x^2 + 1)^(50) 2 x]
적분[4 x^2 / sqrt(x^3 + 8)]

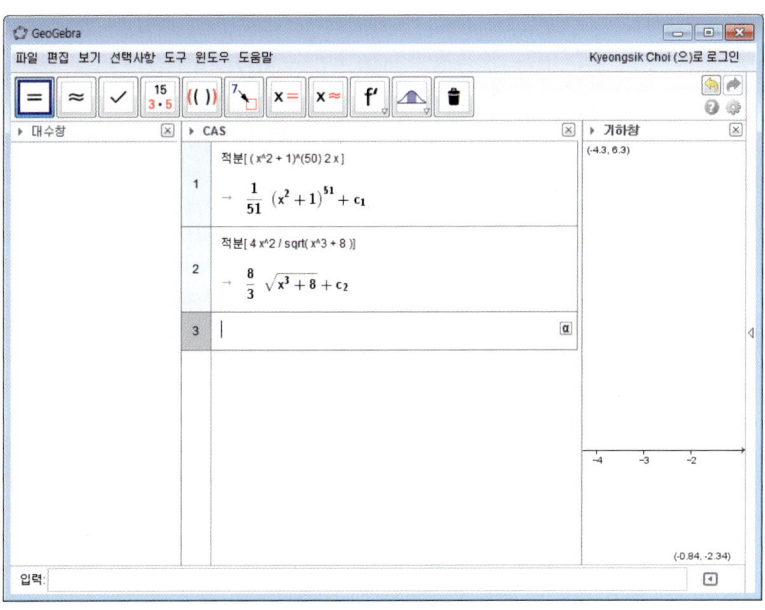

그림 5.3: CAS 연산 결과

[예제 5] 다음을 증명하여라.
(1) $\int f(x)dx = F(x) + C$ 이면,
$$\int f(ax+b)dx = \frac{1}{a}F(ax+b) + C$$
(2) $\int \frac{f'(x)}{f(x)}dx = \ln|f(x)| + C$

[증명]
(1) $ax + b = t$ 라 하면 $adx = dt$ 이므로

$$\therefore \int f(ax+b)dx = \int f(t) \cdot \frac{1}{a}dt = \frac{1}{a}\int f(t)dt$$
$$= \frac{1}{a}F(t) + C = \frac{1}{a}F(ax+b) + C$$

(2) $f(x) = t$ 라 하면 $f'(x)dx = dt$ 이므로

$$\therefore \int \frac{f'(x)}{f(x)}dx = \int \frac{1}{t}dt = \ln|t| + C = \ln|f(x)| + C$$

[예제 6] 다음 부정적분을 구하여라.
    (1) $\int (2x+3)^7 dx$ (2) $\int e^{2x+3} dx$
    (3) $\int \sin(2x+3)dx$ (4) $\int \tan x dx$
    (5) $\int \frac{1}{2x+1}dx$

[풀이]
(1) $\int (2x+3)^7 dx = \frac{1}{2} \cdot \frac{1}{8}(2x+3)^8 + C = \frac{1}{16}(2x+3)^8 + C$
(2) $\int e^{2x+3} dx = \frac{1}{2}e^{2x+3} + C$
(3) $\int \sin x dx = -\cos x + C$ 이므로 $\int \sin(2x+3)dx = -\frac{1}{2}\cos(2x+3) + C$
(4) $\int \tan x dx = \int \frac{\sin x}{\cos x}dx$. 이때 $(\cos x)' = -\sin x$ 이므로
    $\therefore \int \tan x dx = -\int \frac{-\sin x}{\cos x}dx = -\ln|\cos x| + C$
(5) $\int \frac{1}{2x+1}dx = \frac{1}{2}\int \frac{2}{2x+1}dx = \frac{1}{2}\ln|2x+1| + C$.

[지오지브라 실습(연산 결과)] 위 예제를 지오지브라에서 실습하려면 CAS셀에 다음과 같이 입력한다. 이 경우 지오지브라를 사용하는 것은 계산의 결과를 확인하기 위한 것이다.

[지오지브라 CAS 명령]
적분[(2 x + 3)^7]
적분[exp(2 x + 3)]
적분[sin(2 x + 3)]
적분[tan(x)]
적분[1 / (2 x + 1)]

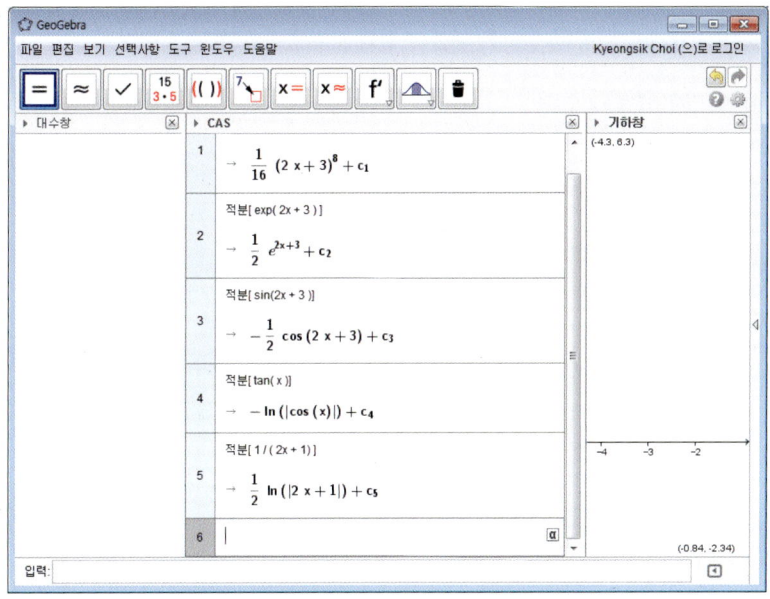

그림 5.4: CAS 연산 결과

[예제 7] 다음 부정적분을 구하여라.
  (1) $\int \sin^3 x \, dx$ (2) $\int \sin^2 x \, dx$

[풀이]
(1) $\cos x = t$라 두면, $-\sin x \, dx = dt$이므로

$$\therefore \int \sin^3 x\,dx = \int \sin^2 x \sin x\,dx = \int (1-\cos^2 x)\sin x\,dx$$
$$= \int (1-t^2)(-dt) = \frac{1}{3}t^3 - t + C$$
$$= \frac{1}{3}\cos^3 x - \cos x + C$$

(2) $\int \sin^2 x\,dx = \int \frac{1-\cos 2x}{2}\,dx = \frac{1}{2}\left(x - \frac{1}{2}\sin 2x\right) + C$

[지오지브라 실습(연산 결과)] 위 예제를 지오지브라에서 실습하려면 CAS셀에 다음과 같이 입력한다. 이 경우 지오지브라를 사용하는 것은 계산의 결과를 확인하기 위한 것이다.

[지오지브라 CAS 명령]
적분[sin(x)^3]
적분[sin(x)^2]

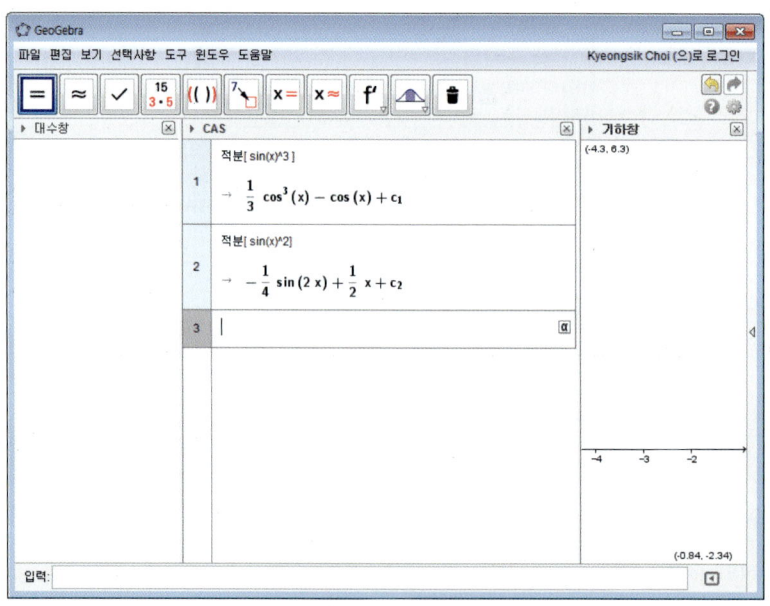

그림 5.5: CAS 연산 결과

[예제 8] 부정적분 $\int \frac{1}{\sqrt{1-x^2}}\,dx$ 를 구하여라.

[풀이] $x = \sin\theta\ (0 \le \theta \le \frac{\pi}{2})$ 라 하면 $\sqrt{1-x^2} = \cos\theta$, $dx = \cos\theta\,d\theta$

$$\therefore \int \frac{1}{\sqrt{1-x^2}} dx = \int \frac{\cos\theta}{\cos\theta} d\theta$$
$$= \theta + C$$
$$= \sin^{-1} x + C$$

[지오지브라 실습(연산 결과)] 위 예제를 지오지브라에서 실습하려면 CAS셀에 다음과 같이 입력한다. 이 경우 지오지브라를 사용하는 것은 계산의 결과를 확인하기 위한 것이다.

[지오지브라 CAS 명령]
적분[1 / sqrt(1 - x^2)]

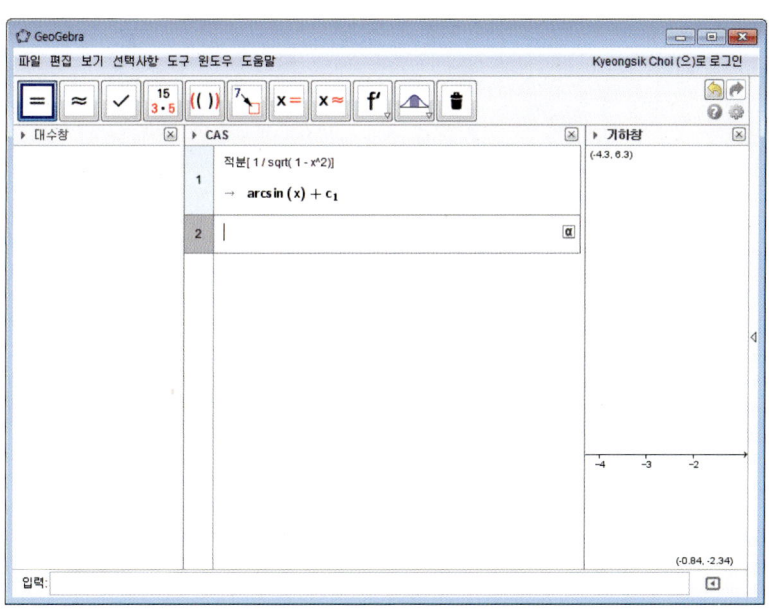

그림 5.6: CAS 연산 결과

[참고] 피적분 함수에
(1) $\sqrt{a^2-x^2}$이 있을 때는 $x = a\sin\theta (0 \leq \theta \leq \frac{\pi}{2})$로,
(2) $\sqrt{x^2+a^2}$이 있을 때는 $x = a\tan\theta (0 \leq \theta \leq \frac{\pi}{2})$로,
(3) $\sqrt{x^2-a^2}$이 있을 때는 $x = a\sec\theta$로 치환하면 된다.

연습문제 5.2

1. 다음 부정적분을 구하여라.

   (1) $\int x\sqrt{4x+8}\,dx$
   (2) $\int \sin x e^{\cos x}\,dx$
   (3) $\int \cos^3 x \sin x\,dx$
   (4) $\int \frac{\cos\sqrt{x}}{\sqrt{x}}\,dx$
   (5) $\int xe^{x^2}\,dx$
   (6) $\int \cot x\,dx$
   (7) $\int \frac{1+\cos x}{x+\sin x}\,dx$
   (8) $\int \frac{x}{x^2+1}\,dx$
   (9) $\int \cos^2 x\,dx$
   (10) $\int \frac{1}{e^x}\,dx$
   (11) $\int \sin(\sin\theta)\cos\theta\,d\theta$
   (12) $\int \frac{\ln x}{x}\,dx$
   (12) $\int \frac{1}{x^2\sqrt{1+x^2}}\,dx$
   (13) $\int \frac{1}{e^x-1}\,dx$

5.3 부분적분법

정리 5.5 부분적분법

두 함수 $f(x)$와 $g(x)$가 미분가능하고 $f'(x)$와 $g'(x)$가 연속이면

$$\int f'(x)g(x)dx = f(x)g(x) - \int f(x)g'(x)dx$$

이다.

[증명] $\frac{d}{dx}\{f(x)g(x)\} = f'(x)g(x) + f(x)g'(x)$ 이므로

$$f'(x)g(x) = \frac{d}{dx}\{f(x)g(x)\} - f(x)g'(x)$$

이다. 따라서 양변을 x에 관하여 적분하면

$$\int f'(x)g(x)dx = f(x)g(x) - \int f(x)g'(x)dx$$

이다.

[예제 9] 다음 부정적분을 구하여라.
(1) $\int xe^x dx$
(2) $\int \ln x\, dx$
(3) $\int x\cos x\, dx$
(4) $\int x^2 e^x dx$
(5) $\int e^x \cos x\, dx$

[풀이]
(1) $f'(x) = e^x, g(x) = x$ 라고 하면 $f(x) = e^x, g'(x) = 1$ 이다.

$$\therefore \int xe^x dx = xe^x - \int e^x dx$$
$$= xe^x - e^x + C$$

(2) $f'(x) = 1, g(x) = \ln x$ 라고 하면 $f(x) = x, g'(x) = \frac{1}{x}$ 이다.

$$\therefore \int \ln x\, dx = \int 1 \cdot \ln x\, dx$$
$$= x \ln x - \int x \cdot \frac{1}{x} dx$$
$$= x \ln x - x + C$$

(3) $f'(x) = \cos x, g(x) = x$ 라고 하면 $f(x) = \sin x, g'(x) = 1$ 이다.

$$\therefore \int x \cos x\, dx = x \sin x - \int \sin x\, dx$$
$$= x \sin x + \cos x + C$$

(4) $f'(x) = e^x, g(x) = x^2$ 이라고 하면 $f(x) = e^x, g'(x) = 2x$ 이다.

$$\therefore \int x^2 e^x\, dx = x^2 e^x - \int 2x e^x\, dx$$
$$= x^2 e^x - 2(x e^x - e^x) + C$$
$$= e^x (x^2 - 2x + 2) + C$$

(5) $f'(x) = \cos x, g(x) = e^x$ 라고 하면 $f(x) = \sin x, g'(x) = e^x$ 이다.

$$\therefore \int e^x \cos x\, dx = e^x \sin x - \int e^x \sin x\, dx$$
$$= e^x \sin x - \left\{ e^x (-\cos x) - \int e^x (-\cos x) dx \right\}$$
$$= e^x \sin x + e^x \cos x - \int e^x \cos x\, dx$$
$$\therefore 2 \int e^x \cos x\, dx = e^x (\sin x + \cos x) + C'$$
$$\therefore \int e^x \cos x\, dx = \frac{e^x}{2} (\sin x + \cos x) + C$$

지오브라 실습(연산 결과) 위 예제를 지오브라에서 실습하려면 CAS셀에 다음과 같이 입력한다. 이 경우 지오브라를 사용하는 것은 계산의 결과를 확인하기 위한 것이다.

```
[지오지브라 CAS 명령]
적분[ x exp( x ) ]
적분[ ln( x ) ]
적분[ x cos( x ) ]
적분[ x^2 exp( x ) ]
적분[ exp( x ) cos( x ) ]
```

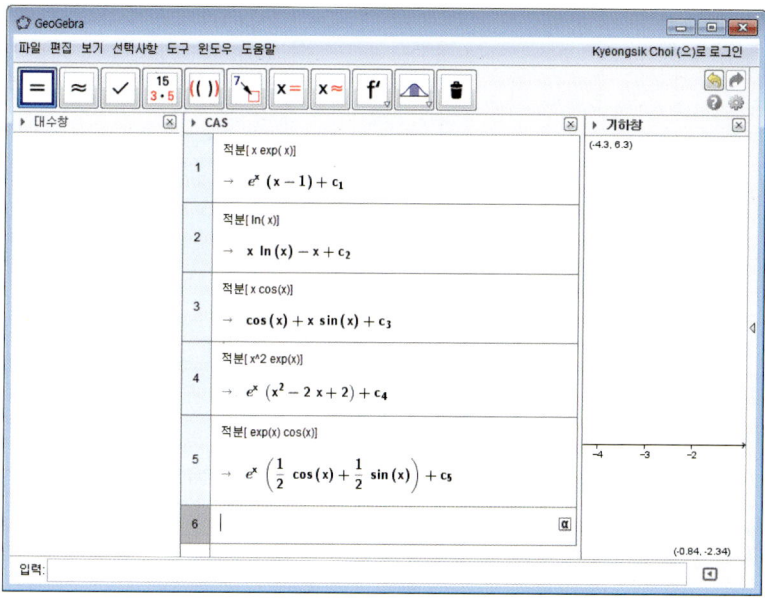

그림 5.7: CAS 연산 결과

연습문제 5.3

1. 다음 부정적분을 구하여라.

   (1) $\int x^2 \ln x\, dx$ (2) $\int e^x \sin x\, dx$
   (3) $\int x^2 \sin x\, dx$ (4) $\int \ln x^2\, dx$

5.4 분수함수의 적분법

두 함수 $f(x)$, $g(x)$가 다항함수일 때 $\frac{f(x)}{g(x)}$ 꼴의 분수함수의 적분은

(I) $f(x)$의 차수 $\geq g(x)$의 차수

$f(x)$를 $g(x)$로 나누어 그 몫을 $q(x)$, 나머지를 $r(x)$라고 하면

$$\frac{f(x)}{g(x)} = q(x) + \frac{r(x)}{g(x)}$$

가 된다. 이때, $q(x)$는 다항함수이므로 쉽게 적분할 수 있다. $\frac{r(x)}{g(x)}$ 의 적분은 다음 세 가지의 경우로 분류할 수 있다.

(II) $f(x)$의 차수 $< g(x)$의 차수

(i) $g'(x) = f(x)$이면

$$\int \frac{f(x)}{g(x)} dx = \ln|g(x)| + C$$

(ii) 분모 $g(x)$가 인수분해되면 $\frac{f(x)}{g(x)}$ 를 부분분수로 분해한 후 각각을 적분한다.

(iii) 분모 $g(x)$가 인수분해되지 않는 이차식이면 이를 완전제곱으로 고쳐 정리 5.3의 (5)를 적용시키면 된다.

예제 10 $\int \frac{x^3+2x^2}{x^2-1}dx$를 구하여라.

풀이 $\frac{x^3+2x^2}{x^2-1} = x+2+\frac{3}{2(x-1)} - \frac{1}{2(x+1)}$ 이므로

$$\therefore \int \frac{x^3+2x^2}{x^2-1}dx = \int \left(x+2+\frac{3}{2(x-1)} - \frac{1}{2(x+1)}\right)dx$$
$$= \frac{1}{2}x^2 + 2x + \frac{3}{2}\ln|x-1| - \frac{1}{2}|x+1| + C$$

지오지브라 실습(연산 결과) 위 예제를 지오지브라에서 실습하려면 CAS셀에 다음과 같이 입력한다. 이 경우 지오지브라를 사용하는 것은 계산의 결과를 확인하기 위한 것이다.

[지오지브라 CAS 명령]
적분[(x^3 + 2 x^2) / (x^2 - 1)]

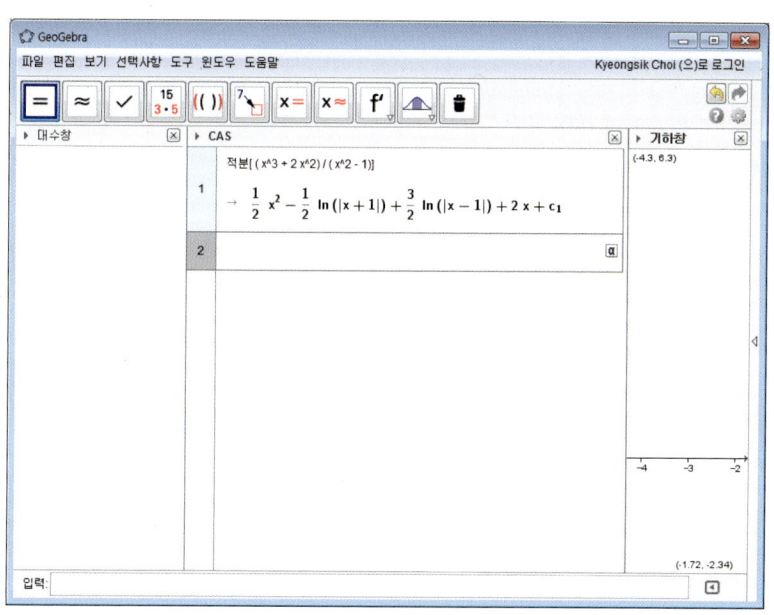

그림 5.8: CAS 연산 결과

[예제 11] $\int \frac{1}{x^2-1}dx$를 구하여라.

[풀이] $\frac{1}{x^2-1} = \frac{1}{2}\left(\frac{1}{x-1} - \frac{1}{x+1}\right)$ 이므로

$$\therefore \int \frac{1}{x^2-1}dx = \int \frac{1}{2}\left(\frac{1}{x-1} - \frac{1}{x+1}\right)dx$$
$$= \frac{1}{2}(\ln|x-1| - \ln|x+1|) + C$$
$$= \frac{1}{2}\ln\left|\frac{x-1}{x+1}\right| + C$$

[지오지브라 실습(연산 결과)] 위 예제를 지오지브라에서 실습하려면 CAS셀에 다음과 같이 입력한다. 이 경우 지오지브라를 사용하는 것은 계산의 결과를 확인하기 위한 것이다.

```
[지오지브라 CAS 명령]
적분[ 1 / ( x^2 - 1 ) ]
```

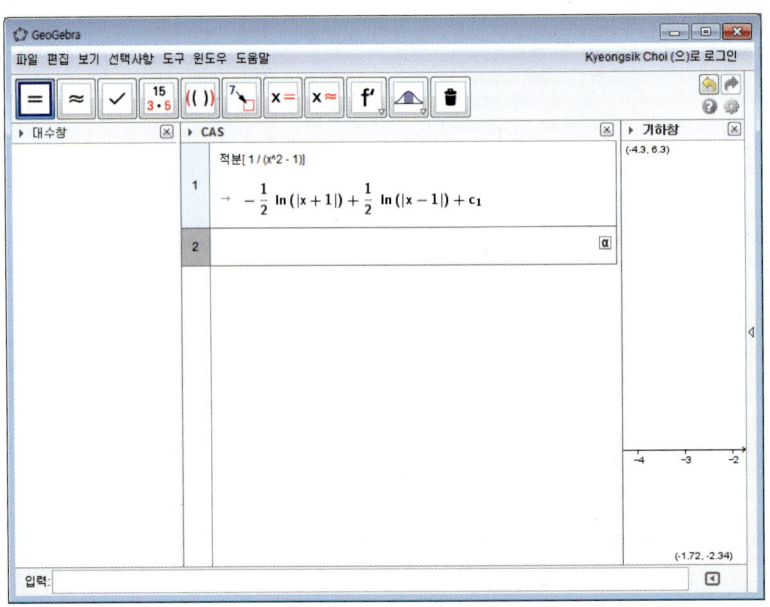

그림 5.9: CAS 연산 결과

5.4 분수함수의 적분법

[예제 12] $\int \frac{1}{x^2+2x+5}dx$ 를 구하여라.

[풀이] $x^2 + 2x + 5 = (x+1)^2 + 4$ 이므로 $t = x+1$로 치환하면 $dt = dx$이다.

$$\therefore \int \frac{1}{x^2+2x+5}dx = \int \frac{1}{(x+1)^2+4}dx$$
$$= \int \frac{1}{t^2+4}dt$$
$$= \frac{1}{2}\tan^{-1}\frac{t}{2} + C$$
$$= \frac{1}{2}\tan^{-1}\frac{x+1}{2} + C$$

[지오지브라 실습(연산 결과)] 위 예제를 지오지브라에서 실습하려면 CAS셀에 다음과 같이 입력한다. 이 경우 지오지브라를 사용하는 것은 계산의 결과를 확인하기 위한 것이다.

[지오지브라 CAS 명령]
적분[1 / (x^2 + 2 x + 5)]

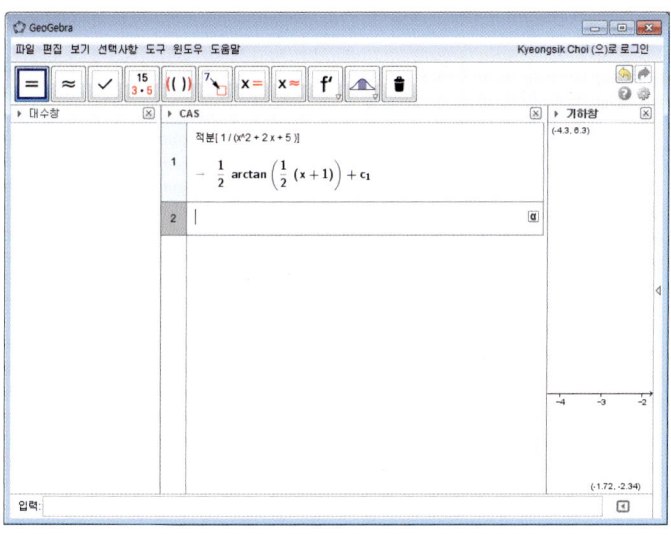

그림 5.10: CAS 연산 결과

연습문제 5.4

1. 다음 부정적분을 구하여라.

   (1) $\int \frac{x-1}{x+1} dx$
   (2) $\int \frac{x^2}{x^2+4} dx$
   (3) $\int \frac{1}{x^3+1} dx$
   (4) $\int \frac{1}{x^2+3x+2} dx$
   (5) $\int \frac{x}{x-3} dx$
   (6) $\int \frac{2}{x^2+2} dx$
   (7) $\int \frac{3x^2-7x}{3x+2} dx$
   (4) $\int \frac{5x-3}{x^2-2x-3} dx$

5.5 정적분의 정의와 성질

정의 5.6

함수 $f(x)$가 닫힌구간 $[a,b]$에서 연속인 함수일 때 구간 $[a,b]$를 n개의 소구간으로

$$\Delta : a = x_0 < x_1 < x_2 < \cdots < x_{n-1} < x_n = b$$

와 같이 분할하자. 소구간 $[x_{i-1}, x_i]$의 길이를 $\Delta x_i = x_i - x_{i-1}$이라 하고 그 소구간의 임의의 한 점 ξ_i를 취하여

$$S(\Delta) = \sum_{i=1}^{n} f(\xi_i)\Delta x_i$$

라고 하자. 각 소구간 $[x_{i-1}, x_i]$의 길이 Δx_i 중에서 최대인 것의 값을

$$\delta = max\{\Delta x_1, \Delta x_2, \cdots \Delta x_n\}$$

이라 하면

$$\sum_{i=1}^{n} f(\xi_i)\Delta x_i \leq \sum_{i=1}^{n} f(\xi_i)\delta$$

이다. 이때, $\delta \to 0$이 되게 $n \to \infty$로 로 놓을 때, 즉 분할을 세분시킬 때, 극한값

$$\lim_{n \to \infty} S(\Delta) = \lim_{n \to \infty} \sum_{i=1}^{n} f(\xi_i)\Delta x_i$$

가 존재하면, 함수 $f(x)$는 $[a,b]$에서 **적분가능**(integrable)하다고 하고, 그 극한값을 $[a,b]$에서 $f(x)$의 **정적분**(definite integral)이라 하며,

$$\int_a^b f(x)dx$$

로 나타낸다. 이때 a와 b를 각각 이 정적분의 **하한**과 **상한**이라 한다.

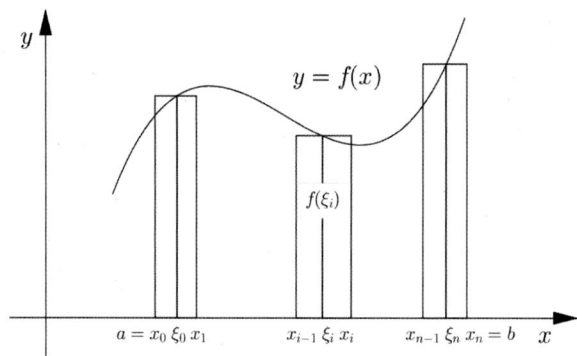

그림 5.11: 상한과 하한

> [참고]
>
> (1) 구간 $[a,b]$에서 $\Delta x_1 = \Delta x_2 = \cdots = \Delta x_n$를 만족할 때
>
> $$\delta = \frac{b-a}{n} = \Delta x$$
>
> 가 되고 $\delta \to 0$은 $n \to \infty$와 같은 의미를 가진다.
>
> (2) 정적분의 정의로부터 $[a,b]$에서 $f(x) \geq 0$이면 $\int_a^b f(x)dx$는 곡선 $f(x)$와 두 직선 $x=a, x=b$로 둘러싸인 도형의 넓이이다.
>
> (3) 정적분 $\int_a^b f(x)dx$의 값은 적분변수에 관계없이 함수 $f(x)$와 구간 $[a,b]$에 따라 정해지므로
>
> $$\int_a^b f(x)dx = \int_a^b f(t)dt$$
>
> 이다.

5.5 정적분의 정의와 성질

[지오지브라 실습(원리 탐구)] 정적분의 정의에 대한 이해를 돕기 위해 $f(x) = \sin x$일 때 구간 $[0, \frac{\pi}{2}]$에 대하여 상합, 하합, 적분값을 지오지브라에서 구하는 과정을 실습해보자.

① 함수 $f(x) = \sin x$를 정의하기 위해 입력창에 다음과 같이 입력한다.

[지오지브라 명령]
f(x) = sin(x)

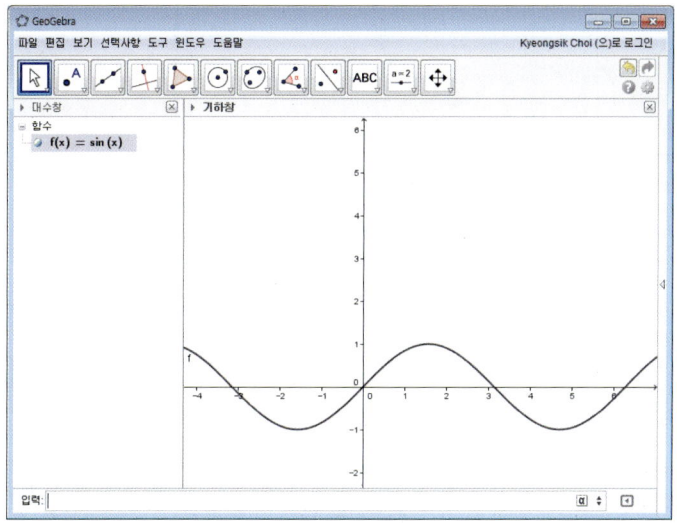

② 분할의 수를 조절하기 위해 슬라이더  도구를 선택한 후 기하창을 클릭하여 슬라이더를 만든다. 이때 슬라이더는 정수로 설정한다.

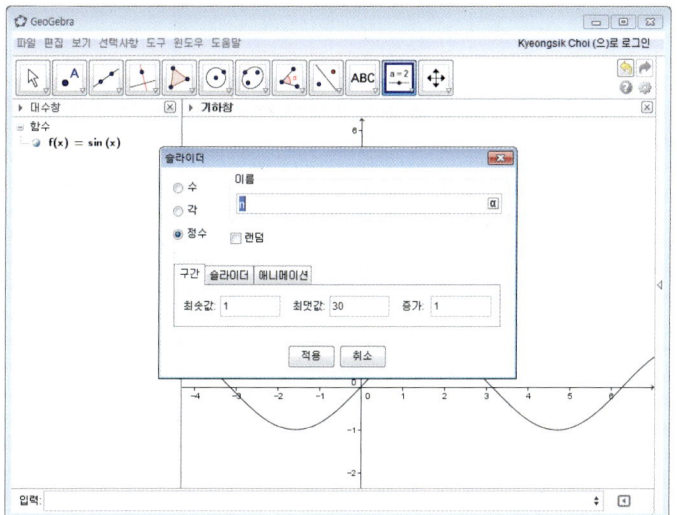

③ 주어진 구간에서의 n등분된 분할에서의 상합을 구하려면 입력창에 다음과 같이 입력한다.

[지오지브라 명령]
상합[f , 0 , pi / 2 , n]

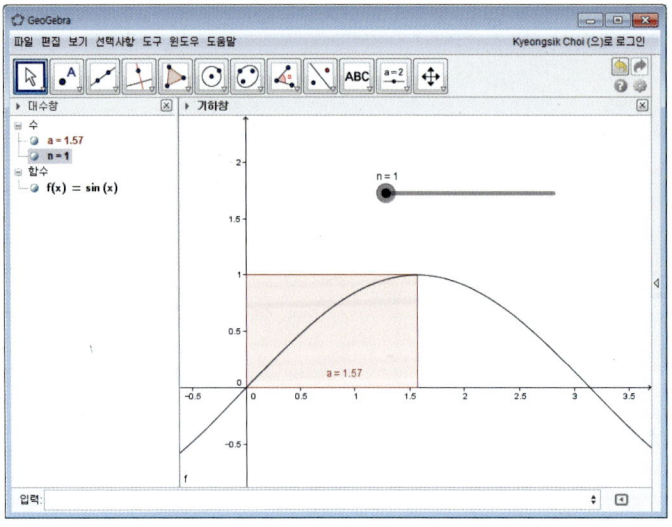

④ 슬라이더를 드래그하면 분할수가 늘어나면서 상합의 값이 줄어드는 것을 관찰할 수 있다.

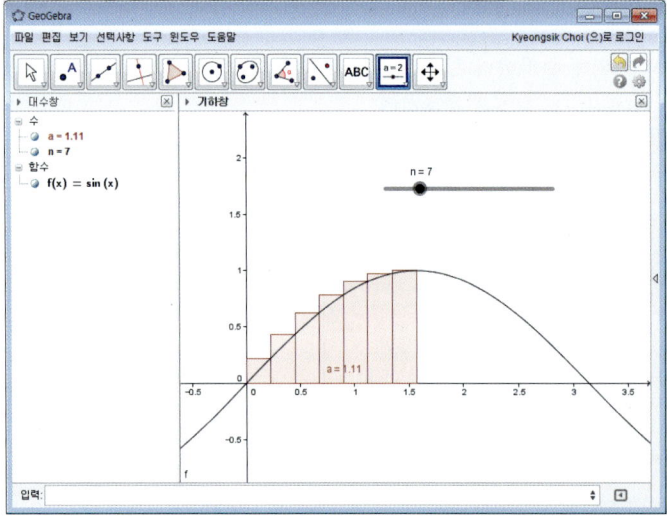

5 주어진 구간에서의 n등분된 분할에서의 하합을 구하려면 입력창에 다음과 같이 입력한다.

[지오지브라 명령]
하합[f , 0 , pi / 2 , n]

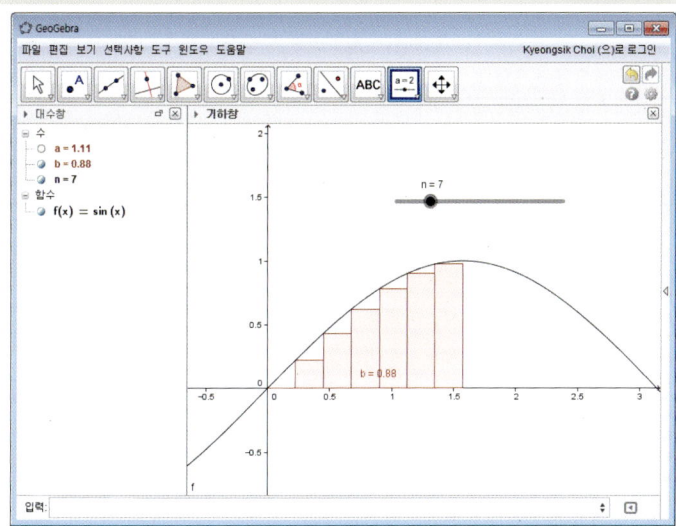

6 주어진 구간에서의 n등분된 분할에서의 하합을 구하려면 입력창에 다음과 같이 입력한다.

[지오지브라 명령]
적분[f , 0 , pi / 2]

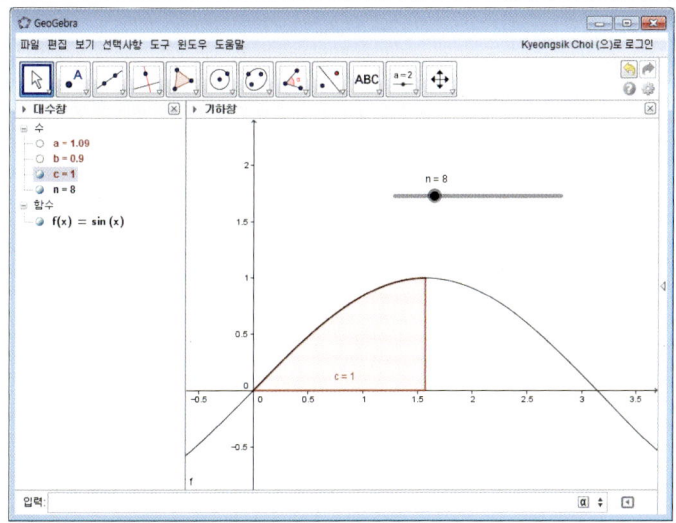

> **정의 5.7**
>
> 함수 $f(x)$가 $[a,b]$에서 적분가능하면
> (1) $\int_a^b f(x)dx = -\int_b^a f(x)dx$
> (2) $\int_a^a f(x)dx = 0$

> **정리 5.8**
>
> 함수 $f(x), g(x)$가 $[a,b]$에서 연속일 때
> (1) $\int_a^b kf(x)dx = k\int_b^a f(x)dx$ (k는 상수)
> (2) $\int_a^b \{f(x) \pm g(x)\}dx = \int_a^b f(x)dx \pm \int_a^b g(x)dx$ (복호동순)

> **정리 5.9**
>
> (1) $f(x), g(x)$가 $[a,b]$에서 연속이고 $g(x) \leq f(x)$이면,
>
> $$\int_a^b g(x)dx \leq \int_a^b f(x)dx$$
>
> 이다. 특히,
> (2) $\left|\int_a^b f(x)dx\right| \leq \int_a^b |f(x)|dx$ 이다.

[증명] (2) $-|f(x)| \leq f(x) \leq |f(x)|$ ($x \in [a,b]$)이므로 (1)에 의하여,

$$-\int_a^b |f(x)|dx \leq \int_a^b f(x)dx \leq \int_a^b |f(x)|dx$$

이다. 따라서 (2)가 성립한다.

[예제 13] 모든 자연수 n에 대하여

$$\left|\int_0^1 \frac{\cos nx}{x+1}dx\right| \leq \ln 2$$

임을 보여라.

[풀이]

$$\begin{aligned}\left|\int_0^1 \frac{\cos nx}{n+1}dx\right| &\leq \int_0^1 \left|\frac{\cos nx}{x+1}\right|dx \\ &\leq \int_0^1 \frac{1}{x+1}dx \\ &= [\ln(1+x)]_0^1 \\ &= \ln 2\end{aligned}$$

[지오지브라 실습(원리 탐구)] 예제 13에 대한 이해를 돕기 위해 지오지브라에서 주어진 부등식을 시각적으로 관찰하는 과정을 실습해보자.

① 자연수 n에 대하여 고려하기 위해 슬라이더 도구를 선택한 후 기하창을 클릭하여 슬라이더를 만든다. 이때 슬라이더는 정수로 설정한다.

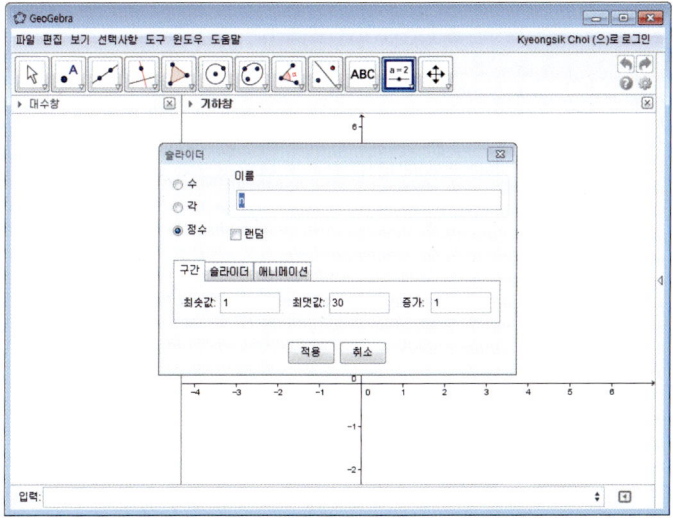

제5장 적분

② $f(x) = \frac{\cos(nx)}{x+1}$ 을 정의하기 위해 입력창에 다음과 같이 입력한다.

[지오지브라 명령]
f(x) = cos(n x) / (x + 1)

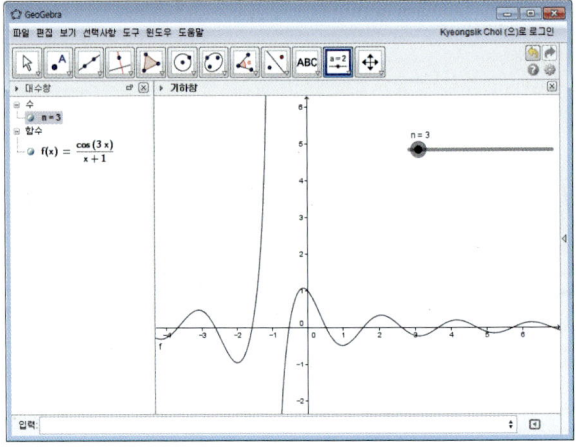

③ $f(x)$에 대한 이해를 돕기 위해 함수 $g(x) = \frac{1}{x+1}$ 과 $h(x) = \frac{-1}{x+1}$ 을 그리려면 입력창에 다음과 같이 차례로 입력한다.[1]

[지오지브라 명령]
g(x) = 1 / (x + 1)
h(x) = - 1 / (x + 1)

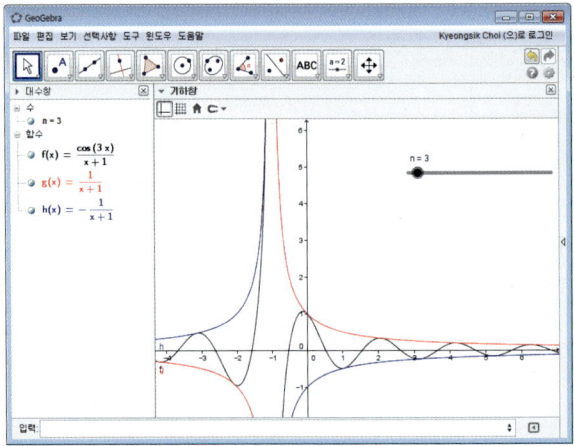

---

[1]함수의 그래프를 알아보기 쉽도록 $g(x)$는 빨간색, $h(x)$는 파란색으로 설정한다.

5.5 정적분의 정의와 성질

④ 그래프에서 보면 $f(x)$는 $g(x)$와 $h(x)$ 사이에 있다. 문제에서 주어진 것과 같이 $|f(x)|$를 정의하기 위해 입력창에 대음과 같이 입력한다.

[지오지브라 명령]
abs(f)

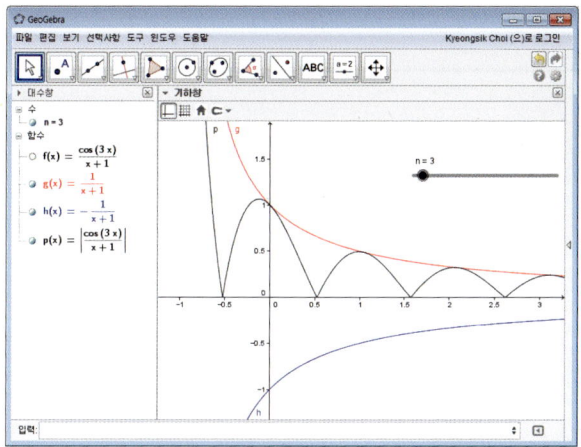

⑤ $\int_0^1 \left|\frac{\cos nx}{x+1}\right| dx$과 $\int_0^1 \frac{1}{x+1} dx$를 비교하려면 입력창에 다음과 같이 차례로 입력한다.[2]

[지오지브라 명령]
적분[p , 0 , 1]
적분[g , 0 , 1]

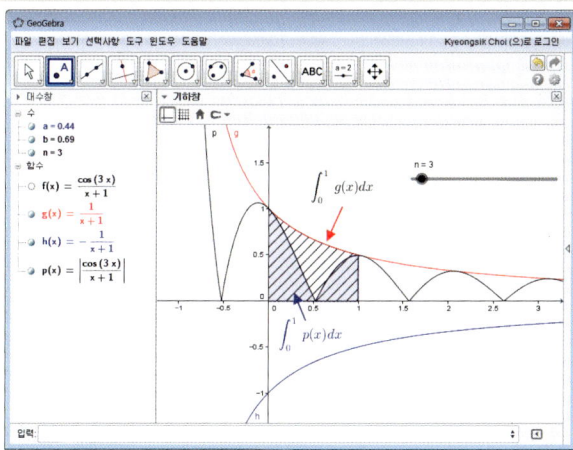

---

[2] $p(x) = \int_0^1 |f(x)| dx$ 라고 가정한다.

제5장 적분

정리 5.10

함수 $f(x)$가 주어진 닫힌구간에서 적분가능할 때

$$\int_a^b f(x)dx = \int_a^c f(x)dx + \int_c^b f(x)dx$$

증명

(i) $a < c < b$인 경우

$$\int_a^b f(x)dx = \lim_{\delta \to 0} \sum_{i=1}^n f(\xi_i)\delta x_i$$
$$= \lim_{\delta \to 0} \sum_{i=1}^k f(\xi_i)\Delta x_i + \sum_{i=k+1}^n f(\xi_i)\Delta x_i$$
$$= \int_a^c f(x)dx + \int_c^b f(x)dx$$

(ii) $a < b < c$인 경우

$$\int_a^c f(x)dx = \int_a^b f(x)dx + \int_b^c f(x)dx$$
$$= \int_a^b f(x)dx - \int_c^b f(x)dx$$
$$\therefore \int_a^b f(x)dx = \int_a^c f(x)dx + \int_c^b f(x)dx$$

(iii) $c < a < b$인 경우

위와 같은 방법으로 증명하면 된다.

참고 정리 5.10은 a, b, c의 대소에 관계없이 성립한다.

[예제 14] 정적분 정의에 의하여 $\int_0^1 x^2 dx$ 의 값을 구하여라.

[풀이] 적분 구간 $[0, 1]$을 n등분하면

$$\Delta x = \frac{1-0}{n}, \xi_k = 0 + \frac{1-0}{n}k = \frac{k}{n}, f(x) = x^2$$

이므로

$$\int_0^1 x^2 dx = \lim_{n \to \infty} \sum_{k=1}^n f(\xi_k)\Delta x = \lim_{n \to \infty} \sum_{k=1}^n \left(\frac{k}{n}\right)^2 \frac{1}{n}$$
$$= \lim_{n \to \infty} \frac{1}{n^3} \sum_{k=1}^n k^2$$
$$= \lim_{n \to \infty} \frac{1}{n^3} \cdot \frac{n(n+1)(2n+1)}{6} = \frac{1}{3}$$

이다.

[지오지브라 실습(원리 탐구)] 예제 14에 대한 이해를 돕기 위해 지오지브라에서 주어진 적분값을 구하는 과정에 대하여 실습해보자.

① 자연수 n에 대하여 고려하기 위해 슬라이더 도구를 선택한 후 기하창을 클릭하여 슬라이더를 만든다. 이때 슬라이더는 정수로 설정한다.

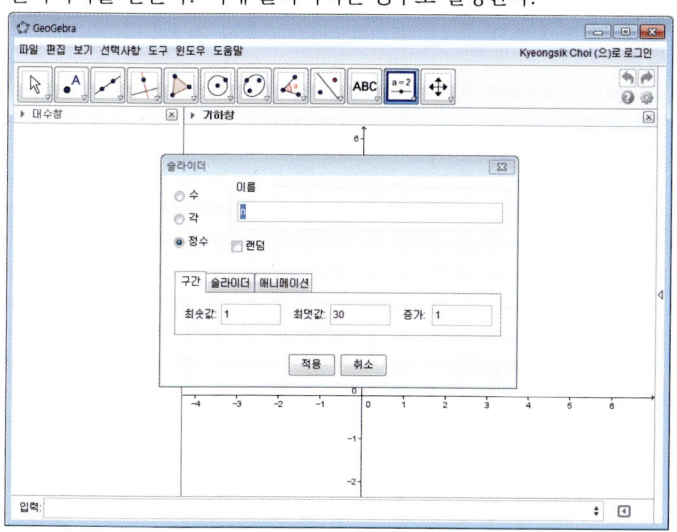

② $f(x) = x^2$을 정의하기 위해 입력창에 다음과 같이 입력한다.

[지오지브라 명령]
f(x) = x^2

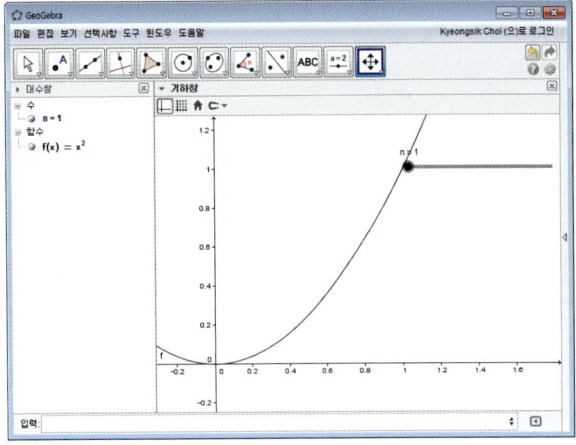

③ 정적분의 정의를 따르기 위해서는 직사각형들의 수열을 구해야 한다. 직사각형들의 수열을 구하기 위해 입력창에 다음과 같이 입력한다.

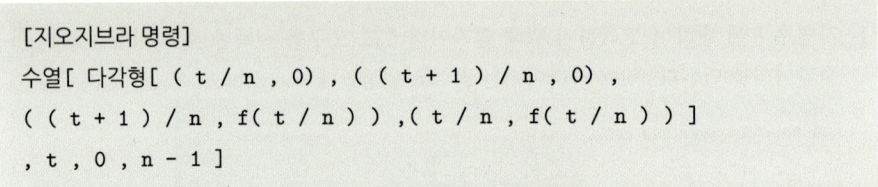

[지오지브라 명령]
수열[다각형[(t / n , 0) , ((t + 1) / n , 0) ,
((t + 1) / n , f(t / n)) ,(t / n , f(t / n))]
, t , 0 , n - 1]

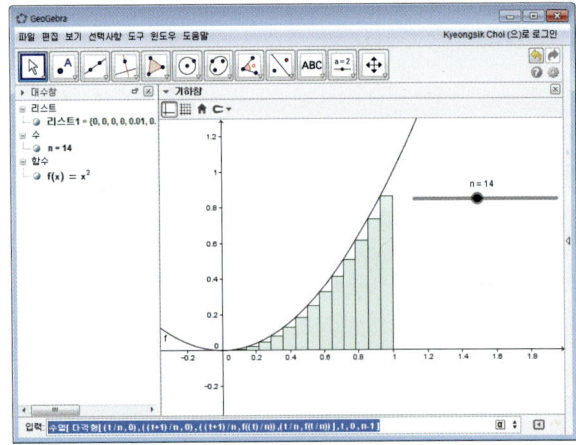

④ 직사각형의 수열인 리스트1의 원소의 합을 구하려면 입력창에 다음과 같이 입력한다.

[지오지브라 명령]
합[리스트1]

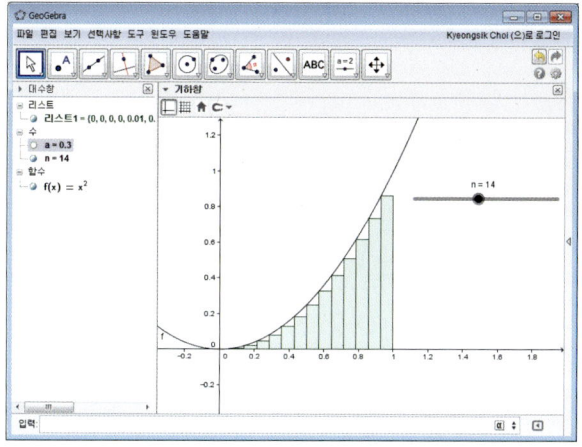

⑤ 슬라이더 n의 값을 30까지로 증가시키자 합의 값(a)이 0.32까지 증가하였다. n의 값이 증가할수록 a의 값이 $\frac{1}{3} = 0.333\cdots$ 에 근접하는 것을 관찰할 수 있다.[3]

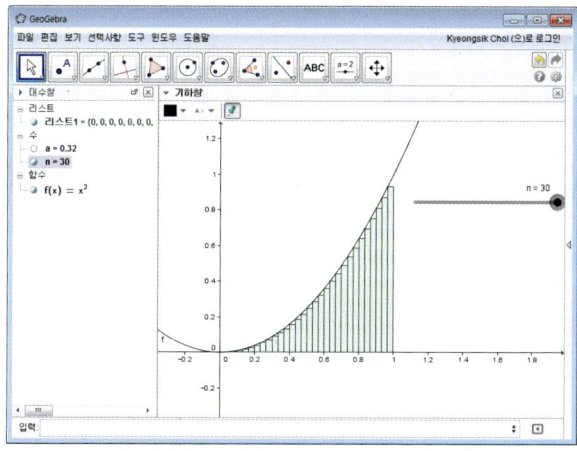

---

[3]이와 같이 복잡하게 하지 않아도 입력창에 하합[x^2 , 0 , 1 , n] 이라고 입력하면 동일한 결과를 쉽게 얻을 수 있다.

[예제 15] 다음 극한값을 정적분으로 나타내어라.

$$\lim_{n\to\infty} \frac{1+\sqrt{2}+\sqrt{3}+\cdots+\sqrt{n}}{n\sqrt{n}}$$

[풀이]

$$\frac{1+\sqrt{2}+\sqrt{3}+\cdots+\sqrt{n}}{n\sqrt{n}} = \frac{1}{n}\left(\sqrt{\frac{1}{n}}+\sqrt{\frac{2}{n}}+\cdots+\sqrt{\frac{n}{n}}\right)$$

$$= \frac{1}{n}\sum_{k=1}^{n}\sqrt{\frac{k}{n}}$$

이다.

이때, $\xi_i = \frac{k}{n}$ 이라 하면 하한은 $a = \lim_{n\to\infty} \frac{1}{n} = 0$, 상한은 $b = \lim_{n\to\infty} \frac{n}{n} = 1$, $\Delta x = \frac{b-a}{n} = \frac{1}{n}$ 이다.

$$\therefore \lim_{n\to\infty} \frac{1+\sqrt{2}+\sqrt{3}+\cdots+\sqrt{n}}{n\sqrt{n}} = \lim_{n\to\infty}\sum_{k=1}^{n}\sqrt{\frac{k}{n}}\frac{1}{n} = \int_0^1 \sqrt{x}\,dx$$

[지오지브라 실습(원리 탐구)] 예제 15에 대한 이해를 돕기 위해 지오지브라에서 주어진 식의 값을 구하는 과정에 대하여 실습해보자.

① 자연수 n에 대하여 고려하기 위해 슬라이더 도구를 선택한 후 기하창을 클릭 하여 슬라이더를 만든다. 이때 슬라이더는 정수로 설정한다.

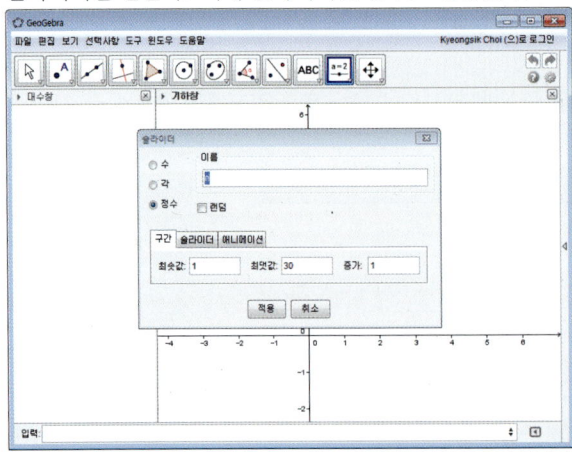

2 주어진 식을 앞의 풀이에 제시된 것과 같이 표현할 수 있다.
$\frac{1}{n}\left(\sqrt{\frac{1}{n}} + \sqrt{\frac{2}{n}} + \cdots + \sqrt{\frac{n}{n}}\right)$
이때 $\frac{1}{n}$은 직사각형의 밑변, 괄호 안의 수는 각각의 높이라고 보면 이 식은 직사각형의 넓이의 합으로 생각할 수 있다. 높이는 함수값이어야 하므로 함수는 $f(x) = \sqrt{x}$이며 함수 f를 정의하기 위해 입력창에 다음과 같이 입력한다.

[지오지브라 명령]
f(x) = sqrt(x)

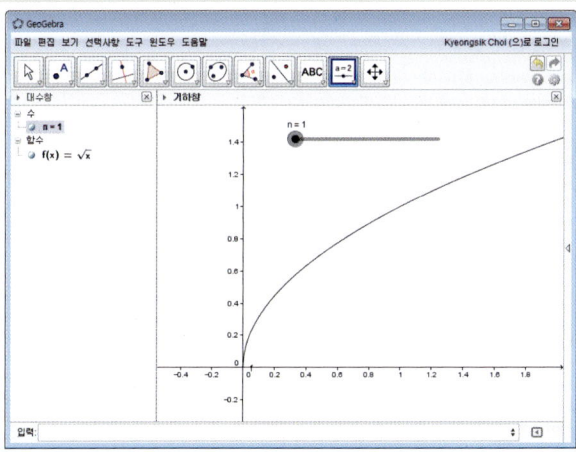

3 정적분의 정의를 따르기 위해서는 직사각형들의 수열을 구해야 한다. 직사각형들의 수열을 구하기 위해 입력창에 다음과 같이 입력한다.

[지오지브라 명령]
수열[다각형[(t / n , 0) , ((t + 1) / n , 0) , ((t + 1) / n , f(t / n)) , (t / n , f(t / n))] , t , 0 , n - 1]

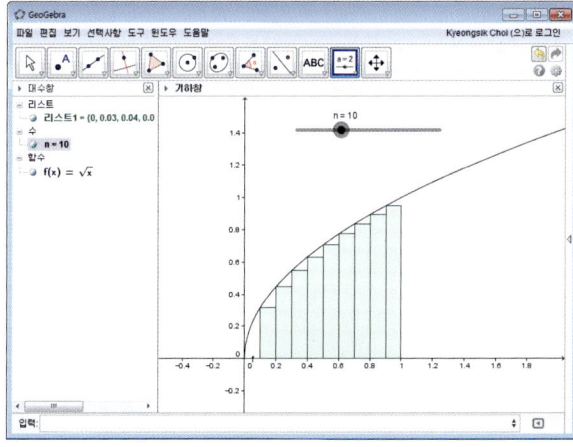

④ 직사각형의 수열인 리스트1의 원소의 합을 구하려면 입력창에 다음과 같이 입력한다.

> [지오지브라 명령]
> 합[리스트1]

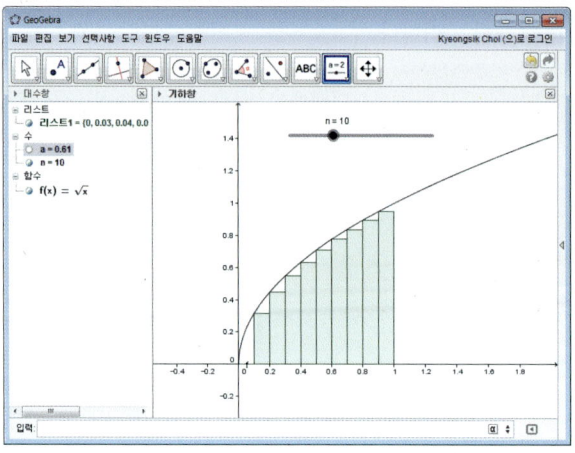

⑤ 슬라이더 n의 값을 30까지로 증가시키자 합의 값(a)이 0.65까지 증가하였다. n의 값이 증가할수록 a의 값이 $\frac{2}{3} = 0.666\cdots$ 에 근접하는 것을 관찰할 수 있다.[4]

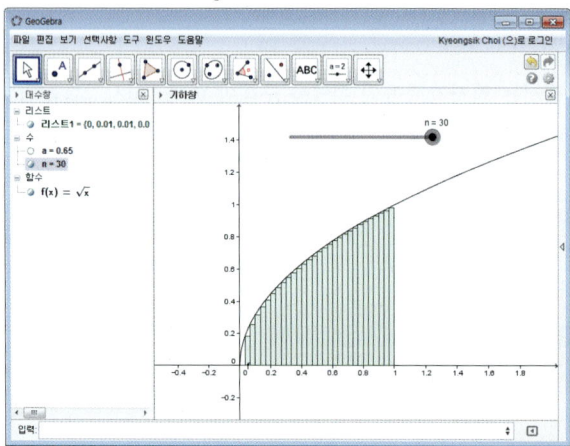

---

[4] 이와 같이 복잡하게 하지 않아도 입력창에 하합[sqrt(x) , 0 , 1 , n] 이라고 입력하면 동일한 결과를 쉽게 얻을 수 있다.

[예제 16] 함수 $f(x) = \begin{cases} x & (1 \leq x < 2) \\ 2 & (2 \leq x \leq 3) \end{cases}$ 일 때 $\int_1^3 f(x)dx$를 계산하여라.

[풀이] 함수 $f(x)$가 구간 $[1, 3]$에서 연속이므로 적분가능하다. 따라서 정리 5.10에 의해

$$\int_1^3 f(x)dx = \int_1^2 f(x)dx + \int_2^3 f(x)dx$$

이다. 또한

$$\int_1^2 f(x)dx = \int_1^2 xdx = \lim_{n \to \infty} \frac{1}{n} \sum_{k=1}^n \left(1 + \frac{k}{n}\right)$$
$$= \lim_{n \to \infty} \frac{1}{n} \left(n + \frac{1 + 2 + \cdots + n}{n}\right) = \frac{3}{2}$$
$$\int_2^3 f(x)dx = \int_2^3 2dx = 2(3 - 2) = 2$$

이므로

$$\int_1^3 f(x)dx = \frac{3}{2} + 2 = \frac{7}{2}$$

[지오지브라 실습(원리 탐구)] 예제 16에 대한 이해를 돕기 위해 지오지브라에서 주어진 적분값을 구하는 과정에 대하여 실습해보자.

1 자연수 n에 대하여 고려하기 위해 슬라이더 도구를 선택한 후 기하창을 클릭하여 슬라이더를 만든다. 이때 슬라이더는 정수로 설정한다.

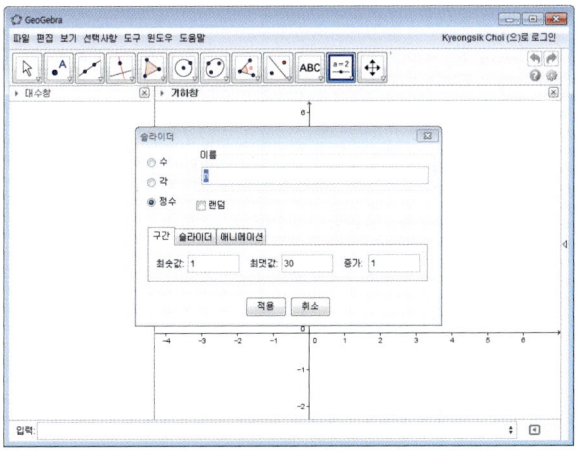

2 주어진 함수를 정의하기 위해 입력창에 다음과 같이 입력한다.

[지오지브라 명령]
f(x) = 조건[1 <= x < 2 , x , 2 <= x <= 3 , 2]

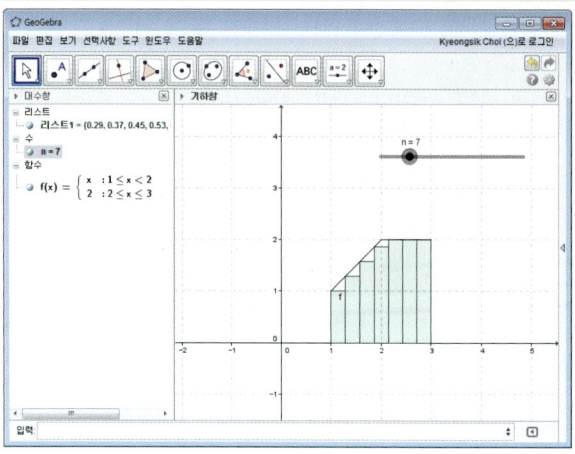

3 정적분의 정의를 따르기 위해서는 직사각형들의 수열을 구해야 한다. 직사각형들의 수열을 구하기 위해 입력창에 다음과 같이 입력한다.

[지오지브라 명령]
수열[다각형[(2 t / n , 0) , (2 (t + 1) / n , 0) ,
(2 (t + 1) / n , f(2 t / n)) ,(2 t / n , f(2 t / n))]
, t , 0 , n - 1]

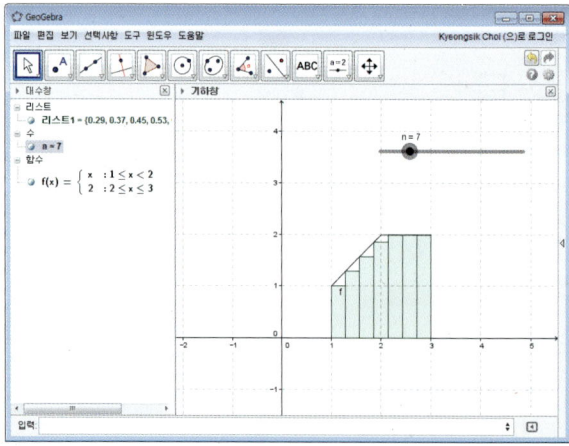

4 직사각형의 수열인 리스트1의 원소의 합을 구하려면 입력창에 다음과 같이 입력한다.

[지오지브라 명령]
합[리스트1]

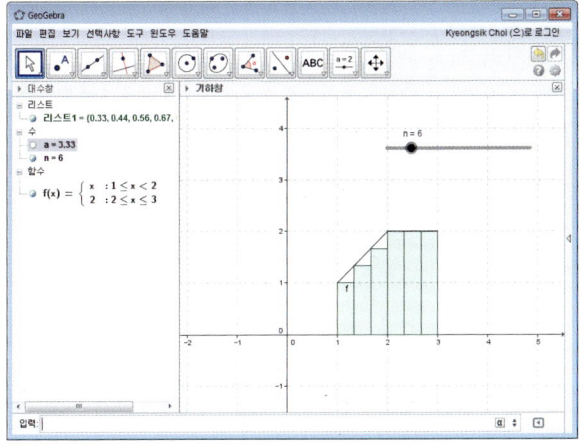

5 슬라이더 n의 값을 30까지로 증가시키자 합의 값(a)이 3.47까지 증가하였다. n의 값이 증가할수록 a의 값이 3.5에 근접하는 것을 관찰할 수 있다.[5]

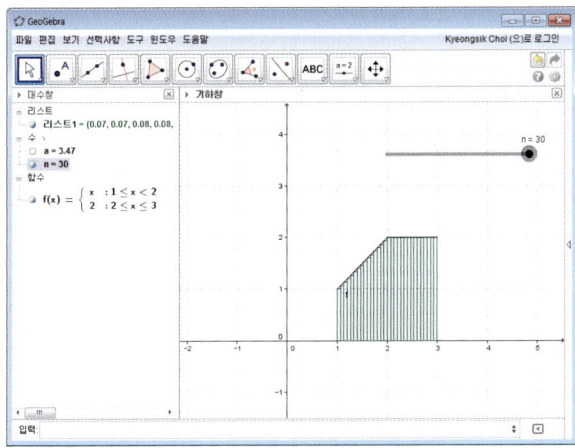

---

[5]이와 같이 복잡하게 하지 않아도 입력창에 하합[f , 1 , 2 , n] 이라고 입력하면 동일한 결과를 쉽게 얻을 수 있다.

예제 17 $\int_{-2}^{1} |x| dx$를 계산하여라.

풀이

$$\begin{aligned}
\int_{-2}^{1} |x| dx &= \int_{-2}^{0} |x| dx + \int_{0}^{1} |x| dx \\
&= \int_{-2}^{0} (-x) dx + \int_{0}^{1} x dx \\
&= -\lim_{n \to \infty} \frac{2}{n} \sum_{k=1}^{n} \left(-2 + \frac{2k}{n} \right) + \lim_{n \to \infty} \frac{1}{n} \sum_{k=1}^{n} \frac{k}{n} \\
&= 2 + \frac{1}{2} = \frac{5}{2}
\end{aligned}$$

지오지브라 실습(원리 탐구) 예제 17에 대한 이해를 돕기 위해 지오지브라에서 주어진 적분값을 구하는 과정에 대하여 실습해보자.

1 자연수 n에 대하여 고려하기 위해 슬라이더 도구를 선택한 후 기하창을 클릭하여 슬라이더를 만든다. 이때 슬라이더는 정수로 설정한다.

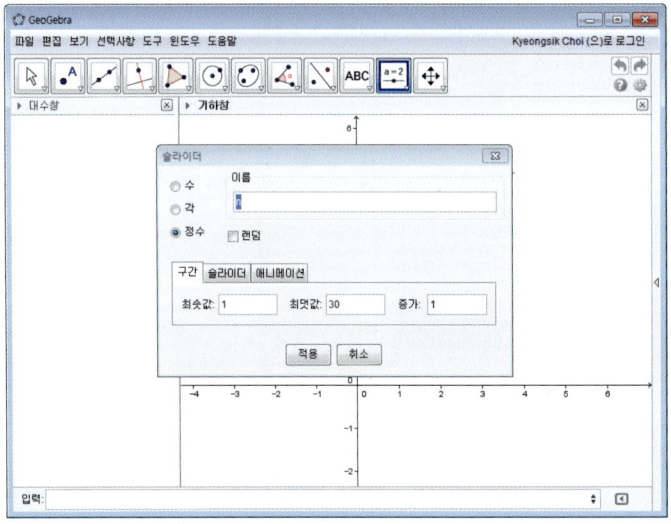

5.5 정적분의 정의와 성질

② 주어진 함수를 정의하기 위해 입력창에 다음과 같이 입력한다.

[지오지브라 명령]
f(x) = abs(x)

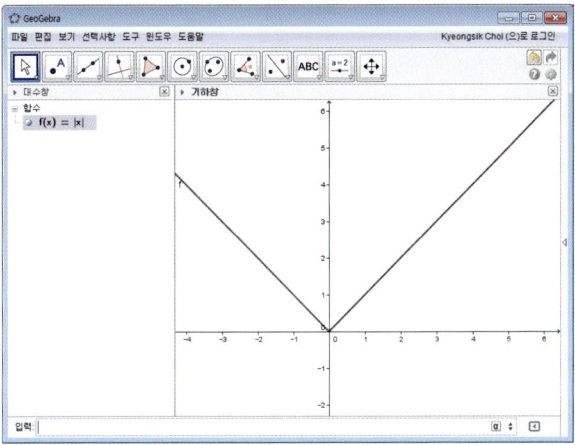

③ 정적분의 정의를 따르기 위해서는 직사각형들의 수열을 구해야 한다. 직사각형들의 수열을 구하기 위해 입력창에 다음과 같이 입력한다.

[지오지브라 명령]
수열[다각형[(-1 + 3 t / n , 0) , (-1 + 3 (t + 1) / n , 0) , (-1 + 3 (t + 1) / n , f(-1 + 3 t / n)) , (-1 + 3 t / n , f(-1 + 3 t / n))] , t , 0 , n - 1]

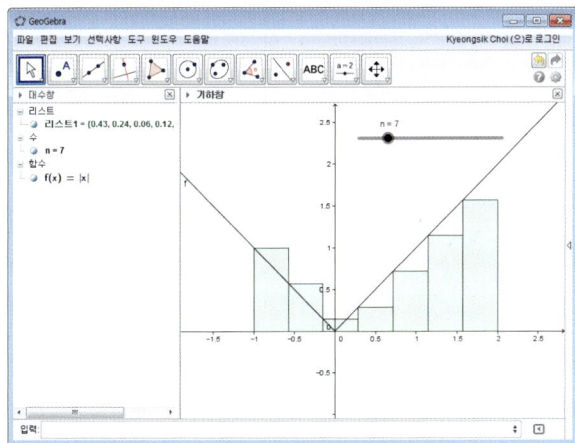

215

④ 직사각형의 수열인 리스트1의 원소의 합을 구하려면 입력창에 다음과 같이 입력한다.

[지오지브라 명령]
합[리스트1]

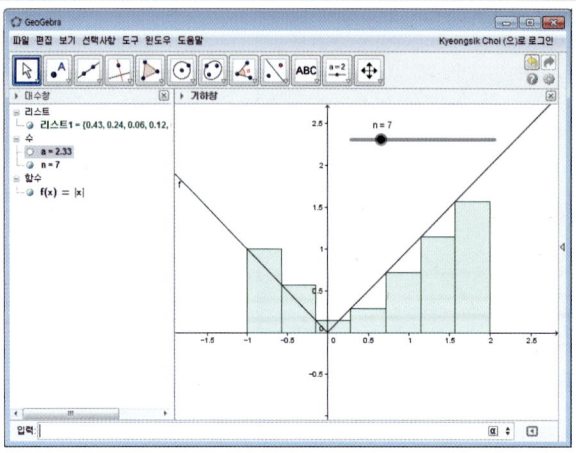

⑤ 슬라이더 n의 값을 30까지로 증가시키자 합의 값(a)이 2.45까지 증가하였다. n의 값이 증가할수록 a의 값이 2.5에 근접하는 것을 관찰할 수 있다.[6]

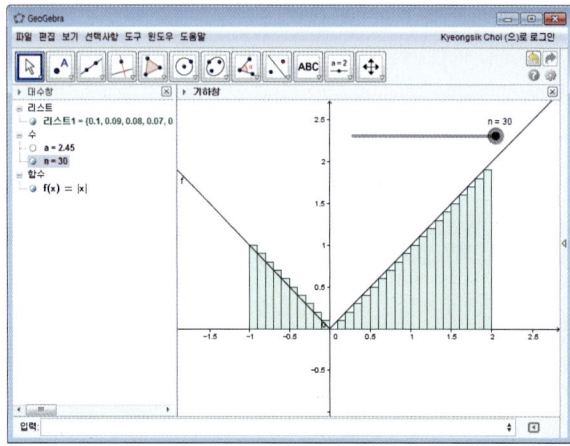

---

[6] 이와 같이 복잡하게 하지 않아도 입력창에 하합[f , -1 , 2 , n] 이라고 입력하면 동일한 결과를 쉽게 얻을 수 있다.

정리 5.11

함수 $f(x)$가 $[a,b]$에서 연속일 때,

$$\int_a^b f(x)dx = f(c) \cdot (b-a) \qquad (a < c < b)$$

인 c가 적어도 하나 존재한다.

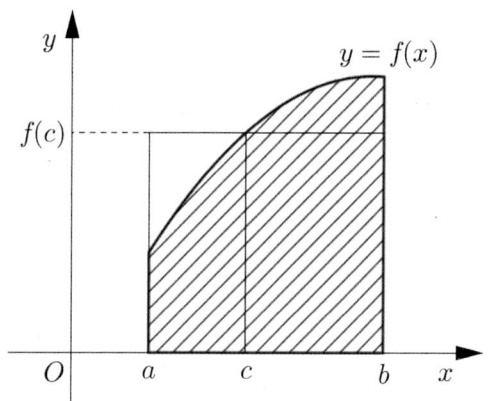

그림 5.12: 적분의 평균값 정리

증명 $f(x)$가 $[a,b]$에서 연속이므로 $[a,b]$에서의 $f(x)$의 최솟값 m, 최댓값 M이 각각 존재하여

$$m \leq f(x) \leq M \qquad (x \in [a,b])$$

이므로,

$$m \leq f(\xi_i) \leq M \qquad (\xi_i \in [x_{i-1}, x_i])$$

로부터

$$m(b-a) \leq f(\xi_i)\Delta x_i \leq M(b-a)$$

가 되므로 정적분의 정의로부터

$$m(b-a) \leq \int_a^b f(x)dx \leq M(b-a)$$

이다. 따라서,

$$m \leq \frac{1}{b-a}\int_a^b f(x)dx \leq M$$

이므로, 연속함수의 중간값의 정리에 의하여,

$$\frac{1}{b-a}\int_a^b f(x)dx = f(c) \qquad (a < c < b)$$

인 c가 존재한다.

그러므로

$$\int_a^b f(x)dx = f(c)\cdot (b-a) \qquad (a < c < b)$$

이다.

정리 5.12

함수 $f(x)$가 닫힌구간 $[a,b]$에서 연속이면 함수

$$F(x) = \int_a^x f(t)dt \qquad (a \leq x \leq b)$$

는 열린구간 (a,b)에서 미분가능하고

$$F'(x) = f(x)$$

이다. 즉 $F(x)$는 $f(x)$의 원시함수이다.

[증명] x와 $x+h$가 열린구간 (a,b)에 속하면

$$\begin{aligned}F(x+h)-F(x) &= \int_a^{x+h} f(t)dt - \int_a^x f(t)dt \\ &= \int_a^{x+h} f(t)dt + \int_x^a f(t)dt \\ &= \int_x^{x+h} f(t)dt\end{aligned}$$

이다. 적분의 평균값 정리를 이용하면

$$\int_x^{x+h} f(t)dt = f(\xi)\cdot h \qquad (x < \xi < x+h)$$

인 ξ가 존재하여

$$\frac{F(x+h)-F(x)}{h} = f(\xi)$$

이다. $h \to 0$이면 $\xi \to x$이므로

$$F'(x) = \lim_{h \to 0} \frac{F(x+h)-F(x)}{h} = \lim_{\xi \to x} f(\xi)$$

이고, $f(x)$가 연속이므로

$$F'(x) = f(x)$$

가 된다.

[예제 18] 다음 도함수를 구하여라.

$$\frac{d}{dx}\int_1^x (3t^4 - 6t^3)dt$$

[풀이] 정리 5.12에서 $f(t) = 3t^4 - 6t^3$이므로 $F(x) = \int_1^x (3t^4 - 6t^3)dt$이라 하면 $F'(x) = 3x^4 - 6x^3$이다.

[지오지브라 실습(연산 결과)] 위 예제를 지오지브라에서 실습하려면 CAS셀에 다음과 같이 입력한다. 이 경우 지오지브라를 사용하는 것은 계산의 결과를 확인하기 위한 것이다.

[지오지브라 CAS 명령]
미분[적분[3t^4 - 6t^3 , 1 , x]]

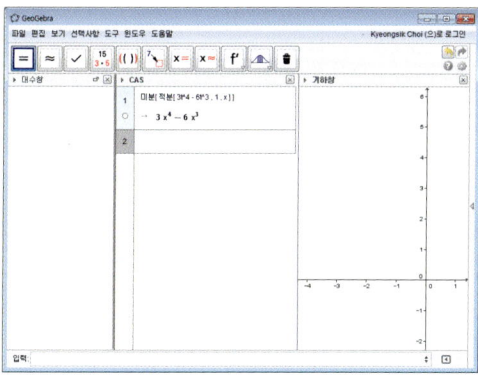

그림 5.13: CAS 연산 결과

정리 5.13 미적분학의 기본정리

함수 $f(x)$가 닫힌구간 $[a,b]$에서 연속이고 $f(x)$의 한 원시함수를 $F(x)$라 하면, 즉 $\int f(x)dx = F(x)$이면

$$\int_a^b f(x)dx = F(b) - F(a) \ \left(= [F(x)]_a^b\right)$$

이다.

[증명] $G(x) = \int_a^x f(t)dt$라 하자. $F'(x) = f(x)$라면 정리 5.12에 의해

$$[G(x) - F(x)]' = G'(x) - F'(x) = f(x) - f(x) = 0$$

이므로

$$G(x) - F(x) = c \quad (c\text{는 상수})$$

이다. $G(a) = \int_a^a f(t)dt = 0$이므로,

$$G(a) - F(a) = c$$

로부터 $c = -F(a)$가 되어

$$G(x) = F(x) - F(a)$$

이다. 따라서

$$G(b) = \int_a^b f(t)dt = \int_a^b f(x)dx = F(b) - F(a)$$

이다.

[참고] 위 정리에서 함수 $f(x)$가 $[a,b]$에서 연속이라는 조건은 꼭 필요하다. 예를 들어 $\int_{-1}^{1} \frac{1}{x^2}dx$는 음수가 될 수 없으나, 위 정리를 적용하면

$$\int_{-1}^{1} \frac{1}{x^2}dx = \left[-\frac{1}{x}\right]_{-1}^{1} = -2$$

이다. 이것은 피적분함수 $f(x)$가 $x=0$에서 불연속이므로 위 정리를 적용시킬 수 없는데서 생긴 오류이다.

[예제 19] 다음을 계산하여라.

(1) $\int_0^2 \frac{x}{1+x^2} dx$
(2) $\int_0^\pi 3\cos x \, dx$
(3) $\int_0^{\frac{\pi}{4}} \sin^2 x \, dx$

[풀이]

(1)
$$\int_0^2 \frac{x}{1+x^2} dx = \frac{1}{2}\left[\ln(1+x^2)\right]_0^2$$
$$= \frac{1}{2}(\ln 5 - \ln 1)$$
$$= \frac{1}{2}\ln 5$$

(2)
$$\int_0^\pi 3\cos x \, dx = 3\left[\sin x\right]_0^\pi = 0$$

(3)
$$\int_0^{\frac{\pi}{4}} \sin^2 x \, dx = \int_0^{\frac{\pi}{4}} \frac{1-\cos 2x}{2} dx$$
$$= \frac{1}{2}\left[x - \frac{1}{2}\sin 2x\right]_0^{\frac{\pi}{4}}$$
$$= \frac{\pi}{8} - \frac{1}{4}$$

제5장 적분

[지오지브라 실습(연산 결과)] 위 예제를 지오지브라에서 실습하려면 CAS셀에 다음과 같이 입력한다. 이 경우 지오지브라를 사용하는 것은 계산의 결과를 확인하기 위한 것이다.

```
[지오지브라 CAS 명령]
적분[ x / ( 1 + x^2 ) , 0 , 2 ]
적분[ 3 cos( x ) , 0 , pi ]
적분[ sin( x )^2 , 0 , pi / 4 ]
```

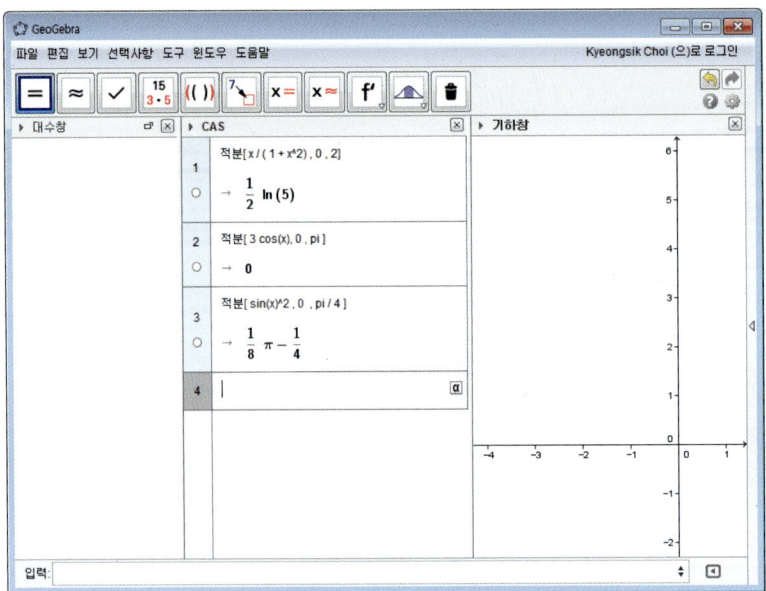

그림 5.14: CAS 연산 결과

연습문제 5.5

1. 다음 극한값을 정적분으로 표시하여라.
$$\lim_{n\to\infty} \frac{1}{n}\left(1+\sqrt{1+\frac{1}{n}}+\sqrt{1+\frac{2}{n}}+\cdots+\sqrt{1+\frac{1}{n-1}}\right)$$

2. 정적분 $\int_1^4 x^2 dx$를 구하여라.

3. 다음을 계산하여라.
   (1) $\int_0^2 |x^2-1|dx$
   (2) $\int_{-1}^{-\frac{1}{2}} \frac{1}{x}dx$
   (3) $\int_1^2 \frac{x^4-4x}{x^3}dx$
   (4) $\int_1^{-1} (|2x|-2x)dx$

4. $\frac{d}{dx}\int_1^{x^2} \frac{1}{t}dt$를 구하여라.

5. 부등식 $\int_0^{\frac{\pi}{2}} e^{-x}dx \leq \int_0^{\frac{\pi}{2}} e^{-\sin x}dx$를 증명하여라.

6. $\left|\int_1^{\sqrt{3}} \frac{e^{-x}\sin x}{x^2+1}dx\right| \leq \frac{\pi}{12e}$ 임을 보여라.

5.6 정적분의 계산

> **정리 5.14 정적분의 치환적분법**
>
> 함수 $f(x)$가 $[a,b]$에서 연속이고 $g(t)$, $g'(t)$도 $[\alpha, \beta]$에서 연속이며 $a = g(\alpha)$, $b = g(\beta)$이면
>
> $$\int_a^b f(x)dx = \int_\alpha^\beta f(g(t))g'(t)dt$$

[증명] $F(x)$를 $f(x)$의 원시함수라 하면 부정적분의 치환적분법에 의하여 $F(g(t))$는 $f(g(t))g'(t)$의 원시함수이고, 가정에서 $f(g(t))g'(t)$는 $[\alpha, \beta]$에서 연속이므로 정리 5.13으로부터

$$\int_\alpha^\beta f(g(t))g'(t)dt = [F(g(t))]_\alpha^\beta$$
$$= F(g(\beta)) - F(g(\alpha))$$
$$= F(b) - F(a)$$

이다. 따라서

$$\int_a^b f(x)dx = \int_\alpha^\beta f(g(t))g'(t)dt$$

이다.

[예제 20] $\int_0^1 (1+x)\sqrt{1-x}dx$를 구하여라.

[풀이] $1 - x = t$라고 하면 $x = 1 - t$이고 $dx = -dt$이다. 또한, $x = 0$일 때 $t = 1$, $x = 1$일 때 $t = 0$이므로

$$\int_0^1 (1+x)\sqrt{1-x}dx = \int_1^0 (2-t)\sqrt{t}(-dt)$$
$$= \int_0^1 (2\sqrt{t} - t\sqrt{t})dt$$
$$= \int_0^1 \left(2t^{\frac{1}{2}} - t^{\frac{3}{2}}\right)dt$$
$$= \left[\frac{4}{3}t^{\frac{3}{2}} - \frac{2}{5}t^{\frac{5}{2}}\right]_0^1$$
$$= \frac{14}{15}$$

이다.

[지오지브라 실습(연산 결과)] 위 예제를 지오지브라에서 실습하려면 CAS셀에 다음과 같이 입력한다. 이 경우 지오지브라를 사용하는 것은 계산의 결과를 확인하기 위한 것이다.

```
[지오지브라 CAS 명령]
적분[ ( 1 + x ) sqrt( 1 - x ) , 0 , 1 ]
```

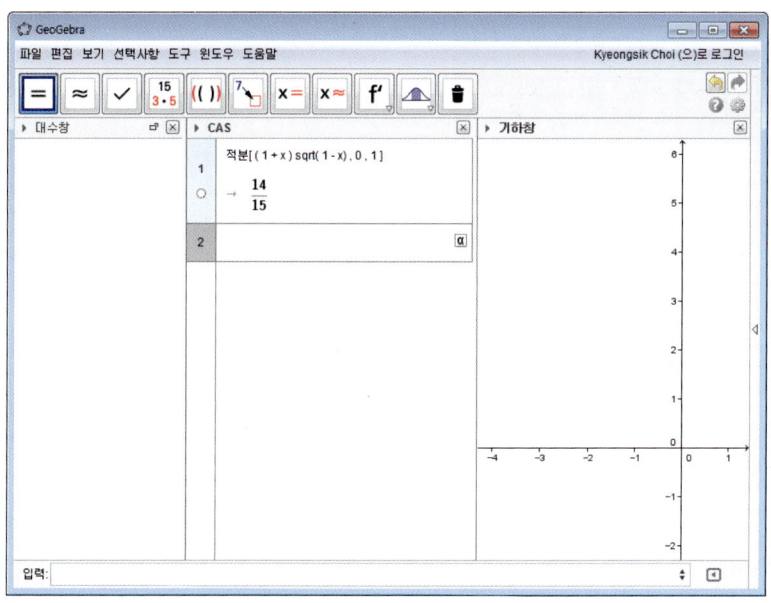

그림 5.15: CAS 연산 결과

[예제 21] $\int_0^1 e^x \sqrt{1+e^x}\,dx$ 를 구하여라.

[풀이] $1 + e^x = t$ 라 하면 $e^x dx = dt$ 이고 $x = 0$ 일 때 $t = 2$, $x = 1$ 일 때 $t = 1 + e$ 이다.

$$\therefore \int_0^1 e^x \sqrt{1+e^x}\,dx = \int_2^{1+e} t^{\frac{1}{2}}\,dt$$
$$= \frac{2}{3}\left[t^{\frac{3}{2}}\right]_2^{1+e}\,dt$$
$$= \frac{2}{3}\left\{(1+e)^{\frac{3}{2}} - 2\sqrt{2}\right\}$$

이다.

제5장 적분

지오지브라 실습(연산 결과) 위 예제를 지오지브라에서 실습하려면 CAS셀에 다음과 같이 입력한다. 이 경우 지오지브라를 사용하는 것은 계산의 결과를 확인하기 위한 것이다.

[지오지브라 CAS 명령]
적분[exp(x) sqrt(1 + exp(x)) , 0 , 1]

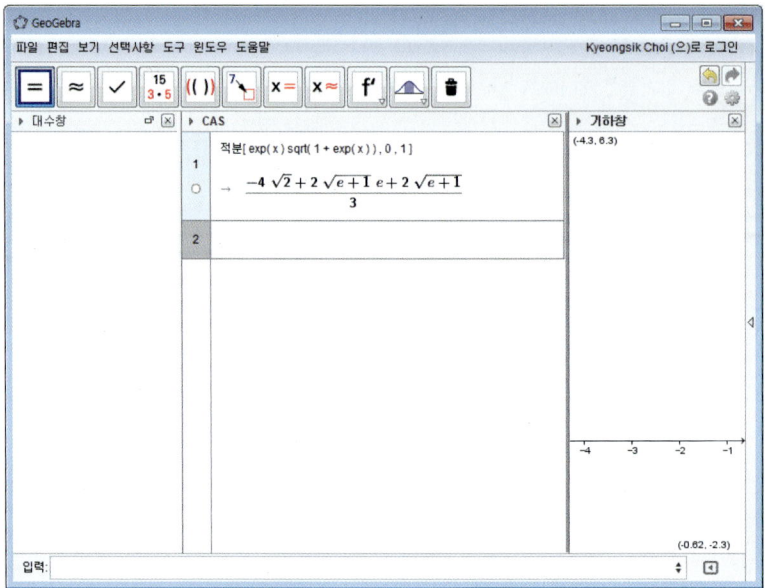

그림 5.16: CAS 연산 결과

[예제 22] $\int_0^{\frac{\pi}{2}} \cos^3 x \sin x dx$를 구하여라.

[풀이] $\cos x = t$라고 하면 $-\sin x dx = dt$이고 $x = 0$일 때 $t = 1$, $x = \frac{\pi}{2}$일 때 $t = 0$이므로

$$\int_0^{\frac{\pi}{2}} \cos^3 x \sin x dx = \int_1^0 t^3(-dt)$$
$$= \int_0^1 t^3 dt$$
$$= \left[\frac{1}{4}t^4\right]_0^1$$
$$= \frac{1}{4}$$

이다.

[지오지브라 실습(연산 결과)] 위 예제를 지오지브라에서 실습하려면 CAS셀에 다음과 같이 입력한다. 이 경우 지오지브라를 사용하는 것은 계산의 결과를 확인하기 위한 것이다.

```
[지오지브라 CAS 명령]
적분[ cos( x )^3 sin( x ) , 0 , pi / 2 ]
```

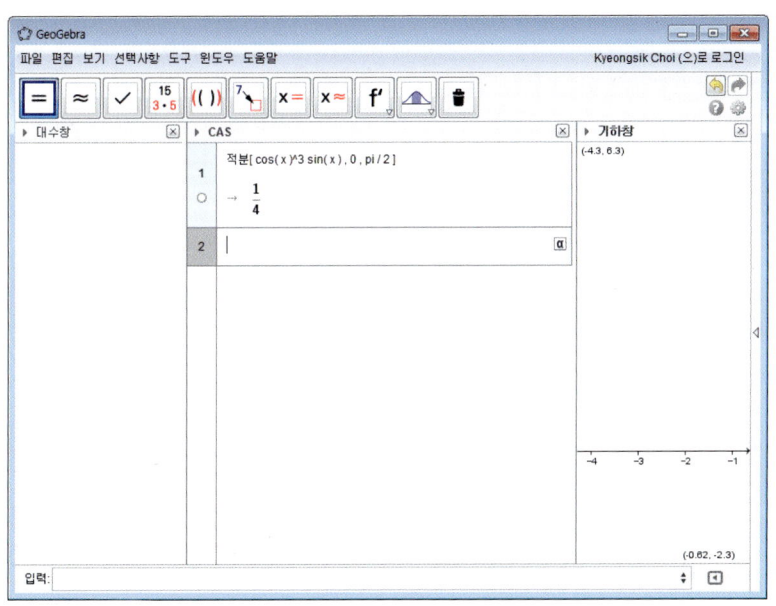

그림 5.17: CAS 연산 결과

[예제 23] 다음을 증명하여라.

(1) $f(x)$가 우함수이면,

$$\int_{-a}^{a} f(x)dx = 2\int_{0}^{a} f(x)dx$$

이다.

(2) $f(x)$가 기함수이면,

$$\int_{-a}^{a} f(x)dx = 0$$

이다.

[증명] $\int_{-a}^{a} f(x)dx = \int_{-a}^{0} f(x)dx + \int_{0}^{a} f(x)dx$ 이고 만약 $x = -t$라 두면 $dx = -dt$이고 $x = -a$일 때 $t = a$이며, $x = 0$일 때 $t = 0$이므로

$$\int_{-a}^{0} f(x)dx = \int_{a}^{0} f(-t)(-dt) = \int_{0}^{a} f(-t)dt = \int_{0}^{a} f(-x)dx$$

이다. 그러므로,

$$\int_{-a}^{a} f(x)dx = \int_{0}^{a} f(-x)dx + \int_{0}^{a} f(x)dx = \int_{0}^{a} \{f(-x) + f(x)\}dx$$

가 된다. 따라서,

(1) $f(x)$가 우함수이면 $f(-x) = f(x)$이므로

$$\int_{-a}^{a} f(x)dx = 2\int_{0}^{a} f(x)dx$$

(2) $f(x)$가 기함수이면, $f(-x) = -f(x)$이므로

$$\int_{-a}^{a} f(x)dx = 0$$

이다.

[예제 24] $\int_{-\pi}^{\pi} \cos \frac{x}{4} dx$ 를 구하여라.

[풀이] $\cos \frac{x}{4}$ 는 우함수이므로

$$\int_{-\pi}^{\pi} \cos \frac{\pi}{4} dx = 2\int_{0}^{\pi} \cos \frac{x}{4} dx$$

이다. 이때 $\frac{x}{4} = t$ 라고 하면 $\frac{1}{4}dx = dt$ 이고, $x = 0$ 일 때 $t = 0$, $x = \pi$ 일 때 $t = \frac{\pi}{4}$ 이므로

$$\begin{aligned} 2\int_{0}^{\pi} \cos \frac{\pi}{4} dx &= 2\int_{0}^{\frac{\pi}{4}} \cos t (4dt) \\ &= 8\int_{0}^{\frac{\pi}{4}} \cos t \, dt \\ &= 8\left[\sin t\right]_{0}^{\frac{\pi}{4}} \\ &= 4\sqrt{2} \end{aligned}$$

이다.

[지오지브라 실습(연산 결과)] 위 예제를 지오지브라에서 실습하려면 CAS셀에 다음과 같이 입력한다. 이 경우 지오지브라를 사용하는 것은 계산의 결과를 확인하기 위한 것이다.

[지오지브라 CAS 명령]
적분[cos(x / 4) , - pi , pi]

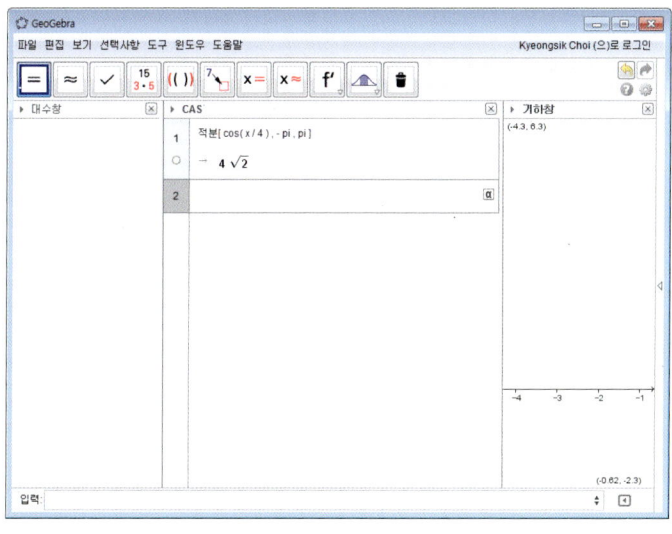

그림 5.18: CAS 연산 결과

제5장 적분

> **정리 5.15 정적분의 부분적분법**
>
> 함수 $f(x), g(x)$가 $[a,b]$에서 미분가능하고 $f'(x), g'(x)$도 $[a,b]$에서 연속이면
>
> $$\int_a^b f'(x)g(x)dx = [f(x)g(x)]_a^b - \int_a^b f(x)g'(x)dx$$

[예제 25] 다음을 계산하여라.

(1) $\int_1^2 x \ln x \, dx$ (2) $\int_2^3 xe^x \, dx$

[풀이]

(1)

$$\begin{aligned}\int_1^2 x \ln x \, dx &= \left[\frac{1}{2}x^2 \ln x\right]_1^2 - \int_1^2 \frac{1}{2}x^2 \cdot \frac{1}{x} dx \\ &= 2\ln 2 - \frac{1}{2}\left[\frac{1}{2}x^2\right]_1^2 \\ &= 2\ln 2 - \frac{3}{4}\end{aligned}$$

(2)

$$\begin{aligned}\int_2^3 xe^x \, dx &= [xe^x]_2^3 - \int_2^3 e^x \, dx \\ &= 2e^3 - e^2\end{aligned}$$

지오지브라 실습(연산 결과) 위 예제를 지오지브라에서 실습하려면 CAS셀에 다음과 같이 입력한다. 이 경우 지오지브라를 사용하는 것은 계산의 결과를 확인하기 위한 것이다.

```
[지오지브라 CAS 명령]
적분[ x ln( x ) , 1 , 2 ]
적분[ x exp( x ) , 2 , 3 ]
```

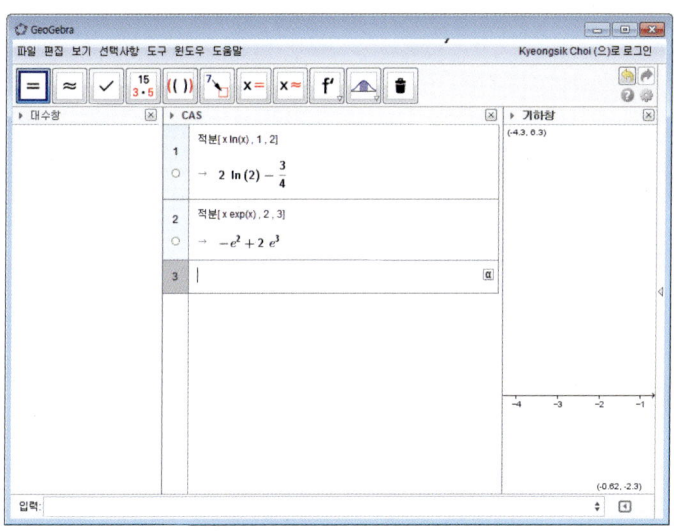

그림 5.19: CAS 연산 결과

연습문제 5.6

1. 다음을 계산하여라.

   (1) $\int_0^a \sqrt{a^2 - x^2} dx$ (힌트: $x = a \sin t$)

   (2) $\int_0^1 x^3 \cos(x^4 + 2) dx$

   (3) $\int_0^4 \sqrt{3x + 4} dx$

   (4) $\int_0^1 \cos \pi x dx$

   (5) $\int_0^2 (x+1)^7 dx$

   (6) $\int_0^\pi e^x \sin x dx$

   (7) $\int_0^{\frac{\pi}{2}} e^{\sin x} \cos x dx$

   (8) $\int_0^1 x e^{-x^2} dx$

제5장 적분

5.7 이상적분

정적분 $\int_a^b f(x)dx$를 정의할 때 피적분함수 $f(x)$는 닫힌구간 $[a,b]$에서 연속임을 가정하였다. 그런데 적분구간이 닫힌구간이 아닌 무한구간, 열린구간, 또는 반열린구간으로 주어질 때나 피적분함수가 적분구간의 유한개의 점에서 불연속일 때도 정적분을 정의할 수 있다. 이를 **이상적분**(Improper integral) 또는 **특이적분**(Singular integral)이라 한다. 이상적분은 극한값을 이용하여 다음과 같이 정의한다.

정의 5.16

함수 $f(x)$가 구간 $[a, \infty)$에서 연속이고, $\lim_{b \to \infty} \int_a^b f(x)dx$가 존재하면

$$\int_a^\infty f(x)dx = \lim_{b \to \infty} \int_a^b f(x)dx$$

로 정의한다. 같은 방법으로

$$\int_{-\infty}^b f(x)dx = \lim_{a \to -\infty} \int_a^b f(x)dx$$

$$\int_{-\infty}^\infty f(x)dx = \lim_{\substack{a \to -\infty \\ b \to \infty}} \int_a^b f(x)dx$$

로 정의한다.

[예제 26] 다음 이상적분을 구하여라.
(1) $\int_{-\infty}^0 e^x dx$ (2) $\int_2^\infty \frac{1}{x} dx$
(3) $\int_0^\infty \frac{1}{1+x^2} dx$

[풀이]
(1) $\int_a^0 e^x dx = 1 - e^a$ 이므로

$$\int_{-\infty}^0 e^x dx = \lim_{a \to -\infty} \int_a^0 e^x dx = \lim_{a \to -\infty} (1 - e^a) = 1$$

(2) $\int_2^b \frac{1}{x}dx = [\ln x]_2^b = \ln b - \ln 2$이므로

$$\int_2^\infty \frac{1}{x}dx = \lim_{b\to\infty}\int_2^b \frac{1}{x}dx = \lim_{b\to\infty}(\ln b - \ln 2) = \infty$$

(3)

$$\begin{aligned}\int_0^\infty \frac{1}{1+x^2}dx &= \lim_{b\to\infty}\int_0^b \frac{1}{1+x^2}dx \\ &= \lim_{b\to\infty}\left[\tan^{-1}x\right]_0^b \\ &= \lim_{b\to\infty}\left[\tan^{-1}b - 0\right] \\ &= \frac{\pi}{2}\end{aligned}$$

[지오지브라 실습] 위 예제를 지오지브라에서 실습하려면 CAS셀에 다음과 같이 입력한다. 이 경우 지오지브라를 사용하는 것은 계산의 결과를 확인하기 위한 것이다.

```
[지오지브라 CAS 명령]
적분[ exp( x ) , - inf , 0 ]
적분[ 1 / x , 2 , inf ]
적분[ 1 / ( 1 + x^2 ) , 0 , inf ]
```

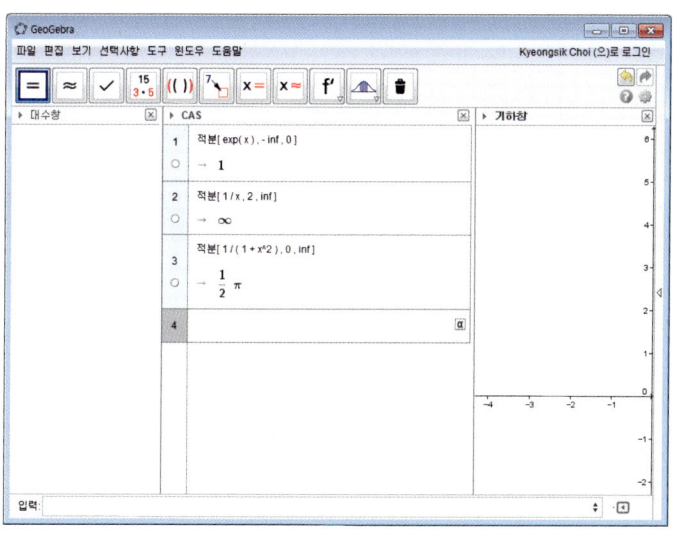

그림 5.20: CAS 연산 결과

제5장 적분

> **정의 5.17**
>
> 함수 $f(x)$가 구간 $[a,b)$에서 연속이고 $\lim_{\epsilon \to 0} \int_a^{b-\epsilon} f(x)dx$가 존재하면
>
> $$\int_a^b f(x)dx = \lim_{\epsilon \to 0} \int_a^{b-\epsilon} f(x)dx$$
>
> 로 정의한다. 같은 방법으로 $f(x)$가 $(a,b]$와 (a,b)에서 연속인 경우는 다음과 같이 각각 정의한다.
>
> $$\int_a^b f(x)dx = \lim_{\epsilon \to 0} \int_{a+\epsilon}^b f(x)dx$$
>
> $$\int_a^b f(x)dx = \lim_{\substack{\epsilon \to 0 \\ \epsilon' \to 0}} \int_{a+\epsilon}^{b-\epsilon'} f(x)dx$$

[예제 27] 다음 이상적분을 구하여라.

(1) $\int_0^1 \frac{1}{x} dx$ (2) $\int_{-1}^0 \frac{1}{x^2} dx$

[풀이]

(1)
$$\int_0^1 \frac{1}{x}dx = \lim_{\epsilon \to 0+} \int_\epsilon^1 \frac{1}{x}dx = \lim_{\epsilon \to 0+} [\ln x]_\epsilon^1 = \lim_{\epsilon \to 0+} (-\ln \epsilon) = \infty$$

(2)
$$\int_{-1}^0 \frac{1}{x^2}dx = \lim_{\epsilon \to 0-} \int_{-1}^{-\epsilon} \frac{1}{x^2}dx = \lim_{\epsilon \to 0-} \left[-\frac{1}{x}\right]_{-1}^{-\epsilon} = \lim_{\epsilon \to 0-} \left(\frac{1}{\epsilon} - 1\right) = \infty$$

정의 5.18

함수 $f(x)$가 $\epsilon > 0$에 대하여 구간 $[a, c-\epsilon]\cup[c+\epsilon', b]$에서 연속이고 $\lim_{\epsilon \to 0} \int_a^{c-\epsilon} f(x)dx$ 와 $\lim_{\epsilon' \to 0} \int_{c+\epsilon'}^b f(x)dx$ 가 존재하면

$$\int_a^b f(x)dx = \lim_{\epsilon \to 0} \int_a^{c-\epsilon} f(x)dx + \lim_{\epsilon' \to 0} \int_{c+\epsilon'}^b f(x)dx$$

로 정의한다.

[예제 28] $\int_{-1}^{1} \frac{1}{x^2}dx$를 구하여라.

[풀이] 피적분함수 $\frac{1}{x^2}$은 $x=0$에서 불연속이므로

$$\begin{aligned}
\int_{-1}^{1} \frac{1}{x^2}dx &= \lim_{\epsilon \to 0} \int_{-1}^{-\epsilon} \frac{1}{x^2}dx + \lim_{\epsilon' \to 0} \int_{\epsilon'}^{1} \frac{1}{x^2}dx \\
&= \lim_{\epsilon \to 0} \left[-\frac{1}{x}\right]_{-1}^{-\epsilon} + \lim_{\epsilon' \to 0} \left[-\frac{1}{x}\right]_{\epsilon'}^{1} \\
&= \lim_{\epsilon \to 0} \left(\frac{1}{\epsilon} - 1\right) + \lim_{\epsilon' \to 0} \left(-1 + \frac{1}{\epsilon'}\right) \\
&= \infty + \infty \\
&= \infty
\end{aligned}$$

연습문제 5.7

1. 다음 이상적분을 구하여라.

    (1) $\int_0^\infty e^{-x}dx$
    (2) $\int_0^8 \frac{1}{\sqrt[3]{x}}dx$
    (3) $\int_0^1 \ln x\,dx$
    (4) $\int_0^\infty \sin x\,dx$
    (5) $\int_{-\infty}^{-1} xe^{-x^2}dx$
    (6) $\int_2^\infty \frac{1}{x}dx$
    (7) $\int_0^\infty xe^{-x}dx$
    (8) $\int_0^{\frac{\pi}{2}} \tan\theta\,d\theta$

5.8 정적분의 응용

정의 5.19

함수 $f(x)$가 $[a,b]$에서 연속이고 $f(x) \leq 0$일 때 곡선 $y = f(x)$와 두 직선 $x = a, x = b$ 및 x축으로 둘러싸인 도형의 면적은

$$S = \int_a^b f(x)dx \qquad (a < b)$$

이다.

[참고]
(1) 함수 $f(x)$가 $[a,b]$에서 연속일 때 곡선 $y = f(x)$, 직선 $x = a, x = b$ 및 x축으로 둘러싸인 부분의 면적은

$$S = \int_a^b |f(x)|dx$$

이다.

(2) 두 함수 $f(x), g(x)$가 $[a,b]$에서 연속일 때 이 두 함수와 직선 $x = a, x = b$로 둘러싸인 부분의 면적은

$$S = \int_a^b |f(x) - g(x)|dx$$

이다.

(3) 함수 $g(y)$가 $[c,d]$에서 연속일 때 곡선 $x = g(y)$와 y축 및 두 직선 $y = c, y = d$로 둘러싸인 부분의 면적은

$$S = \int_c^d |g(y)|dy$$

이다.

[예제 29] 곡선 $y = 4x^2$와 두 직선 $x = 2, x = 5$ 및 x축으로 둘러싸인 도형의 넓이를 구하여라.

[풀이]

$$S = \int_2^5 4x^2 dx = \left[\frac{4}{3}x^3\right]_2^5 = 156$$

지오지브라 실습(연산 결과) 위 예제를 지오지브라에서 실습하려면 CAS셀에 다음과 같이 입력한다. 이 경우 지오지브라를 사용하는 것은 계산의 결과를 확인하기 위한 것이다.

[지오지브라 CAS 명령]
적분[4 x^2 , 2 , 5]

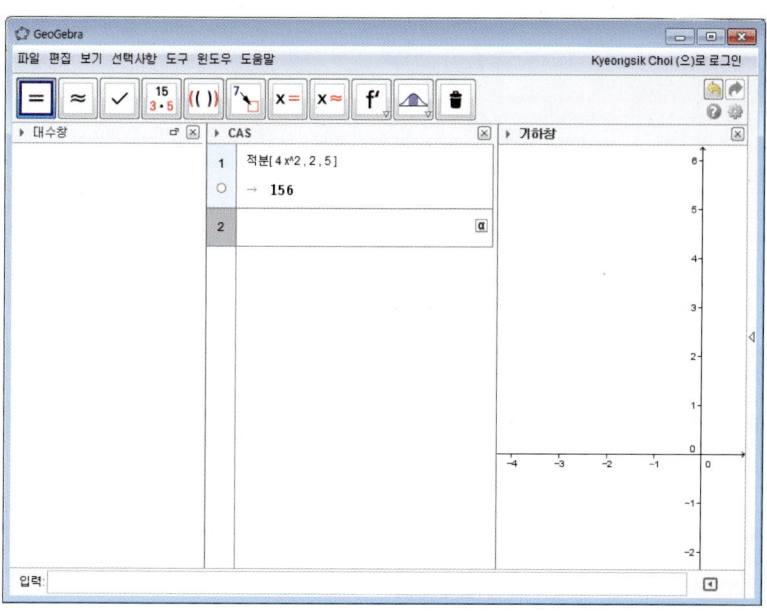

그림 5.21: CAS 연산 결과

예제 30 포물선 $y^2 = x$와 $x - y = 1$로 둘러싸인 부분의 넓이를 구하여라.

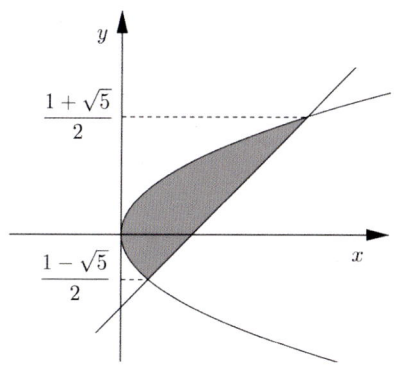

그림 5.22: 주어진 부분의 넓이

제5장 적분

[풀이] 두 곡선의 교점을 구하기 위해 위의 방정식을 연립하여 풀면

$$y = \frac{1 \pm \sqrt{5}}{2}$$

이다. 따라서 구하는 넓이를 S라고 하면

$$\begin{aligned} S &= \int_{\frac{1-\sqrt{5}}{2}}^{\frac{1+\sqrt{5}}{2}} \{(y+1) - y^2\} dy \\ &= \left[\frac{1}{2}y^2 + y - \frac{1}{3}y^3\right]_{\frac{1-\sqrt{5}}{2}}^{\frac{1+\sqrt{5}}{2}} \\ &= \frac{5\sqrt{5}}{6} \end{aligned}$$

이다.

[지오지브라 실습(연산 결과)] 예제 30은 변수 y에 대한 적분을 해야 한다. 이런 경우에는 CAS 창에서 적분을 해야 하므로 대수창, 기하창, CAS 창이 나타나도록 하고 실습을 시작한다.

① 주어진 두 곡선을 그리기 위해 입력창에 다음과 같이 차례로 입력한다.

[지오지브라 명령]
y^2 = x x - y = 1

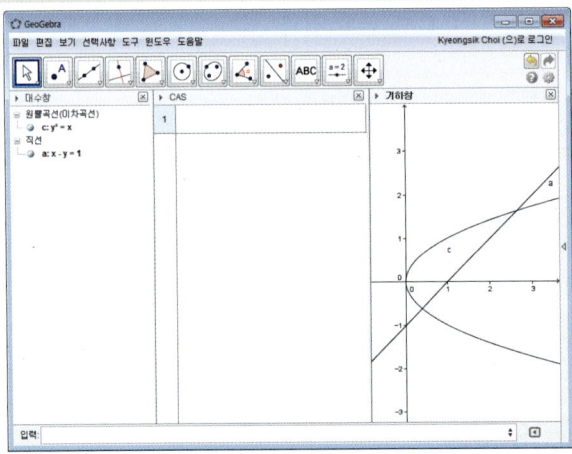

238

② 두 곡선(c, a)의 교점의 정확한 좌표를 구하기 위해 CAS 셀에 다음과 같이 입력한다.[7]

[지오지브라 CAS 명령]
교점[c , a]

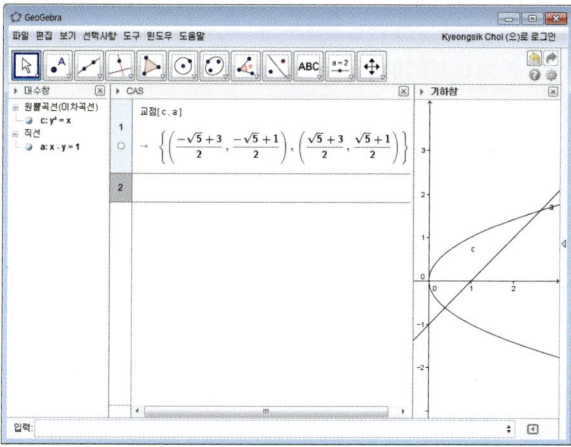

③ 적분값을 구하기 위해 CAS 셀에 다음과 같이 입력한다.

[지오지브라 CAS 명령]
적분[y + 1 - y^2 , (- sqrt(5) + 1) / 2 , (sqrt(5) + 1) / 2]

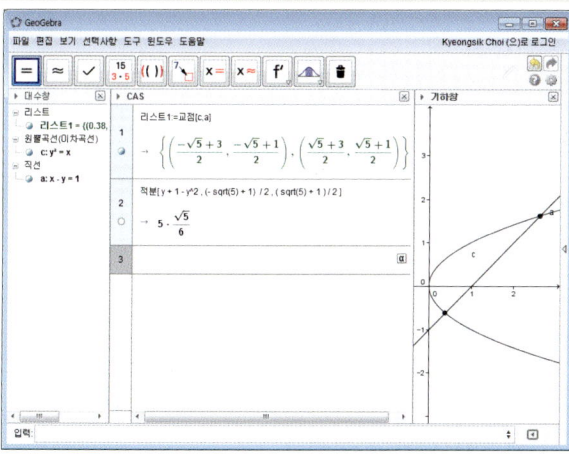

---

[7] 두 교점이 기하창에 나타나도록 하려면 CAS 셀의 보이기 버튼 ● 를 클릭 한다.

제5장 적분

[예제 31] 곡선 $y = \sin x$ $(0 \leq x \leq 2\pi)$ 및 x축으로 둘러싸인 부분의 면적을 구하여라.

[풀이] $S = \int_0^{2\pi} |\sin x| dx = \int_0^{\pi} \sin x dx + \int_{\pi}^{2\pi} (-\sin x) dx = [-\cos x]_0^{\pi} + [\cos x]_{\pi}^{2\pi} = 4$

[지오지브라 실습(연산 결과)] 위 예제를 지오지브라에서 실습하려면 CAS셀에 다음과 같이 입력한다. 이 경우 지오지브라를 사용하는 것은 계산의 결과를 확인하기 위한 것이다.

[지오지브라 CAS 명령]
적분[abs(sin(x)) , 0 , 2 pi]

만일 기하창에서 함수의 그래프를 관찰하고자 하면 입력창에 다음과 같이 입력한다.

[지오지브라 명령]
f(x) = abs(sin(x))
적분[f , 0 , 2 pi]

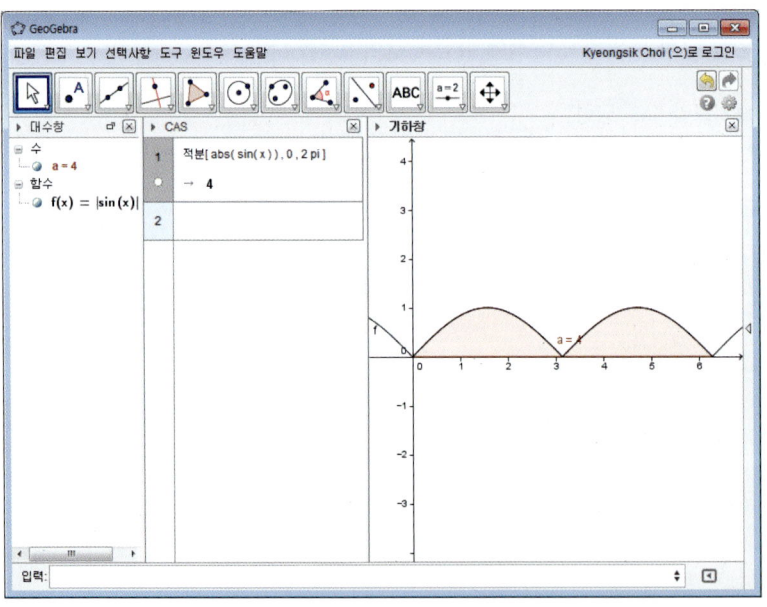

그림 5.23: CAS 연산 결과

정리 5.20

어떤 입체도형을 평면 $x=t$로 잘라서 그 단면의 면적을 $S(t)$라고 하자. 만약 $S(t)$가 $[a,b]$에서 연속함수이면 주어진 입체도형에서 두 평면 $x=a$와 $x=b$ 사이에 있는 부분의 부피 V는

$$V = \int_a^b S(t)dt$$

이다.

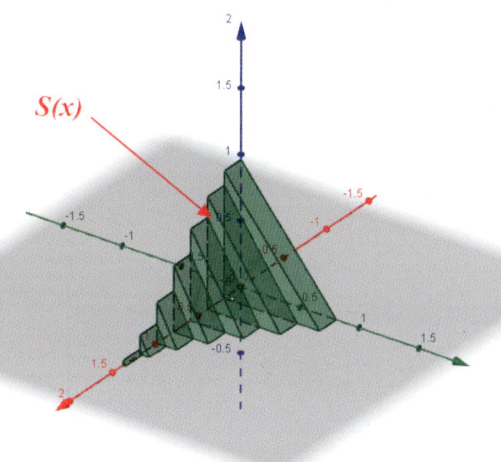

그림 5.24: 입체의 부피

정리 5.20의 탐구예제

좌표공간에서 $0 \leq x \leq \frac{\pi}{2}$일 때, 두 점 $P(x, 0, \cos^2 x)$, $Q(x, 1-\sin x, 0)$을 연결하는 직선이 움직여 생기는 곡면과 세 좌표평면으로 둘러싸인 입체의 부피 V를 구하여라.

제시된 문제를 지오지브라에서 3가지 방법으로 실습하고자 한다.

제5장 적분

[지오지브라 실습 1 (자취 보이기를 활용한 원리 탐구)]

1️⃣ 주어진 문제의 단면을 만들려면 입력창에 다음과 같이 입력한다. 이때 지오지브라에서는 t 라는 변수가 없는 상태이므로 슬라이더 만들기 대화상자가 나타나 슬라이더를 만들 것인가 물어본다. 슬라이더 만들기 를 클릭한다.

[지오지브라 명령]
R = (t , 0 , 0)

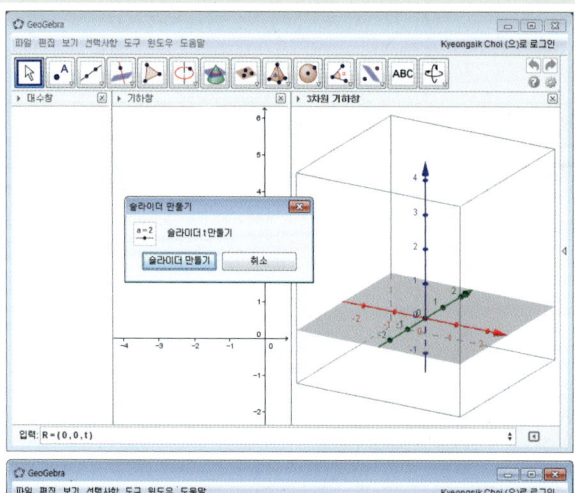

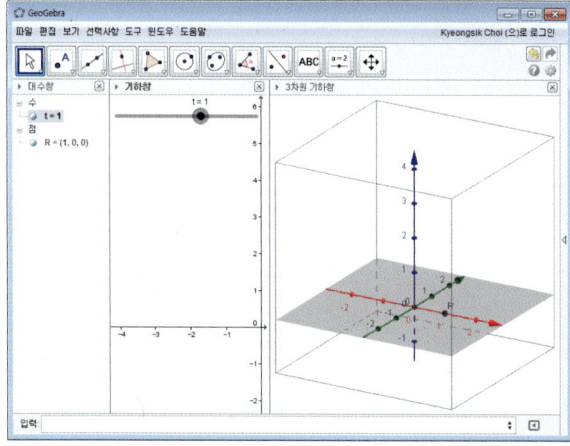

② 점 P, 점 Q를 만들고 다각형 PQR을 정의하려면 입력창에 다음과 같이 차례로 입력한다.

[지오지브라 명령]
P = (t , 0 , cos(t)^2)
Q = (t , 1 - sin(t) , 0)
다각형[P , Q , R]

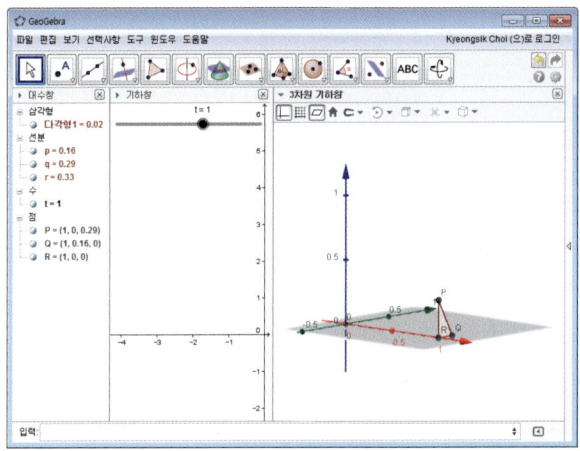

③ 제시된 예제에서 범위를 $0 \leq x \leq \frac{\pi}{2}$ 라고 제시하였으므로 슬라이더 t의 범위를 제한하는 것이 필요하다. 슬라이더 t 위에서 마우스 오른쪽 버튼을 클릭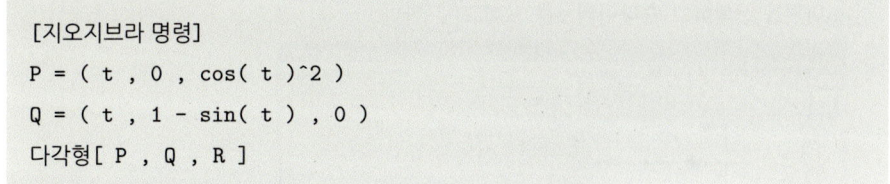한 후 설정사항을 클릭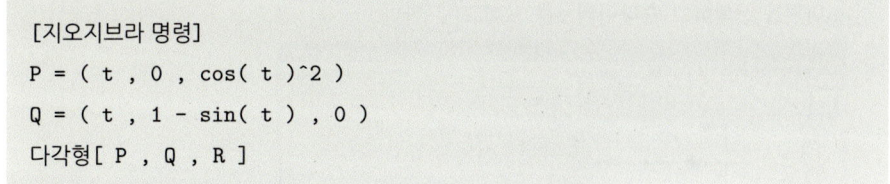하면 설정사항 대화상자가 나타난다. 설정사항 대화상자의 슬라이더 탭에서 최솟값을 0, 최댓값을 $\frac{\pi}{2}$ 로 설정한다. 이때 최솟값, 최댓값 옆의 입력상자에는 0, pi / 2를 차례로 입력한다.

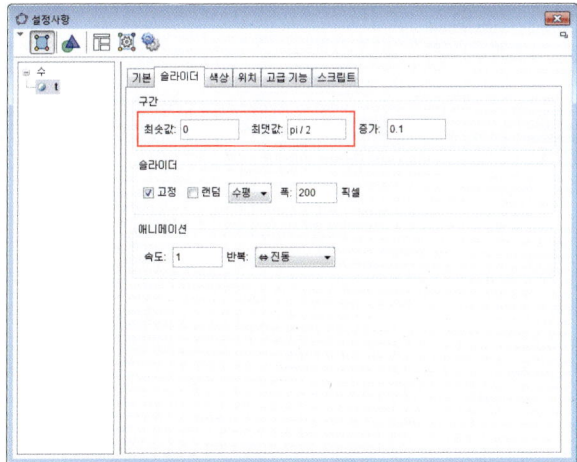

④ 단면의 자취를 관찰하기 위해 다각형 PQR 위에서 마우스 오른쪽 버튼을 클릭한 후 자취 보이기를 선택하고 슬라이더 t를 드래그한다.

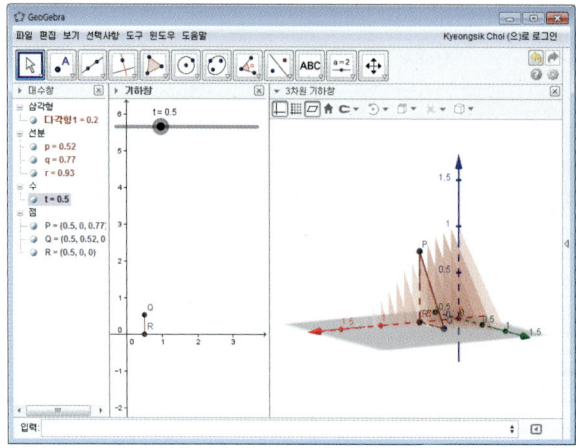

⑤ 다른 방향에서 도형을 관찰하려면 마우스 오른쪽 버튼을 클릭한 채 드래그한다.

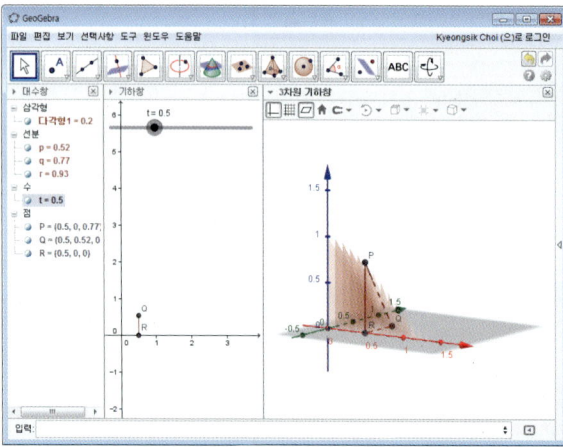

5.8 정적분의 응용

지오지브라 실습 2 (수열과 사상 [ ] 명령을 활용한 원리 탐구)

① n 개로 주어진 구간 $0 \leq x \leq \frac{\pi}{2}$ 를 분할하기 위해 슬라이더 n을 정의한다. 슬라이더 도구를 선택한 후 기하창을 클릭하여 정수 n을 만든다.

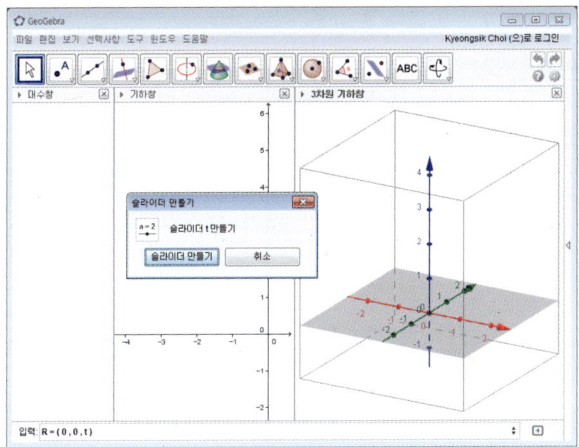

② 먼저 단면의 수열을 만들어 보자. 주어진 구간을 n 개로 분할했을 때 k 번째 x 값은 $\frac{\pi \cdot k}{2 \cdot n}$ 이며 이를 좌표로 나타내면 $X_k \left(\frac{\pi \cdot k}{2 \cdot n}, 0, 0 \right)$ 이다. 이때 $P_k \left(\frac{\pi \cdot k}{2 \cdot n}, 0, \cos^2 \frac{\pi \cdot k}{2 \cdot n} \right)$, $Q_k \left(\frac{\pi \cdot k}{2 \cdot n}, 1 - \sin \frac{\pi \cdot k}{2 \cdot n}, 0 \right)$ 라는 점을 생각할 수 있으며 삼각형 $X_k P_k Q_k$ 의 수열을 정의할 수 있다. 이를 지오지브라 명령어로 나타내면 아래와 같다.

```
[지오지브라 명령]
수열[ 다각형[ ( (pi k) / (2 n) , 0 , cos( (pi k) / (2 n) )^2 ) , ( (pi k) / (2 n) , 1 - sin( (pi k) / (2 n) ) , 0 ) , ( (pi k) / (2 n) , 0 , 0 ) ] , k , 1 , n - 1 ]
```

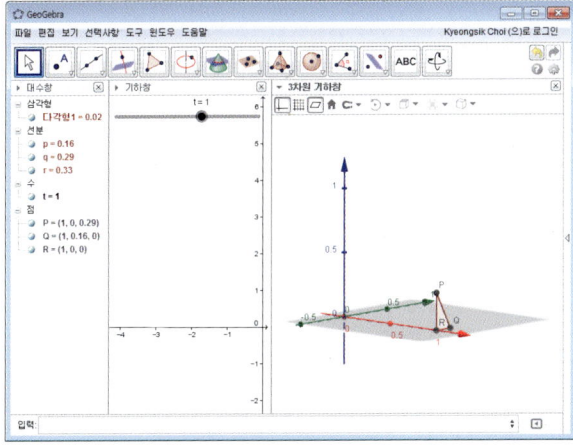

245

③ 밑면의 수열에서 항을 뽑아내어 각기둥[8]의 수열을 만들려면 사상[ ][9] 명령을 사용해야 한다. 각기둥의 수열을 만들기 위해 입력창에 다음과 같이 입력한다.[10]

[지오지브라 명령]

사상[각기둥[A , (pi / (2 n))] , A , 리스트1]

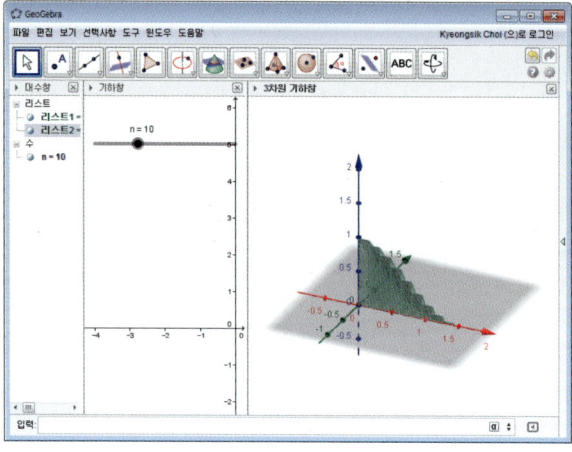

---

[8]각기둥[다각형 , 높이]

[9]사상[식 , 변수 1 , 리스트 1 , 변수 2 , 리스트 2 , …]

[10]밑면의 수열의 이름이 리스트1이라고 가정한다. 사상[ ] 명령에서 "A , 리스트1" 이라는 부분은 $A \in$ 리스트1이라고 이해하면 편리하다. 참고로 이와 같은 방식으로 여러 개의 자리지기 변수(dummy variable)와 리스트를 사용하는 것이 가능하다.

5.8 정적분의 응용

[지오지브라 실습 3 (곡면[ ] 명령을 활용한 원리 탐구)]

① 곡면[ ] 명령을 사용하려면 두 변수 (u, v)에 대하여 곡면 위의 점을 정의해야 한다.

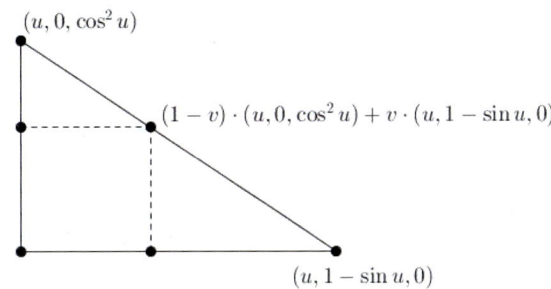

② 곡면 위의 점은 제시된 두 점을 연결한 선분 위에 있으므로 다음과 같이 제시할 수 있다.

$(1-v) \cdot (u, 0, \cos^2 u) + v \cdot (u, 1-\sin u, 0)$ (단, $u \in \left[0, \frac{\pi}{2}\right], v \in [0, 1]$)

이때 지오지브라에서 각 점의 좌표는 다음과 같이 표현하는 것이 가능하다.

[지오지브라 명령]
x좌표: (1 - v) u + u v
y좌표: v (1 - sin(u))
z좌표: (1 - v) cos(u)^2

따라서 구하고자 하는 곡면을 그리려면 입력창에 다음과 같이 입력한다.

[지오지브라 명령]
곡면[(1 - v) u + u v , v (1 - sin(u)) ,
(1 - v) cos(u)^2 , u , 0 , pi / 2 , v , 0 , 1]

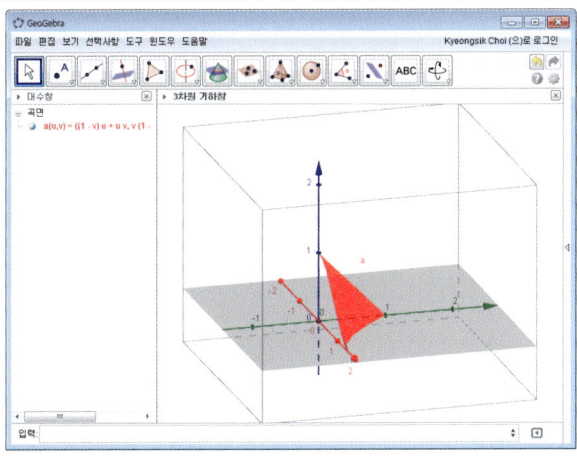

247

예제 32 밑면의 반지름이 a인 직원기둥에 대하여 밑면의 지름을 지나고 밑면과 $45°$를 이루는 평면으로 잘라서 생기는 입체의 부피 V를 구하여라.

풀이 $x = t$에서 입체의 단면적은

$$S(t) = \frac{1}{2}\sqrt{a^2 - t^2}\sqrt{a^2 - t^2}\tan\frac{\pi}{4} = \frac{1}{2}(a^2 - t^2)$$

이다. 따라서 입체의 부피 V는

$$V = 2\int_0^a \frac{1}{2}(a^2 - t^2)dt = \left[a^2 t - \frac{1}{3}t^3\right]_0^a = \frac{2}{3}a^3$$

이다.

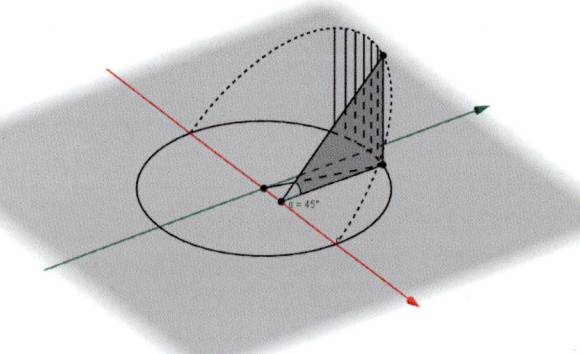

그림 5.25: 입체의 단면

지오지브라 실습(연산 결과) 위 예제를 지오지브라에서 실습하려면 CAS셀에 다음과 같이 입력한다. 이 경우 지오지브라를 사용하는 것은 계산의 결과를 확인하기 위한 것이다.

```
[지오지브라 CAS 명령]
2 적분[ 1 / 2 ( a^2 - t^2 ) , t , 0 , a ]
```

정리 5.21

함수 $y = f(x)$가 $[a,b]$에서 연속일 때 곡선 $y = f(x)$와 직선 $x = a, x = b$ 및 x축으로 둘러싸인 영역을 x축 둘레로 회전하여 생기는 회전체의 부피 V는

$$V = \pi \int_a^b \{f(x)\}^2 dx = \pi \int_a^b y^2 dx$$

이다.

[증명] 일반 입체의 경우와는 달리 회전체의 단면은 항상 원이다. 따라서 $x = t$에서 입체의 단면적은 $X(t) = \pi y^2 = \pi \{f(x)\}^2$이 된다. 정리 5.20에 의해 부피 V는

$$V = \pi \int_a^b \{f(t)\}^2 dt = \pi \int_a^b \{f(x)\}^2 dx$$

이다.

[참고]

(1) 곡선 $x = g(y)$와 직선 $y = c, y = d$ 및 y축으로 둘러싸인 영역을 y축으로 회전시켜 생기는 회전체의 부피는

$$V = \pi \int_c^d \{g(y)\}^2 dy$$

가 된다.

(2) 일반적으로 곡선 $y = f(x), y = g(x)$ (이때, $f(x) \leq g(x)$)와 직선 $x = a, x = b$로 둘러싸인 영역을 x축으로 회전시켰을 때 생기는 회전체의 부피는

$$V = \pi \int_a^b \{f(x)\}^2 - \{g(x)\}^2 dx$$

이다.

제5장 적분

예제 33 $y=\sqrt{x}$, x축 및 $x=4$로 둘러싸인 영역을 x축을 회전축으로 하여 회전시킬 때 생기는 회전체의 부피를 구하여라.

풀이

$$V = \pi \int_0^4 x\,dx = \pi \left[\frac{x^2}{2}\right]_0^4 = 8\pi$$

지오지브라 실습 1(원리 탐구) 함수 $y=\sqrt{x}$를 x 축을 중심으로 회전시켜보자.

① 함수 $y=\sqrt{x}$의 그래프를 그리기 위해 입력창에 다음과 같이 입력한다.

```
[지오지브라 명령]
y = sqrt( x )
```

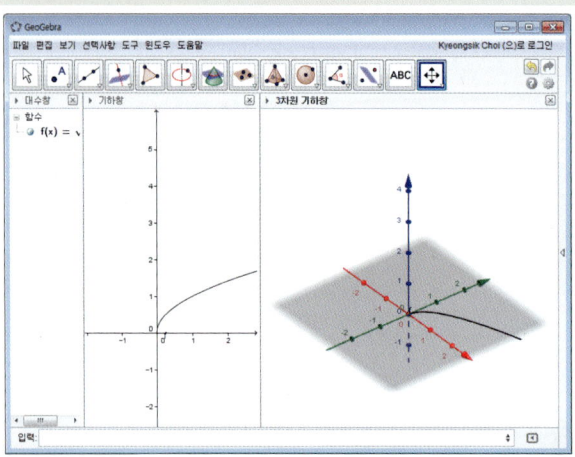

② 회전하는 각을 지정하기 위해 슬라이더 도구를 선택한 후 기하창을 클릭한다. 이때 슬라이더는 각 α로 설정한다.

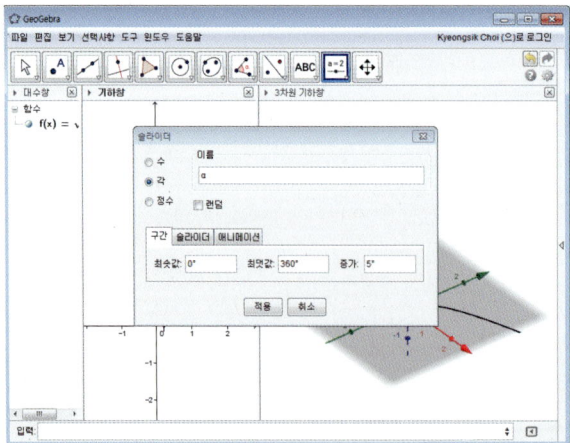

③ 직선 주위로 회전 도구를 선택한 후 $y = \sqrt{x}$, x축 순서로 클릭 하면 직선 주위로 회전 대화상자가 나타난다. 이때 각의 이름은 α로 한 다음 확인 을 누르면 각에 따라 그래프가 회전하여 나타난다.

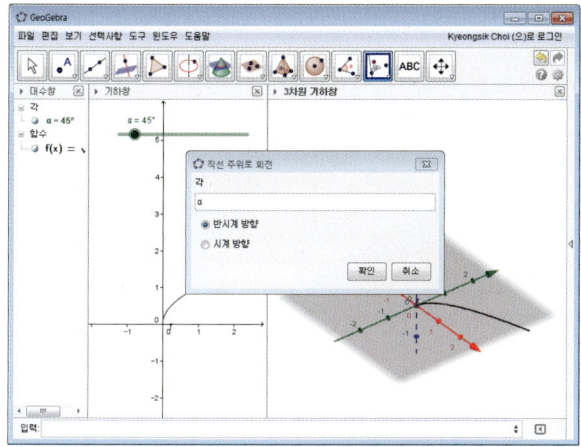

④ 회전된 그래프에서 마우스 오른쪽 버튼을 클릭 한 후 자취 보이기를 선택하면 그래프가 회전하는 자취를 볼 수 있다. 슬라이더 α를 마우스로 드래그 하면 그래프의 회전한 자취가 나타난다.

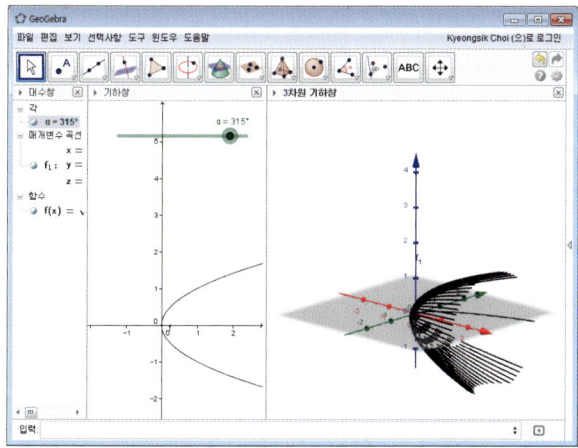

[예제 34] 반지름이 a인 구의 부피를 구하여라.

[풀이] 한 축 방향으로 절단하였을 때의 함수의 그래프는 $f(x) = \sqrt{a^2 - x^2}$이므로 구하는 회전체(구)의 부피는 다음과 같이 구할 수 있다.

$$V = 2\pi \int_0^a (a^2 - x^2)dx = 2\pi \left[a^2 x - \frac{1}{3}x^3\right]_0^a = \frac{4}{3}\pi a^3$$

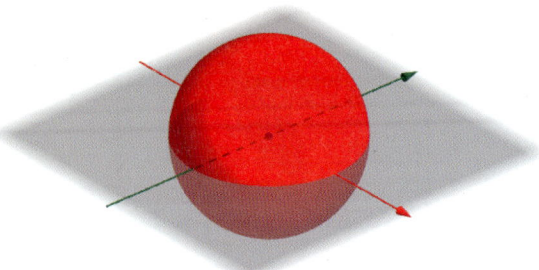

그림 5.26: 구의 부피

[지오지브라 실습(연산 결과)] 위 예제를 지오지브라에서 실습하려면 CAS셀에 다음과 같이 입력한다. 이 경우 지오지브라를 사용하는 것은 계산의 결과를 확인하기 위한 것이다.

```
[지오지브라 CAS 명령]
2 pi 적분[ a^2 - x^2 , 0 , a ]
```

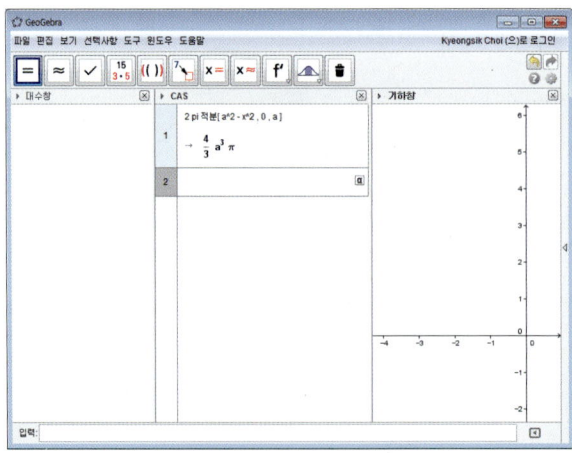

그림 5.27: CAS 연산 결과

[예제 35] 두 포물선 $y = x^2$과 $y^2 = 8x$로 둘러싸인 영역을 x축을 회전축으로 하여 회전시킬 때 생기는 회전체의 부피를 구하여라.

[풀이] 교점의 x좌표는 0과 2이다.

$$\therefore V = \pi \int_0^2 (8x - x^4)dx = \pi \left[4x^2 - \frac{1}{5}x^5\right]_0^2 = \frac{48}{5}\pi$$

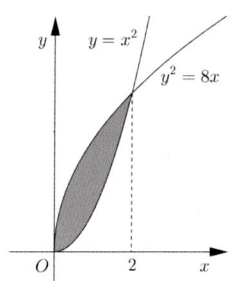

그림 5.28: 주어진 영역

[지오지브라 실습(연산 결과)] 위 예제를 지오지브라에서 실습하려면 CAS셀에 다음과 같이 입력한다. 이 경우 지오지브라를 사용하는 것은 계산의 결과를 확인하기 위한 것이다.

[지오지브라 CAS 명령]
```
pi 적분[ 8x - x^4 , 0 , 2 ]
```

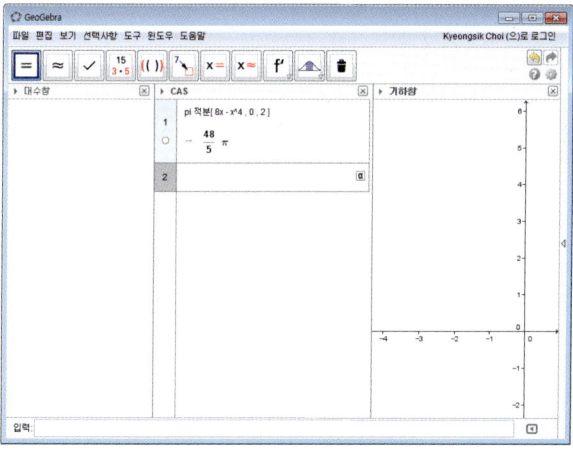

그림 5.29: CAS 연산 결과

정리 5.22

$[a,b]$에서 $f'(x)$가 연속일 때 곡선 $y=f(x)$의 $[a,b]$에서의 길이 s는

$$s = \int_a^b \sqrt{1+\{f'(x)\}^2}\,dx$$

이다.

[예제 36] 곡선 $3y = 2(x-1)^{\frac{3}{2}}$의 $x=1$에서 $x=4$까지의 길이를 구하여라.

[풀이] $y' = \sqrt{x-1}$이므로 곡선의 길이는

$$s = \int_1^4 \sqrt{1+(x-1)}\,dx = \int_1^4 \sqrt{x}\,dx = \frac{14}{3}$$

이다.

[지오지브라 실습(연산 결과)]

① 주어진 곡선을 정의하기 위해 입력창에 다음과 같이 입력한다.

[지오지브라 명령]
f(x) = 2 (x - 1)^(3 / 2) / 3

② 곡선의 길이를 구하기 위해 CAS 셀에 다음과 같이 입력한다.

[지오지브라 CAS 명령]
길이[f , 1 , 4]

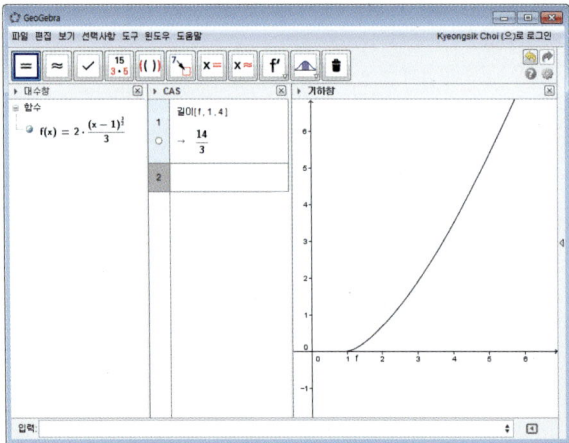

[예제 37] 곡선 $y = x\sqrt{x}$의 $x = 0$에서 $x = 2$까지의 길이를 구하여라.

[풀이] $y' = \frac{3}{2}x^{\frac{1}{2}}$ 이므로 곡선의 길이는

$$s = \int_0^2 \sqrt{1 + \frac{9}{4}x}\,dx$$

이다.

이때 $1 + \frac{9}{4}x = t$라고 하면 $dx = \frac{4}{9}dt$이다. 또한 $x = 0$일 때 $t = 1$, $x = 2$일 때 $t = \frac{11}{2}$이다.

$$\therefore \int_1^{\frac{11}{2}} \sqrt{t}\left(\frac{4}{9}dt\right) = \left[\frac{2}{3}t^{\frac{3}{2}}\right]_1^{\frac{11}{2}} = \left(\frac{22\sqrt{22} - 8}{27}\right)$$

[지오지브라 실습(연산 결과)]

① 주어진 곡선을 정의하기 위해 입력창에 다음과 같이 입력한다.

[지오지브라 명령]
f(x) = x sqrt(x)

② 곡선의 길이를 구하기 위해 CAS 셀에 다음과 같이 입력한다.

[지오지브라 CAS 명령]
길이[f , 0 , 2]

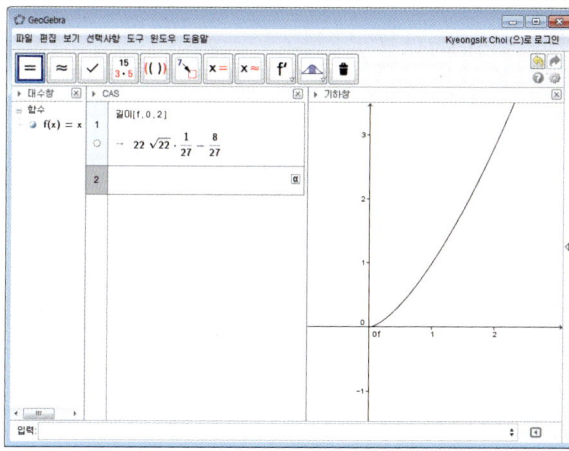

정리 5.23

곡선의 방정식이 매개변수방정식

$$x = f(t), y = g(t) \qquad (\alpha \leq t \leq \beta)$$

로 주어질 때 $[\alpha, \beta]$에서 $f'(t), g'(t)$가 연속이고 $a = f(\alpha), b = f(\beta)$이며, $x = f(t)$가 a에서 b까지 단조증가하면

$$s = \int_\alpha^\beta \sqrt{\left(\frac{dx}{dt}\right)^2 + \left(\frac{dy}{dt}\right)^2} dt$$

이다.

[예제 38] 원 $x^2 + y^2 = a^2$의 둘레의 길이를 구하여라.

[풀이] 원의 매개변수방정식은

$$x = a\cos t, y = a\sin t \qquad (0 \leq t \leq 2\pi)$$

이므로,

$$\frac{dx}{dt} = -a\sin t, \frac{dy}{dt} = a\cos t$$

이다. 따라서,

$$\begin{aligned} s &= \int_0^{2\pi} \sqrt{a^2 \sin^2 t + a^2 \cos^2 t}\, dt \\ &= \int_0^{2\pi} a\, dt \\ &= [at]_0^{2\pi} \\ &= 2\pi a \end{aligned}$$

[지오지브라 실습(연산 결과)]

① 슬라이더 [a=2] 도구를 선택한 후 슬라이더 a를 정의한다.

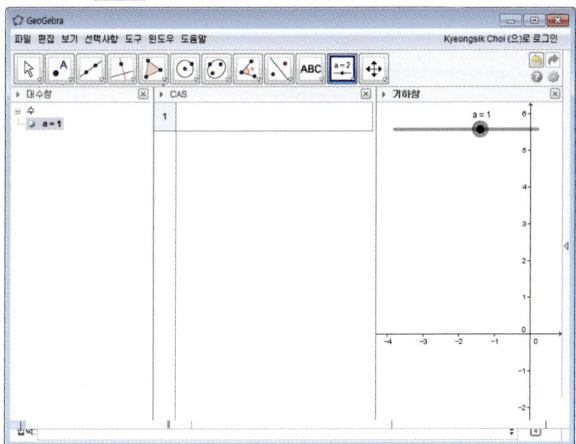

② 주어진 곡선을 정의하기 위해 입력창에 다음과 같이 입력한다.

[지오지브라 명령]
p : 곡선[a cos(t) , a sin(t) , t , 0 , 2 pi]

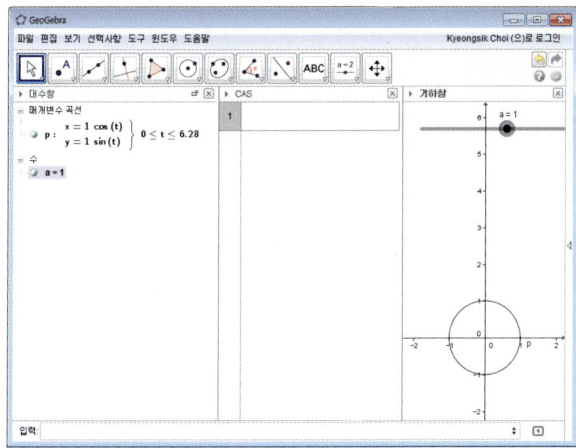

③ 곡선의 길이를 구하기 위해 입력창에 다음과 같이 입력한다.

[지오지브라 명령]
길이[p , 0 , 2 pi]

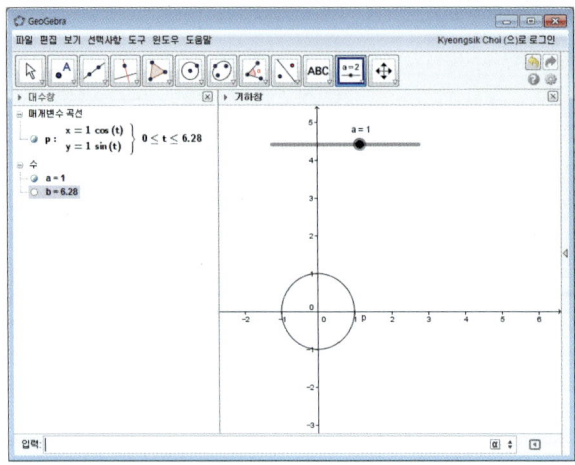

[참고] CAS 창에서 명령을 수행해야 하지만 결과 제시가 이루어지지 않는 경우가 있어 입력창에서 명령을 입력하였다.

정리 5.24

연속곡선 $y = f(x)\ (a \leq x \leq b)$가 x축 둘레로 회전시킬 때 생기는 회전체의 표면적 S는

$$S = 2\pi \int_a^b f(x) \sqrt{1 + \{f'(x)\}^2} dx$$

이다.

[예제 39] 반지름이 a인 구의 표면적을 구하여라.

[풀이] 반지름이 a인 원의 중심을 원점으로 잡으면 x축 위쪽의 반원의 방정식은 $y = \sqrt{a^2 - x^2}$이다. 따라서

$$y' = \frac{-x}{\sqrt{a^2 - x^2}} \sqrt{1 + (y')^2} = \frac{a}{\sqrt{a^2 - x^2}}$$

이다.

$$S = 2 \cdot 2\pi \int_0^a \sqrt{a^2 - x^2} \cdot \frac{a}{\sqrt{a^2 - x^2}} dx$$
$$= 4\pi a^2$$

[지오지브라 실습(연산 결과)] 위 예제를 지오지브라에서 실습하려면 CAS셀에 다음과 같이 입력한다. 이 경우 지오지브라를 사용하는 것은 계산의 결과를 확인하기 위한 것이다.

```
[지오지브라 CAS 명령]
4 pi 적분[ sqrt( a^2 - x^2 ) a / sqrt( a^2 - x^2 ) , 0 , a ]
```

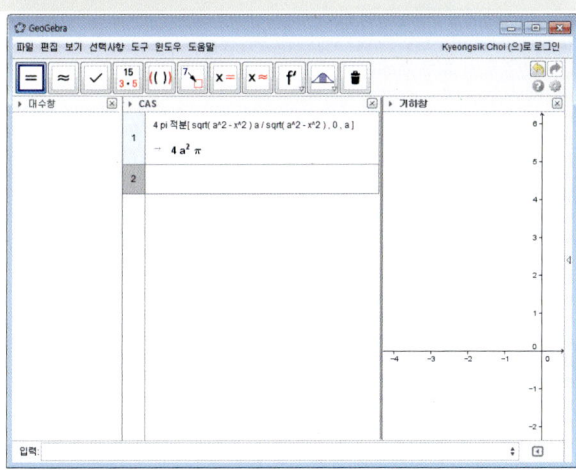

[참고] 이때 a가 다른 값으로 정의되지 않아야 한다.

연습문제 5.8

1. 다음 주어진 조건에 의해 둘러싸인 도형의 면적을 구하여라.

   (1) 타원 $\frac{x^2}{a^2} + \frac{y^2}{b^2} = 1 \ (a > 0, b > 0)$

   (2) $f(x) = \frac{8}{x^2+4}, g(x) = \frac{x^2}{4}$

   (3) $y = x^3 - 2x^2 - x + 2, x$축

   (4) $y = x^2, y = 2x - x^2$

   (5) $y = \sin x, y = \cos x, x = 0, x = \frac{\pi}{2}$

2. 다음 주어진 조건에 의해 둘러싸인 영역을 x축을 중심으로 회전시킬 때 생기는 회전체의 부피를 구하여라.

   (1) 타원 $\frac{x^2}{a^2} + \frac{y^2}{b^2} = 1 \ (a > b > 0)$

   (2) 원 $(x-a)^2 + (y-b)^2 = r^2 \ (b > r)$

   (3) $y = \sqrt{x+1}, x$축, y축

   (4) $y = x^2 + 2, y = x + 8$

3. 다음 주어진 조건에 의해 둘러싸인 영역을 y축을 중심으로 회전시킬 때 생기는 회전체의 부피를 구하여라.

   (1) $y = x^3, y$축, $y = 3$

   (2) $y = \sqrt{x}, y = 2, x = 0$

   (3) $y = \sqrt{x+1}, x$축, y축

4. 두 점 $(1,1), (4,8)$ 사이의 반쌍곡선 $y^2 = x^3$의 호의 길이를 구하여라.

5 사이클로이드(Cycloid) 곡선 $x = a(t - \sin t)$, $y = a(1 - \cos t)$ $(0 \leq t \leq 2\pi)$의 길이를 구하여라.

6 다음 곡선을 x축으로 회전시켰을 때 만들어지는 입체의 표면적을 구하여라.
   (1) $y = \sqrt{1 - x^2}$ $\left(0 \leq x \leq \frac{1}{2}\right)$
   (2) $y = \sin x$ $\left(0 \leq x \leq \frac{\pi}{2}\right)$

5.9 참고 : 지오지브라 관련 기능(적분, 수열, 3차원)

적분 명령

지오지브라에서 **적분 명령**을 활용하면, 주어진 함수의 부정적분과 정적분을 구할 수 있다. 지오지브라에서 제공하는 **적분 명령**의 문법은 다음과 같다.[11]

```
적분[ 함수 ]
적분[ 함수 , 처음 x 값 , 끝 x 값 ]
```

예를 들어, $\sin x$ 의 부정적분을 구하려면, 입력창에 다음과 같이 입력한다.[12]

```
적분[ sin(x) ]
```

[실행결과]
$-\cos(x)$

또한, 정적분 $\int_{-1}^{2} \sin x \, dx$ 의 값을 구하려면, 입력창에 다음과 같이 입력한다.

```
적분[ sin(x) , -1 , 2 ]
```

[실행결과]
0.96

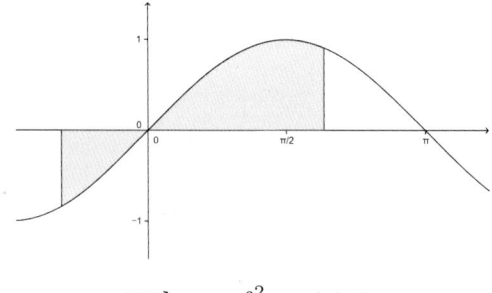

그림 5.30: $\int_{-1}^{2} \sin(x) \, dx$

---

[11]우리말 명령어인 적분[] 대신, 영어 명령어인 Integral[] 을 사용하는 것도 가능하다.
[12]이때, 상수는 0 이다.

적분차 명령

지오지브라에서 **적분차** 명령을 활용하면, 구간 [a , b] 에서 정의된 두 함수 $f(x)$, $g(x)$ 대하여, $\int_a^b (f(x) - g(x))\, dx$ 의 값을 구할 수 있다. 지오지브라에서 제공하는 적분차 명령의 문법은 다음과 같다.[13]

적분차[함수 , 함수 , 처음 x 값 , 끝 x 값]

예를 들어, $f(x) = \sin(x)$, $g(x) = \frac{1}{2}x$ 일 때, $\int_0^1 (f(x) - g(x))\, dx$ 의 값을 구하려면, 입력창에 다음과 같이 차례로 입력한다.

```
f(x) = sin(x)
g(x) = 1/2 x
적분차[ f , g , 0 , 1 ]
```

[실행결과]
0.21

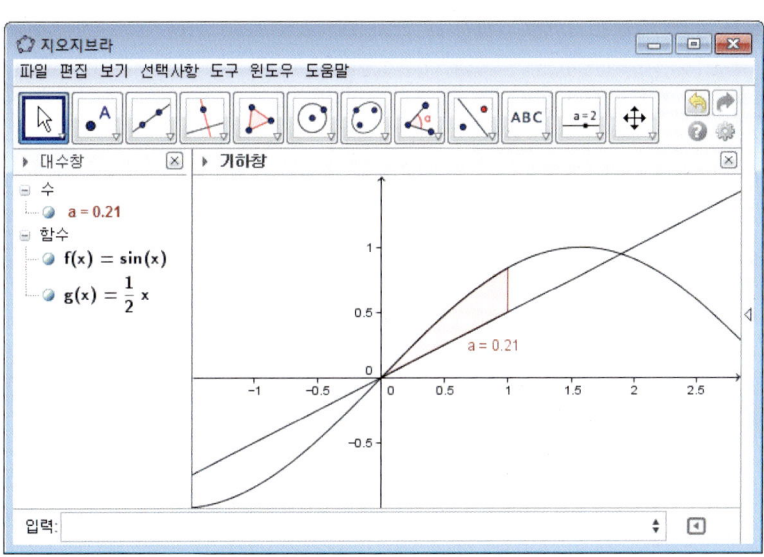

그림 5.31: $\int_0^1 (\sin(x) - \frac{1}{2}x)\, dx$

---

[13]우리말 명령어인 적분차[] 대신, 영어 명령어인 `IntegralBetween[]` 을 사용하는 것도 가능하다.

상합 명령

지오지브라에서 **상합** 명령을 활용하면, 주어진 함수의 상합을 구할 수 있다. 지오지브라에서 제공하는 **상합** 명령의 문법은 다음과 같다.[14]

```
상합[ 함수 , 시작 x 값 , 끝 x 값 , 직사각형의 갯수 ]
```

예를 들어, 함수 $\sin(x)$ 에 대하여, 구간 $[-1, 2]$ 에서의 분할수 10인 상합을 구하려면, 입력창에 다음과 같이 입력한다.

```
상합[ sin(x) , -1 , 2 , 10 ]
```

[실행결과]
1.24

하합 명령

지오지브라에서 **하합** 명령을 활용하면, 주어진 함수의 하합을 구할 수 있다. 지오지브라에서 제공하는 **하합** 명령의 문법은 다음과 같다.[15]

```
하합[ 함수 , 시작 x 값 , 끝 x 값 , 직사각형의 갯수 ]
```

함수 $\sin(x)$ 에 대하여, 구간 $[-1, 2]$ 에서의 분할수 10인 하합을 구하려면, 입력창에 다음과 같이 입력한다.

```
하합[ sin(x) , -1 , 2 , 10 ]
```

[실행결과]
0.66

사다리꼴합 명령

지오지브라에서 **사다리꼴합** 명령을 활용하면, 주어진 함수의 사다리꼴합을 구할 수 있다. 지오지브라에서 제공하는 **사다리꼴합** 명령의 문법은 다음과 같다.[16]

```
사다리꼴합[ 함수 , 시작 x 값 , 끝 x 값 , 직사각형의 갯수 ]
```

---

[14] 우리말 명령어인 상합[] 대신, 영어 명령어인 `UpperSum[]` 을 사용하는 것도 가능하다.
[15] 우리말 명령어인 하합[] 대신, 영어 명령어인 `LowerSum[]` 을 사용하는 것도 가능하다.
[16] 우리말 명령어인 사다리꼴합[] 대신, 영어 명령어인 `TrapezoidalSum[]` 을 사용하는 것도 가능하다.

함수 sin(x) 에 대하여, 구간 [−1 , 2] 에서의 분할수 10 인 사다리꼴합을 구하려면, 입력창에 다음과 같이 입력한다.

사다리꼴합[sin(x) , -1 , 2 , 10]

[실행결과]
0.95

왼쪽합 명령

지오지브라에서 **왼쪽합** 명령을 활용하면, 주어진 함수의 왼쪽합을 구할 수 있다. 지오지브라에서 제공하는 **왼쪽합** 명령의 문법은 다음과 같다.[17]

왼쪽합[함수 , 시작 x 값 , 끝 x 값 , 직사각형의 갯수]

함수 sin(x) 에 대하여, 구간 [−1 , 2] 에서의 분할수 10 인 왼쪽합을 구하려면, 입력창에 다음과 같이 입력한다.

왼쪽합[sin(x) , -1 , 2 , 10]

[실행결과]
0.69

직사각형합 명령

지오지브라에서 **직사각형합** 명령을 활용하면, 주어진 함수의 직사각형합을 구할 수 있다. 지오지브라에서 제공하는 **직사각형합** 명령의 문법은 다음과 같다.[18]

직사각형합[함수 , 시작 x 값 , 끝 x 값 , 직사각형의 갯수 , true(오른쪽)|false(왼쪽)]

함수 sin(x) 에 대하여, 구간 [−1 , 2] 에서의 분할수 10 인 직사각형합(오른쪽)을 구하려면, 입력창에 다음과 같이 입력한다.[19]

직사각형합[sin(x) , -1 , 2 , 10 , true]

---

[17] 우리말 명령어인 왼쪽합[] 대신, 영어 명령어인 `LeftSum[]` 을 사용하는 것도 가능하다.
[18] 우리말 명령어인 직사각형합[] 대신, 영어 명령어인 `RectangleSum[]` 을 사용하는 것도 가능하다.
[19] 명령의 맨 마지막에 `false` 를 입력하면, 왼쪽합 명령과 같은 결과를 얻는다.

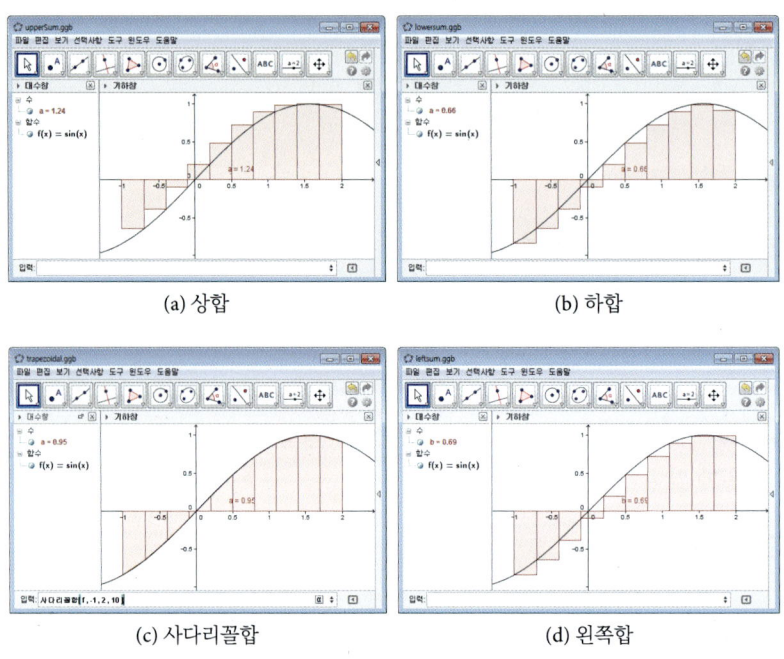

그림 5.32: 적분관련 명령 실행결과

수열 명령

지오지브라에서 **수열** 명령을 활용하면, 수열을 리스트로 정의할 수 있다. 지오지브라에서 제공하는 **수열** 명령의 문법은 다음과 같다.[20]

> 수열 [끝값]
> 수열 [표현식 , 변수 , 시작값 , 끝값]
> 수열 [표현식 , 변수 , 시작값 , 끝값 , 증가분]

예를 들어, $\{\ 1\ ,\ \frac{1}{2}\ ,\ \frac{1}{3}\ ,\ \cdots\ ,\ \frac{1}{10}\ \}$ 로 정의되는 유한수열을 리스트로 만들려면, 입력창에 다음과 같이 입력한다.

> 수열 [1/n , n , 1 , 10]

---

[20] 우리말 명령어인 수열 [] 대신, 영어 명령어인 Sequence [] 를 사용하는 것도 가능하다. 수열 [30] 을 입력하면, 1부터 30까지의 자연수 수열이 만들어진다.

[실행결과]
$\{1, \frac{1}{2}, \frac{1}{3}, \frac{1}{4}, \frac{1}{5}, \frac{1}{6}, \frac{1}{7}, \frac{1}{8}, \frac{1}{9}, \frac{1}{10}\}$

사상 명령

지오지브라에서 **사상** 명령을 활용하면, 기존 리스트를 이용하여 또 다른 리스트를 정의할 수 있다. 지오지브라에서 제공하는 **사상** 명령의 문법은 다음과 같다.[21]

사상[표현식 , 변수 1 , 리스트 1 , 변수 2 , 리스트 2 , ...]

예를 들어, $\{(1,1), (2, \frac{1}{2}), (3, \frac{1}{3}), \ldots, (10, \frac{1}{10})\}$ 인 유한수열을 정의하려면, 입력창에 다음과 같이 차례로 입력한다.[22]

```
P = 수열[ 10 ]
Q = 수열[ 1/n , n , 1 , 10 ]
사상[ ( a , b ) , a , P , b , Q ]
```

[실행결과]
$\{(1,1), (2, \frac{1}{2}), (3, \frac{1}{3}), (4, \frac{1}{4}), (5, \frac{1}{5}), (6, \frac{1}{6}), (7, \frac{1}{7}), (8, \frac{1}{8}), (9, \frac{1}{9}), (10, \frac{1}{10})\}$

합 명령

지오지브라에서 **합** 명령을 활용하면, 리스트의 원소를 모두 더한 값을 구할 수 있다. 지오지브라에서 제공하는 **합** 명령의 문법은 다음과 같다.[23]

합[수의 리스트]
합[수의 리스트 , 원소의 갯수]
합[수 , 수 , 수 , 수 , ...]
합[식 , 변수 , 처음값 , 마지막값]
합[스프레드시트셀 범위]

---

[21]우리말 명령어인 사상[] 대신, 영어 명령어인 Zip[] 을 사용하는 것도 가능하다. 사상 명령은 집합에서의 조건 제시법과 유사하다고 할 수 있다. 즉, 표현식 이 조건제시법에서의 대표원소에 해당되며, 변수와 리스트는 조건에 해당된다.

[22]수열[(n , 1/n) , n , 1 , 10] 과 같이 입력해도 같은 결과를 얻는다.

[23]우리말 명령어인 합[] 대신, 영어 명령어인 Sum[] 을 사용하는 것도 가능하다. 예를 들어, $\sum_{n=1}^{10} \frac{1}{n}$ 은 합 [1/n , n , 1 , 10] 을 입력창에 입력하면 계산할 수 있다. 스프레드시트 셀 A1 , A2 , A3 , A4 의 합인 경우, 합[A1:A4] 를 입력창에 입력하면 계산할 수 있다. 1부터 5까지의 합은 합[1 , 2 , 3 , 4 , 5] 를 입력창에 입력하면 계산할 수 있다.

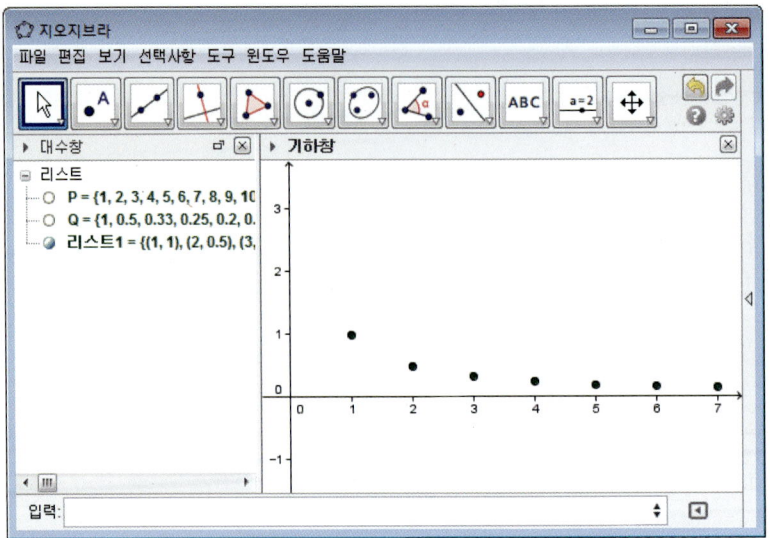

그림 5.33: $\{(n, \frac{1}{n})\}$, $n \in \{1, 2, \ldots, 10\}$ 인 유한점열

예를 들어, 리스트 { 1 , 2 , 3 } 의 모든 원소를 더한 값을 구하려면, 입력창에 다음과 같이 입력한다.

```
합[ 1 , 2 , 3 ]
```

[실행결과]
6

만일, 리스트 { 1 , 2 , 3 } 의 원소 가운데 처음 2 항을 더한 값을 구하려면, 입력창에 다음과 같이 입력한다.

```
합[ 1 , 2 , 3 , 2 ]
```

[실행결과]
3

리스트 활용 예제

리스트를 활용할 수 있는 몇 가지 예제를 소개하고자 한다.

리스트 활용 예제 1

구간 $[\,0\,,\,1\,)$ 에서 정의된 **함수열** $\{x, x^2, x^3, \ldots, x^n\}$ 을 지오지브라에서 정의하시오.

제시된 함수열을 지오지브라에서 정의하려면, 입력창에 다음과 같이 입력한다.

```
수열[ 조건[ 0 <= x < 1 , x^n ] , n , 1 , 30 ]
```

구간 $[\,0\,,\,1\,)$ 에서 정의된 함수열 $\{f_n(x) = x^n\}_{x \in N}$ 은 n 이 증가함에 따라 식 5.1에 수렴한다.

$$\lim_{n \to \infty} f_n(x) = \begin{cases} 0, & n \in [\,0\,,\,1\,) \\ 1, & x = 1 \end{cases} \tag{5.1}$$

다음은 앞에서 제시된 함수열의 원소가 차례로 나타나는 애니메이션을 구현하는 방법이다.

1 슬라이더 도구를 선택하고, 기하창을 클릭하면 슬라이더 대화상자가 나타난다. 이때, 슬라이더 대화상자에서 정수 를 선택한 후, 적용 을 클릭한다.[24]

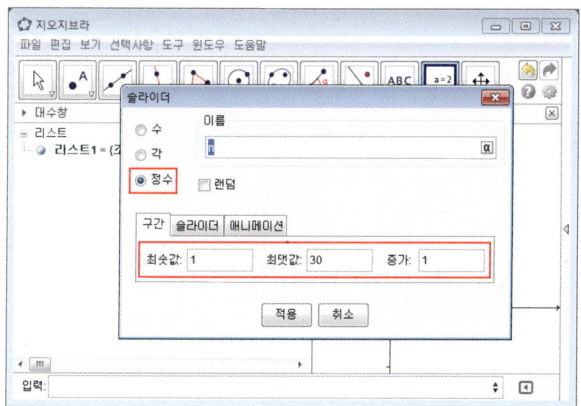

---

[24]슬라이더 대화상자에서 이름 : n , 최솟값 : 1 , 최댓값 : 30 , 증가 : 1 인지 확인한다.

② 대수창에서 리스트1 앞의 ◯ 를 마우스로 클릭하여, 리스트1 이 보이지 않게 한다.

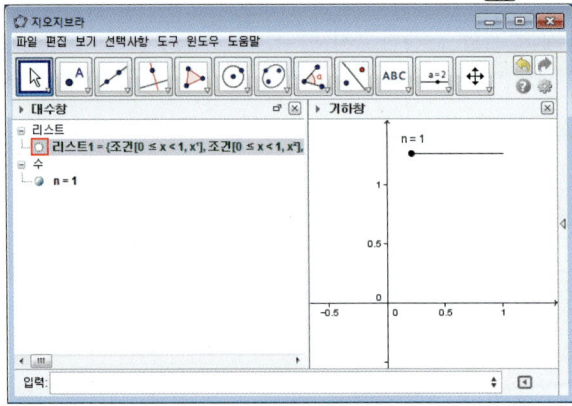

③ 입력창에 원소[리스트1 , n] 을 입력한다.

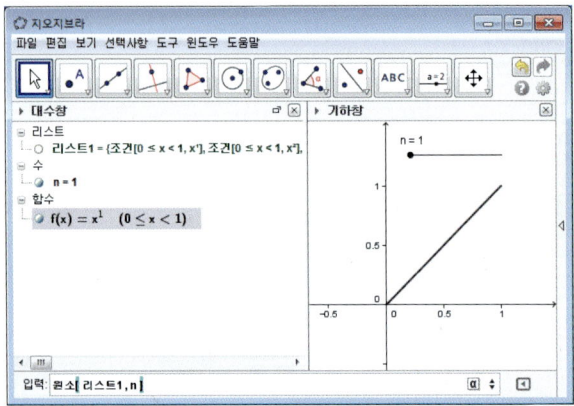

④ 이동 도구를 선택한 후, 슬라이더 위에서 마우스 오른쪽 버튼을 클릭하고 애니메이션 시작 을 선택한다.

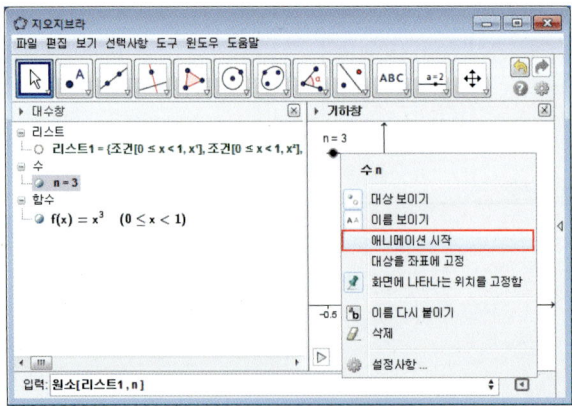

5.9 참고 : 지오지브라 관련 기능(적분, 수열, 3차원)

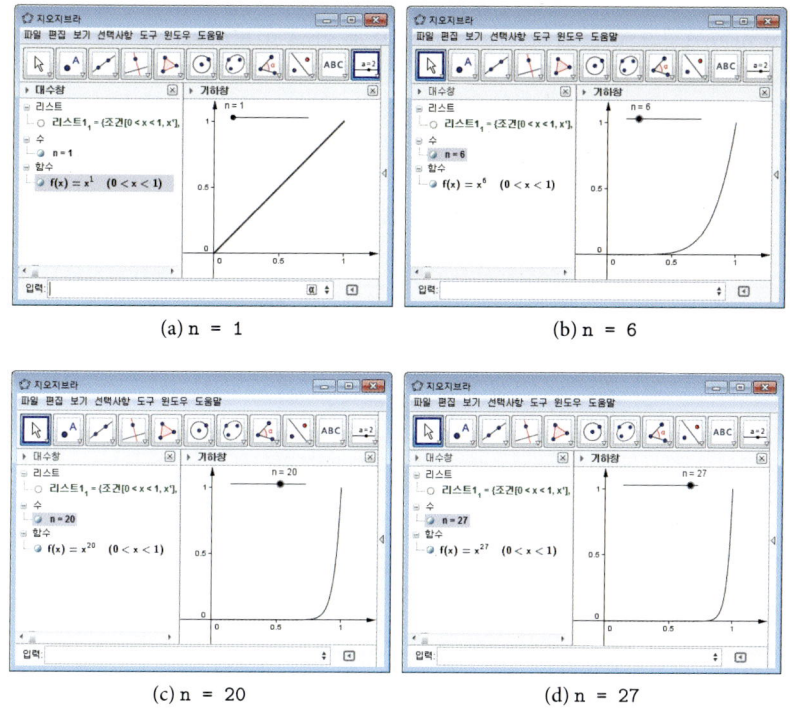

그림 5.34: n 이 증가함에 따른 x^n 의 변화

각기둥 명령

입력창에서 **각기둥** 명령을 활용하면, 3차원 기하창에 각기둥을 만들 수 있다. 3차원 기하창에서 각기둥을 만들기 위한 **각기둥** 명령의 문법은 다음과 같다.[25]

```
각기둥[ 다각형 , 높이 ]
각기둥[ 점 , 점 , 점 , ... ]
```

---

[25]우리말 명령어인 각기둥[] 대신, 영어 명령어인 Prism[] 을 사용하는 것도 가능하다.

제 5 장 적분

예를 들어, 3차원 기하창에 점 A , B , C 로 이루어진 삼각형 다각형1 을 밑면으로 하고, 높이가 3인 삼각기둥을 만들려면 입력창에 다음과 같이 입력한다.

각기둥[다각형1 , 3]

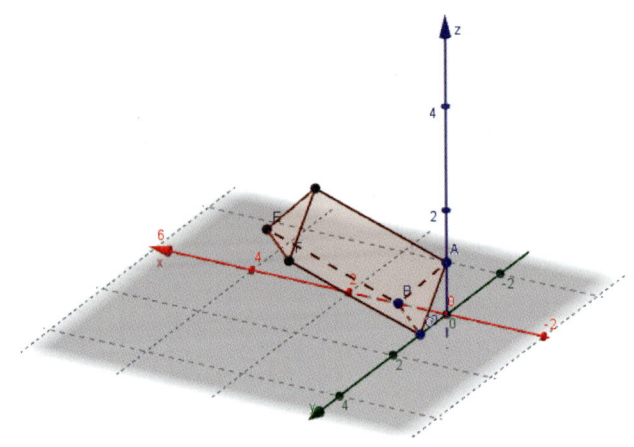

그림 5.35: 삼각형 다각형1 을 밑면으로 하고, 높이가 3인 각기둥

만일, 3차원 기하창에 점 A , B , C , D 가 주어졌을 때, 점 A , B , C 로 삼각형을 만든 후, 삼각형을 포함한 평면으로부터 점 D 까지의 거리를 높이로 하는 각기둥을 만들려면 입력창에 다음과 같이 입력한다.

각기둥[A , B , C , D]

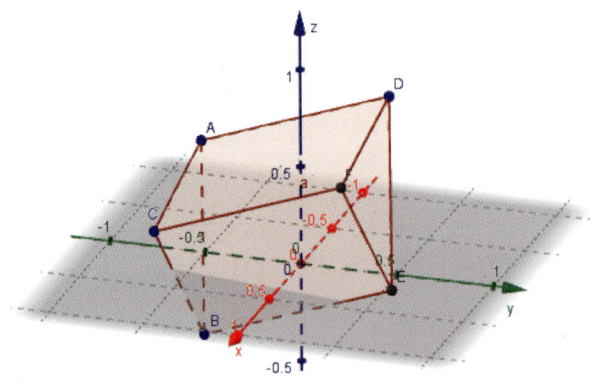

그림 5.36: 점 A , B , C 로 삼각형을 만든 후, 삼각형을 포함한 평면으로부터 점 D 까지의 거리를 높이로 하는 각기둥

(제2판) 지오지브라와 함께하는 기초 미적분학

CHAPTER 6

참고자료

6.1 한국지오지브라연구소

설립 목적

한국지오지브라연구소[1]는 2011년에 설립되었다. 한국지오지브라연구소는 **국제지오지브라연구소 (IGI; International GeoGebra Institute)**의 비전과 목표를 따라 우리나라 지오지브라 사용자를 위하여 다음과 같은 지원을 하는 공식 기관이다.

- 예비 및 현직 교사를 위한 연수
- 각종 지오지브라 관련 문서 출판
- 지오지브라 관련 연구 수행
- 국내외 지오지브라 관련 행사 개최
- 그 외 지오지브라와 관련된 여러 지원 활동

학회와 연수

한국지오지브라연구소는 매년 수 천명의 수학 교사에게 지오지브라 관련 연수를 통하여 도움을 제공하고 있다. 또한 한국지오지브라연구소는 국제지오지브라연구소와 협력하여 국제학회를 개최하고 있다.[2]

---

[1] http://www.geogebra.or.kr/

[2] 2012년에 개최된 GeoGebra ICME Pre-conference 2012 국제학회의 경우 25개국에서 약 160여명이 참여하였으며 각국에서 이루어지고 있는 지오지브라 관련 연구가 발표되었다. 현재 이 학회를 모델로 각국에서도 동일하게 국제학회가 진행되고 있다(http://wiki.geogebra.org/en/GGB_Korea_2012).

온라인 지원 활동

한국지오지브라연구소는 우리나라 지오지브라 사용자의 불편을 온라인 상에서 즉시로 해결하고 있다.

① 한국지오지브라연구소 공식밴드 : **지오지브라, 배우고 가르치고 공유하라!** 밴드 (http://band.us/@geogebra)에서 지오지브라의 사용법에 관한 질문을 할 수 있으며 매일 참신한 지오지브라 수학 자료를 다운로드 받을 수 있다.

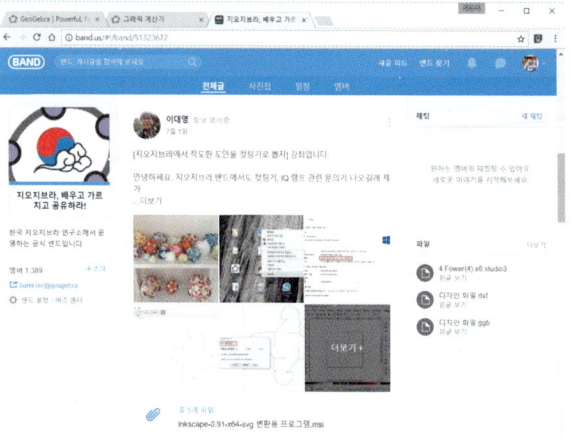

② 한국지오지브라연구소 웹사이트 : http://www.geogebra.or.kr에서도 지오지브라 사용에 대한 질문, 각종 매뉴얼, 자료를 다운로드 받을 수 있다.

③ 한국지오지브라연구소 자료실 : http://emotiond.synology.me
아이디 : emotionbooks , 패스워드 : goodservice

④ 한국지오지브라연구소 페이스북 페이지 : 한국지오지브라연구소 공식페이스북페이지(https://www.facebook.com/geogebrakorea)에서는 지오지브라와 관련된 다양한 정보를 얻을 수 있다.

6.2 단축키

단축키	키값	단축키	키값	단축키	키값
Alt + 0	0	Alt + A	α	Alt + P	π
Alt + 1	1	Alt + B	β	Alt + R	$\sqrt{}$
Alt + 2	2	Alt + D	δ	Alt + S	σ
Alt + 3	3	Alt + E	e	Alt + T	θ
Alt + 4	4	Alt + F	ψ	Alt + U	∞
Alt + 5	5	Alt + G	γ	Alt + W	ω
Alt + 6	6	Alt + I	i	Alt + 〈	$\leq$
Alt + 7	7	Alt + L	λ	Alt + 〉	$\geq$
Alt + 8	8	Alt + M	μ	Alt + -	$-$
Alt + 9	9	Alt + O	°		
Shift + Alt + 8	$\otimes$	Shift + Alt + A	A	Shift + Alt + P	Π
		Shift + Alt + B	B	Shift + Alt + R	$\sqrt{}$
		Shift + Alt + D	Δ	Shift + Alt + S	Σ
		Shift + Alt + E	e	Shift + Alt + T	Θ
		Shift + Alt + F	Ψ	Shift + Alt + U	∞
		Shift + Alt + G	Γ	Shift + Alt + W	Ω
		Shift + Alt + I	i	Shift + Alt + 〈	$\leq$
		Shift + Alt + L	Λ	Shift + Alt + 〉	$\geq$
		Shift + Alt + M	M	Shift + Alt + -	$-$
		Shift + Alt + O	°	Shift + Alt + =	$\neq$

표 6.1: Alt, Shift+Alt 키를 사용한 단축키

제6장 참고자료

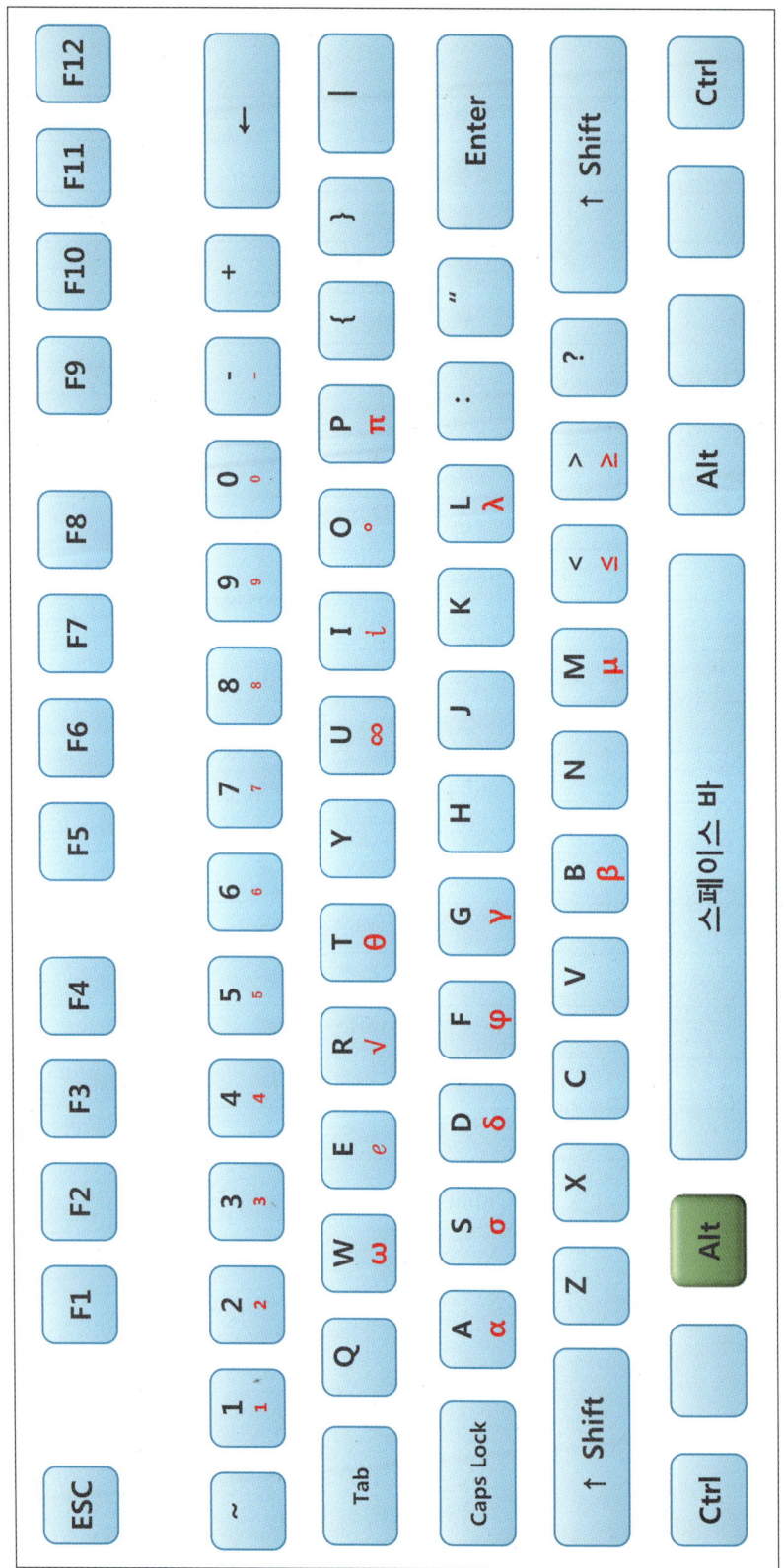

그림 6.1: Alt 키를 눌렀을 때, 키보드에 배열된 특수문자

그림 6.2: Shift + Alt 키를 눌렀을 때, 키보드에 배열된 특수문자

단축키	기능
ESC	이동모드
F1	도움말
F2	선택한 대상 재정의
F3	선택한 대상의 이름, 값을 입력창에 복사
F4	선택한 대상의 값을 입력창에 복사
F5	선택한 대상의 이름을 입력창에 복사
F9	구성 새로고침
+	선택한 슬라이더 값 증가 / 점의 x좌표 증가
−	선택한 슬라이더 값 감소 / 점의 x좌표 감소
Del	선택한 대상 삭제
Backspace	선택한 대상 삭제
Home	구성단계: 맨 위로 이동 / 스프레드시트 창: A1 셀로 이동
End	구성단계: 맨 아래로 이동/스프레드시트 창: 맨 아래 오른쪽 셀로 이동
PageUp	구성단계: 맨 위로 이동 / 점의 z좌표 증가
PageDown	구성단계: 맨 아래로 이동 / 점의 z좌표 감소
→	선택한 슬라이더 값 증가 / 점의 x좌표 증가 구성단계: 위로 이동
←	선택한 슬라이더 값 감소 / 점의 x좌표 감소 구성단계: 아래로 이동
↑	선택한 슬라이더 값 증가 / 점의 y좌표 증가 입력창: 입력한 목록 보기 / 구성단계: 위로 이동
↓	선택한 슬라이더 값 증가 / 점의 y좌표 감소 입력창: 입력한 목록 보기 / 구성단계: 아래로 이동
↵	기하창 / 입력창 전환
Alt + ↵	입력창 포커스

표 6.2: Ctrl 키를 사용한 단축키

단축키				기능
Alt	+	F4		종료
Ctrl	+	Alt	+ C	스프레드시트 값 복사
Shift	+	→		0.1배로 증가(이동) (선택 대상이 없는 경우) x축 비율 조정
Shift	+	←		0.1배로 감소(이동) (선택 대상이 없는 경우) x축 비율 조정
Shift	+	↑		0.1배로 증가(이동) (선택 대상이 없는 경우) y축 비율 조정
Shift	+	↓		0.1배로 감소(이동) (선택 대상이 없는 경우) y축 비율 조정
Ctrl	+	→		10배로 증가(이동) 스프레드시트 창: 맨 오른쪽 셀로 이동
Ctrl	+	←		10배로 감소(이동) 스프레드시트 창: 맨 왼쪽 셀로 이동
Ctrl	+	↑		10배로 증가(이동) 스프레드시트 창: 맨 위 셀로 이동
Ctrl	+	↓		10배로 감소(이동) 스프레드시트 창: 맨 아래 셀로 이동
Alt	+	→		100배로 증가(이동)
Alt	+	←		100배로 감소(이동)
Alt	+	↑		100배로 증가(이동)
Alt	+	↓		100배로 감소(이동)
🖱️(좌클릭)				대상 두 번 클릭 : 재정의 대수창에서 드래그: 입력창에 대상의 리스트 복사
🖱️(우클릭)				(대상 또는 기하창) 문맥 메뉴
🖱️(휠)				크게 보기 / 작게 보기
Alt	+	🖱️(휠)		(빠르게) 크게 보기 / 작게 보기
Alt	+	🖱️(좌클릭)		선택한 대상의 정의를 입력창에 복사
Shift	+	🖱️(휠)		x, y 비율이 보존되지 않고 확대 / 축소

표 6.3: Ctrl+Shift 키를 사용한 단축키

제6장 참고자료

단축키			기능
Ctrl	+	1	기본설정으로 되돌리기
Ctrl	+	2	글자크기, 선굵기, 점크기 증가
Ctrl	+	3	흑백 모드
Ctrl	+	A	모든 대상 선택
Ctrl	+	C	복사
Ctrl	+	D	레이블의 값/정의/명령어 모드 변경
Ctrl	+	E	설정사항(기하창)
Ctrl	+	F	새로고침
Ctrl	+	G	선택한 대상 보이기 / 숨기기
Ctrl	+	J	선택한 대상이 의존하는 대상(부모) 선택
Ctrl	+	L	현재 레이어의 모든 대상 선택
Ctrl	+	N	새 윈도우
Ctrl	+	O	열기
Ctrl	+	P	인쇄 미리보기
Ctrl	+	R	모든대상 재계산
Ctrl	+	S	저장하기
Ctrl	+	V	붙이기
Ctrl	+	Y	다시 실행
Ctrl	+	Z	되돌리기
Ctrl	+	−	작게 보기
Ctrl	+	+	크게 보기

표 6.4: 기능 키에 대한 예약 기능 1

단축키					기능
Ctrl	+	Shift	+	1	기하창
Ctrl	+	Shift	+	2	기하창2
Ctrl	+	Shift	+	A	대수창
Ctrl	+	Shift	+	C	기하창을 클립보드로 복사
Ctrl	+	Shift	+	D	점 선택 모드
Ctrl	+	Shift	+	E	설정사항
Ctrl	+	Shift	+	G	선택된 대상 레이블 보이기 / 숨기기
Ctrl	+	Shift	+	J	선택한 대상에게 의존하는 대상(자식) 선택
Ctrl	+	Shift	+	K	CAS 창
Ctrl	+	Shift	+	L	구성단계
Ctrl	+	Shift	+	M	ggbBase64 코드로 클립보드에 복사
Ctrl	+	Shift	+	N	(같은 폴더 내의) 다음 파일 열기
Ctrl	+	Shift	+	Alt + N	(같은 폴더 내의) 이전 파일 열기
Ctrl	+	Shift	+	P	확률계산기
Ctrl	+	Shift	+	U	기하창을 그림으로 저장(png, eps)
Ctrl	+	Shift	+	S	스프레드시트 창
Ctrl	+	Shift	+	W	상호작용적인 워크시트를 웹페이지로 저장(html)
Ctrl	+	Shift	+	T	기하창을 PSTricks로 저장

표 6.5: 기능 키에 대한 예약 기능 2

(제2판) 지오지브라와 함께하는 기초 미적분학

6.3 연습문제 해답

연습문제 2.1

1. $N \subset Z \subset Q \subset R \subset C$
2. (1) Q^c (2) ϕ (3) R (4) Q

연습문제 2.2

1. 준 방정식을 표준형으로 고치면

$$(x-2)^2 + (y-3)^2 = 10$$

평행이동 T에 의하여 $\{(x-3)+2\}^2 + \{(y+5)^2-3\}^2 = 10$

$\therefore (x-1)^2 + (y+2)^2 = (\sqrt{10})^2$

$\therefore$ 중심: $(1, -2)$, 반지름: $\sqrt{10}$

2.

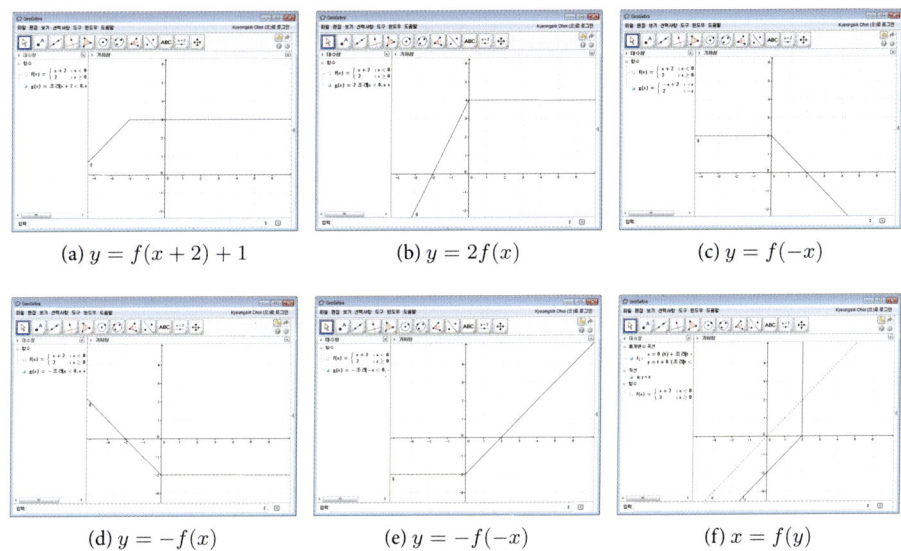

(a) $y = f(x+2)+1$ (b) $y = 2f(x)$ (c) $y = f(-x)$

(d) $y = -f(x)$ (e) $y = -f(-x)$ (f) $x = f(y)$

연습문제 2.3

1. (1) $x \neq 2$ (2) $-1 \leq x \leq 1$ (3) $x > 1$ (4) $x > 2$
   (5) $x \neq -1$ (6) $-1 \leq x \leq 1,\ x \neq 0$ (7) $x \geq 2, x < -1$ (8) $x \geq 3$

2. (1) $x > 0$일 때 $y = 1$, $x < 0$일 때 $y = -1$, $x = 0$일 때 모든 y에 대하여 성립

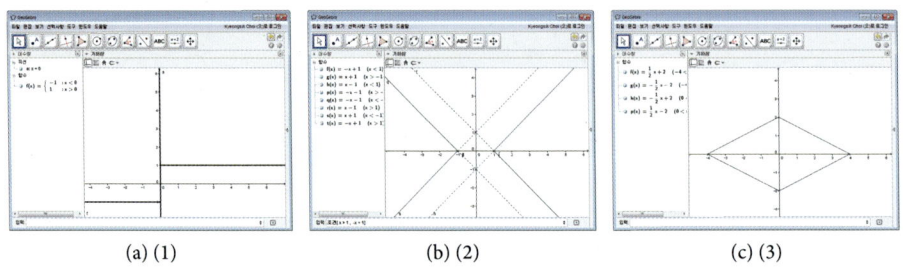

(a) (1)   (b) (2)   (c) (3)

3. (1) $f(x+1) = x^2 + 3x + 3$ (2) $(f \circ f)(x) = x^4 + 2x^3 + 4x^2 + 3x + 3$

4. (1), (2), (4)

5. $(f \circ g)(x) = f(g(x)) = f(|x|) = \tan|x|$, $(g \circ f)(x) = g(f(x)) = g(|x|) = |\tan x|$

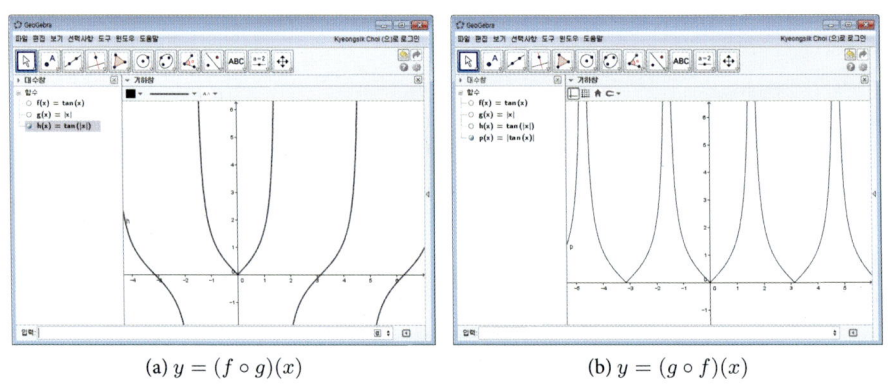

(a) $y = (f \circ g)(x)$ (b) $y = (g \circ f)(x)$

6. (1) $f^{-1}(x) = \sqrt[3]{x+1}$ (3) $f^{-1}(x) = x^3 + 1$ (4) $f^{-1}(x) = \sqrt{x-1}$

    (5) $f^{-1}(x) = -\sqrt{1-x^2}$ $(x \geq 0)$ (6) $y = e^x + 1$

7.

8. $a = 3$, $b = 2$, $c = -2$

9. $a = \sin^{-1} x$라 하자. $x = \sin a = \cos\left(\frac{\pi}{2} - a\right)$이므로 $\cos^{-1} x = \frac{\pi}{2} - a$이다. 그러므로 $\sin^{-1} x + \cos^{-1} x = a + \left(\frac{\pi}{2} - a\right) = \frac{\pi}{2}$이다.

11. $f(x)$의 정의역은 $\{x | x$는 모든 실수$\}$, $g(x)$의 정의역은 $\{x | x \neq 1\}$이다.

연습문제 3.1

1. (1) 3   (2) 3   (3) $\frac{1}{2}$ (4) 존재하지 않음   (5) 0   (6) $-\frac{1}{2}$ (7) $\frac{1}{\sqrt{2}}$

   (8) $\frac{1}{2}$ (9) $\frac{1}{2}$ (10) $\frac{1}{4}$ (11) $\frac{3}{2}$

   (12) $\lim_{x \to 0+} \frac{1}{x} = \infty$, $\lim_{x \to 0-} \frac{1}{x} = -\infty$이므로 극한이 존재하지 않음

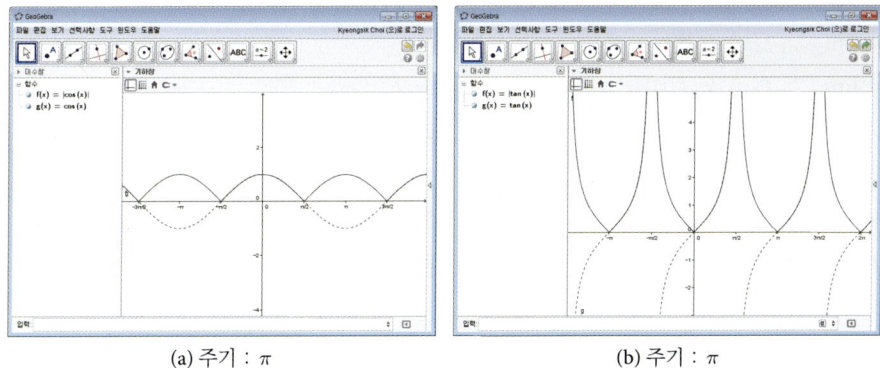

(a) 주기 : π   (b) 주기 : π

(13) ∞   (14) ∞

2. 4

4.
$$\lim_{x \to 0} \frac{1 - \cos x}{x} = \lim_{x \to 0} \frac{1 - \cos x}{x} \cdot \frac{1 + \cos x}{1 + \cos x}$$
$$= \lim_{x \to 0} \frac{\sin^2 x}{x(1 + \cos x)} = \lim_{x \to 0} \frac{\sin x}{x} \cdot \lim_{x \to 0} \frac{\sin x}{1 + \cos x} = 1 \cdot \frac{0}{1 + 1} = 0$$

5. x가 0에 접근함에 따라 $\frac{1}{x}$은 무한히 커진다. 그리고 $\sin \frac{1}{x}$ 의 값은 −1에서 1 사이에서 주기적으로 반복한다. x가 0에 접근함에 따라 함수값이 점차 가까워지는 어떤 단일한 수 L이 없다. 만약 x가 양수 또는 음수에 국한된다 하여도 마찬가지이다. 따라서 함수는 우극한도, 좌극한도 가지지 않는다.

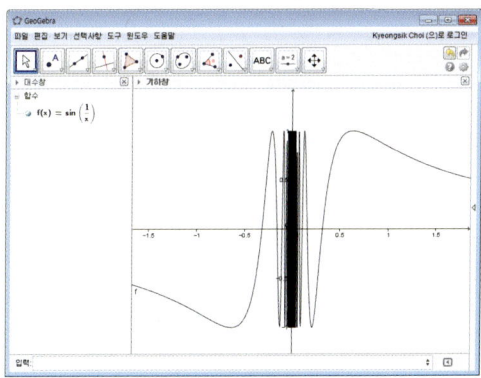

연습문제 3.2

1. $x = 0$일 때 $f(0) = 0$, $x \neq 0$일 때 $f(x)$는 첫째항 x^2, 공비 $\frac{1}{1+x^2}$ 인 무한등비급수이고, $0 < \frac{1}{1+x^2} < 1$이므로 이 급수는 수렴한다.

$\therefore f(x) = \frac{x^2}{1-\frac{1}{1+x^2}} = 1 + x^2$

$\therefore \lim_{x\to 0} f(x) = \lim_{x\to 0}(1+x^2) = 1$

$\therefore \lim_{x\to 0} f(x) \neq f(0)$

따라서 $f(x)$는 $x=0$에서 불연속이다.

2. $a = 1$

3. (1) 연속　(2) 연속　(3) 연속　(4) 불연속　(5) 연속

4. $f(x)$는 $x=1$에서 정의되지 않으므로 불연속이다. 이 때 $f(1) = \lim_{x\to 1} f(x) = \lim_{x\to 1}(x^2 + x + 1) = 3$으로 정의하면 $f(x)$는 $x=1$에서 연속이다.

6. $f(x) = \frac{\sin x}{\cos x}$이므로 $\cos x = 0$인 모든 점, 즉 $x = \frac{\pi}{2} + n\pi$ (n은 정수)에서 불연속이다.

7. $a = f(-4) = \lim_{x\to -4} f(x) = \lim_{x\to -4} \frac{x^2-16}{x+4} = \lim_{x\to -4}(x-4) = -8$

연습문제 4.1

1. (1) $f'(x) = -\frac{1}{x^2}$　(2) $f'(x) = 3x^2$　(3) $f'(x) = 2x+1$　(4) $f'(x) = \frac{1}{2\sqrt{x+2}}$

2. $y = 4x - 4$

3. $f(x) = [x]$는 $x=3$에서 연속이 아니다.

4. $\lim_{x\to 0} x\sin\frac{1}{x} = 0$이다. 따라서 $\lim_{x\to 0} f(x) = f(0)$. 즉 함수 $f(x)$는 $x=0$에서 연속이다. 그러나

$$f'(0) = \lim_{h\to 0} \frac{f(0+h) - f(0)}{h}$$
$$= \lim_{h\to 0} \frac{h \cdot \sin\frac{1}{h}}{h}$$
$$= \lim_{h\to 0} \sin\frac{1}{h}$$

그런데 위 극한은 존재하지 않으므로 $f(x)$는 $x=0$에서 미분불가능하다.

연습문제 4.2

1. (1) $\frac{dy}{dx} = 6x^2 - 2x + 4$　(2) $\frac{dy}{dx} = \frac{2}{3\sqrt[3]{x}}$　(3) $\frac{dy}{dx} = 2x - \frac{2}{x^3}$
(4) $\frac{dy}{dx} = \frac{1}{x\ln x}$　(5) $\frac{dy}{dx} = \frac{1}{\ln 2} \cdot \frac{1}{x}$　(6) $\frac{dy}{dx} = 3\sin^2 x \cdot \cos x$
(7) $\frac{dy}{dx} = \frac{-\sin x}{2\sqrt{1+\cos x}}$　(8) $\frac{dy}{dx} = \cos x e^{\sin x}$　(9) $\frac{dy}{dx} = \frac{y-x^2}{y^2-x}$ ($y^2 \neq x$)
(10) $\frac{dy}{dx} = \frac{1}{3(y+1)^2}$　(11) $\frac{dy}{dx} = -\frac{2}{3}\cot t$　(12) $\frac{dy}{dx} = x^{\sin x}\left(\cos x \ln x + \frac{1}{x}\sin x\right)$
(13) $\frac{dy}{dx} = \frac{\cos x}{\sin y}$　(14) $\frac{dy}{dx} = -\frac{y}{x}\left(=-\frac{1}{x^2}\right)$　(15) $\frac{dy}{dx} = -\frac{x}{y}$
(16) $\frac{dy}{dx} = 2x\tan^{-1} x + \frac{x^2}{1+x^2}$　(17) $\frac{dy}{dx} = \frac{1}{\sqrt{a^2-x^2}}$　(18) $\frac{dy}{dx} = -1$
(19) $\frac{dy}{dx} = \frac{\cos x}{\sqrt{\sin^2 x - 1}}$　(20) $\frac{dy}{dx} = \frac{1}{1-x^2}\sec^2(\coth^{-1} x)$　(21) $\frac{dy}{dx} = 3x^2\cos x^3$
(22) $\frac{dy}{dx} = \cos(\sin x) \cdot \cos x$

2. $F(x) = kf(x)$에서

$$F'(x) = \lim_{h \to 0} \frac{F(x+h) - F(x)}{h} = \lim_{h \to 0} \frac{kf(x+h) - kf(x)}{h}$$
$$= k \lim_{h \to 0} \frac{f(x+h) - f(x)}{h} = kf'(x)$$
$$\therefore \{kf(x)\}' = kf'(x)$$

3. (2) $\frac{d}{dx} \cos x = \frac{d}{dx} \sin\left(\frac{\pi}{2} - x\right) = \cos\left(\frac{\pi}{2} - x\right) = -\sin x$

   (3) $\frac{d}{dx} \tan x = \frac{d}{dx} \frac{\sin x}{\cos x} = \frac{\cos^2 x + \sin^2 x}{\cos^2 x} = \sec^2 x$

5. $2x + 2y\frac{dy}{dx} = 0$이며 $\frac{dy}{dx} = -\frac{x}{y}$이다. 이 때 점 $(1, \sqrt{3})$을 지나는 직선의 기울기는 $-\frac{1}{\sqrt{3}}$ 이므로, 구하는 직선은 $y - \sqrt{3} = -\frac{1}{\sqrt{3}}(x - 1)$이다. 즉 $y = -\frac{1}{\sqrt{3}}x + \frac{\sqrt{3} + 3\sqrt{3}}{3}$ 이다.

6. $t = 1$에 해당하는 점의 좌표는 $(3, 3)$이고 그 점에서의 접선의 기울기는

$$\frac{dy}{dx} = \frac{dy/dt}{dx/dt} = \frac{8t - 3t^2}{4 - 2t}$$

에 $t = 1$을 대입하면 $\frac{1}{2}$이다. 따라서 구하는 접선의 방정식은 $y - 3 = \frac{5}{2}(x - 3)$, 즉 $y = \frac{5}{2}x - \frac{9}{2}$이다.

7. (1) $y^{(n)} = (-1)^{n-1}(n-1)!\frac{1}{x^n}$

   (2) $y^{(n)} = \begin{cases} m(m-1)\cdots(m-n+1)x^{m-n} & (n < m) \\ m! & (n = m) \\ 0 & (n > m) \end{cases}$

   (3) $\frac{1}{1-x^2} = \frac{1}{2}\left(\frac{1}{1-x} + \frac{1}{1+x}\right)$이고,

$$\left(\frac{1}{1+x}\right)' = \frac{-1}{(1+x)^2}$$
$$\left(\frac{1}{1+x}\right)'' = \frac{1 \cdot 2}{(1+x)^3}$$
$$\left(\frac{1}{1+x}\right)''' = -\frac{1 \cdot 2 \cdot 3}{(1+x)^4}$$
$$\cdots\cdots\cdots\cdots$$
$$\left(\frac{1}{1+x}\right)^{(n)} = (-1)^n \frac{n!}{(1+x)^{n+1}}$$

이다.

따라서,

$$f^{(n)}(x) = \frac{1}{2}\left\{\frac{n!}{(1-x)^{n+1}} + (-1)^n \frac{n!}{(1+x)^{n+1}}\right\}$$
$$= \frac{n!}{2}\left\{\frac{1}{(1-x)^{n+1}} + \frac{(-1)^n}{(1+x)^{n+1}}\right\}$$

이다.

연습문제 4.3

1. $f(x) = x^3$에서 $f'(x) = 3x^2$이므로

$$\frac{f(3) - f(1)}{3 - 1} = 3x^2$$
$$6x^2 = 26$$
$$\therefore x = \frac{\sqrt{39}}{3}, \ -\frac{\sqrt{39}}{3}$$

2. $x = 1$에서 불연속이므로 적용할 수 없다.

3. $f(x)$가 $x = 2$에서 미분불가능하므로 평균값 정리의 가정을 만족하지 못하므로 c를 구할 수 없다.

연습문제 4.4

1. (1) 1　(2) $\frac{1}{2}$　(3) 0　(4) 2　(5) $\ln 10$
   (6) a　(7) 1　(8) $\frac{1}{\sqrt{2}}$　(9) $\frac{1}{2}$　(10) 0　(11) 0

연습문제 4.5

1. $f'(x) = -1 - \sin x$이고, $-1 < \sin x < 1$이므로 $f'(x) < 0$이다. 따라서 $f(x)$는 감소함수이다.

2. (1) $(-\infty, 2]$에서 증가, $[2, \infty)$에서 감소
   (2) $(-\infty, -2], [2, \infty)$에서 감소, $[-2, 2]$에서 증가

3. (1) 극댓값 $f(1) = 4$, 극솟값 $f(2) = 3$　(2) 극솟값 $-\frac{1}{e}$
   (3) 극댓값 2　(4) 극솟값 $-\frac{2}{3}$, 극댓값 10
   (5) 극댓값 $f\left(\frac{\pi}{3}\right) = \frac{3\sqrt{3}}{2}$, 극솟값 $f\left(\frac{5}{3}\pi\right) = -\frac{3\sqrt{3}}{2}$

연습문제 4.6

1. $v(2) = \sqrt{17}, \quad \alpha(2) = 2$

2. 그림에서 $t = 0$일 때 질점 W의 좌표는 $(r, 0)$이라 하면 t초 후의 질점 W의 좌표는

$$x = r\cos wt, \quad y = r\sin wt$$

이므로 속도 v는

$$v(t) = \sqrt{\left(\frac{dx}{dt}\right)^2 + \left(\frac{dy}{dt}\right)^2} = \sqrt{(-rw^2 \sin wt)^2 + (-rw \cos wt)^2} = rw$$

이고 가속도 α는

$$\alpha(t) = \sqrt{\left(\frac{d^2x}{dt^2}\right)^2 + \left(\frac{d^2y}{dt^2}\right)^2} = \sqrt{(-rw^2 \cos wt)^2 + (-rw^2 \sin wt)^2} = rw^2$$

이다.

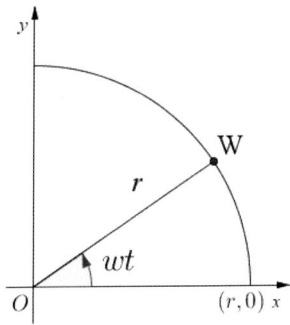

연습문제 5.1

1. (1) $\frac{2}{5}x^{\frac{5}{2}} + 2x^{\frac{1}{2}} + C$ (2) $\frac{1}{\sqrt{3}} \tan^{-1} \frac{x}{\sqrt{3}} + C$ (3) $\frac{1}{6} \tan^{-1} \frac{3}{2}x + C$
   (4) $\theta + C$ (5) $\frac{1}{3}x^3 + \frac{1}{2}x^2 + x + C$ (6) $\tan x - x + C$
2. $a = 9, b = 3, c = 2$
3. 연쇄법칙에 의하여

$$\frac{d}{dx}\left(\frac{1}{a}\tan^{-1}\frac{x}{a} + C\right) = \frac{1}{a} \cdot \frac{\left(\frac{x}{a}\right)'}{1 + \left(\frac{x}{a}\right)^2} = \frac{1}{x^2 + a^2}$$

연습문제 5.2

1. (1) $\frac{1}{40}(4x+8)^{\frac{5}{2}} - \frac{1}{3}(4x+8)^{\frac{3}{2}} + C$ (2) $-e^{\cos x} + C$ (3) $-\frac{1}{4}\cos^4 x + C$
   (4) $2\sin\sqrt{x} + C$ (5) $\frac{1}{2}e^{x^2} + C$ (6) $\ln|\sin x| + C$
   (7) $\ln|x + \sin x| + C$ (8) $\frac{1}{2}\ln(x^2+1) + C$ (9) $\frac{1}{2}\left(x + \frac{1}{2}\sin 2x\right) + C$
   (10) $-\frac{1}{e^x} + C$ (11) $-\cos(\sin\theta) + C$ (12) $\frac{1}{2}(\ln x)^2 + C$

(13) $x = \tan\theta \ (0 \leq \theta \leq \frac{\pi}{2})$ 라 놓으면 $\sqrt{1+x^2} = \sec\theta$, $dx = \sec^2\theta d\theta$

$$\therefore I = \int \frac{\sec^2\theta}{\tan\theta \cdot \sec\theta}d\theta = \int \frac{\cos\theta}{\sin^2\theta}d\theta$$

다시 $\sin\theta = t$ 라고 놓으면 $\cos\theta d\theta = dt$ 이므로

$$\therefore I = \int \frac{dt}{t^2} = -\frac{1}{t} + C = -\frac{1}{\sin\theta} + C$$

$\tan\theta = x$ 이므로 $\sin\theta = \frac{x}{\sqrt{1+x^2}}$

$$\therefore I = -\frac{\sqrt{1+x^2}}{x} + C$$

(14) $\ln|e^x - 1| - x + C$

연습문제 5.3

1. (1) $\frac{1}{3}x^3 \ln x - \frac{1}{9}x^3 + C$ (2) $\frac{e^x}{2}(\sin x - \cos x) + C$
   (3) $-x^2 \cos x = 2(x\sin x + \cos x) + C$ (4) $x \ln x^2 - 2x + C$

연습문제 5.4

1. (1) $x - 2\ln|x+1| + C$ (2) $x - 2\tan^{-1}\frac{x}{2} + C$
   (3) $\frac{1}{3}\ln|x+1| - \frac{1}{6}\ln(x^2 - x + 1) + \frac{1}{\sqrt{3}}\tan^{-1}\frac{2x-1}{\sqrt{3}} + C$
   (4) $\ln\left|\frac{x+1}{x+2}\right| + C$ (5) $x + 3\ln|x-3| + C$
   (6) $\frac{2}{\sqrt{2}}\tan^{-1}\frac{x}{\sqrt{2}} + C$ (7) $\frac{1}{2}x^2 - 3x + 2\ln|3x+2| + C$
   (8) $2\ln|x+1| + 3\ln|x-3| + C$

연습문제 5.5

1. $\int_0^1 \sqrt{1+x}dx$
2. 적분구간 $[1,4]$를 n등분하면 $\Delta x_k = \frac{4-1}{n} = \frac{3}{n}$, $\xi_k = 1 + \frac{3}{n}k$, $f(x) = x^2$ 이므로

$$\int_1^4 x^2 dx = \lim_{n\to\infty} \sum_{k=1}^n f(\xi_k)\Delta x_k$$
$$= \lim_{n\to\infty} \sum_{k=1}^n \left(1+\frac{3k}{n}\right)^2 \frac{3}{n}$$
$$= \lim_{n\to\infty} \left(\frac{3}{n}+\frac{18k}{n^2}+\frac{27k^2}{n^3}\right)$$
$$= \lim_{n\to\infty} \left\{\frac{3}{n}\cdot n + \frac{18}{n^2}\cdot\frac{n(n+1)}{2}+\frac{27}{n^3}\cdot\frac{n(n+1)(2n+1)}{6}\right\}$$
$$= 3+9+9 = 21$$

3. (1) 2 (2) 1 (3) $-\frac{1}{2}$ (4) -2

4. $\frac{2}{x}$

5. $0 \le x \le \frac{\pi}{2}$ 에서는 $0 \le \sin x \le x$ 이므로 $e^{-x} \le e^{-\sin x}$ 이다. 따라서 $\int_0^{\frac{\pi}{2}} e^{-x} dx \le \int_0^{\frac{\pi}{2}} e^{-\sin x} dx$

6.
$$\left|\int_1^{\sqrt{3}} \frac{e^{-x}\sin x}{x^2+1}\right| \le \int_1^{\sqrt{3}} \left|\frac{e^{-x}\sin x}{x^2+1}\right| dx$$
$$\le \int_1^{\sqrt{3}} \frac{1}{e^x}\frac{1}{x^2+1} dx$$
$$\le \int_1^{\sqrt{3}} \frac{1}{e}\frac{1}{x^2+1} dx$$
$$= \frac{1}{e}\left[\tan^{-1} x\right]_1^{\sqrt{3}}$$
$$= \frac{\pi}{12e}$$

연습문제 5.6

1. (1) $\frac{\pi}{4}a^2$ (2) $\frac{1}{4}(\sin 3 - \sin 2)$ (3) $\frac{112}{9}$ (4) 0
   (5) 820 (6) $\frac{1}{2}(e^\pi + 1)$ (7) $e-1$ (8) $-\frac{1}{2}(e^{-1}-1)$

연습문제 5.7

1. (1) 1 (2) 6 (3) -1 (4) 존재하지 않음
   (5) $-\frac{1}{2e}$ (6) ∞ (7) 1 (8) ∞

연습문제 5.8

1. (1) πab (2) $2\pi - \frac{4}{3}$ (3) $\frac{37}{12}$ (4) $\frac{1}{3}$ (5) $2\sqrt{2}-2$

2. (1) $\frac{4}{3}\pi ab^2$ (2) $2\pi^2 br^2$ (3) $\frac{\pi}{2}$ (4) 250π

3. (1) $\frac{9\sqrt[3]{9}}{5}\pi$ (2) $\frac{32}{5}\pi$ (3) $\frac{8}{15}\pi$

4. $\frac{80\sqrt{10}-13\sqrt{13}}{27}$

5. $8a$

6. (1) π (2) $\pi\{\sqrt{2}+\ln(\sqrt{2}+1)\}$

찾아보기

2계 도함수, 37
3계 도함수, 37

HWP, 77
HWP 수식으로 복사, 77

LaTeX으로 복사, 77

감소한다, 53
고계 도함수, 37
구간에서 미분가능하다, 5
그림으로 복사, 78
극값, 56, 81
극댓값, 56
극솟값, 56

도함수, 11, 79
로그미분법, 29
매개변수미분, 81
매끄러운, 10
미분, 78, 79
미분가능, 5
미분계수, 5
미분불능, 5
미분한다, 11
변곡점, 82
변화율, 5
보이기 버튼, 76
복사, 77
부정형의 극한값, 50

셀번호, 71
소인수분해, 67
순간변화율, 5
연산 결과, 76
음함수, 24
음함수미분, 80
음함수의 미분법, 24
인수분해, 67
접선, 78, 79
접선의 기울기, 78
증가한다, 53

평균변화율, 1